PHYSIOLOGIE

ET HYGIÈNE

DES ÉCOLES, DES COLLÈGES

ET DES FAMILLES

PAR

J. DALTON, M. D.

PROFESSEUR DE PHYSIOLOGIE AU COLLÈGE DES MÉDECINS
ET CHIRURGIENS DE NEW-YORK

TRADUIT AVEC LE CONCOURS DE L'AUTEUR

PAR J. ACOSTA, M. D.

PHYSIOLOGIE
ET HYGIÈNE

DES ÉCOLES, DES COLLÉGES

ET DES FAMILLES

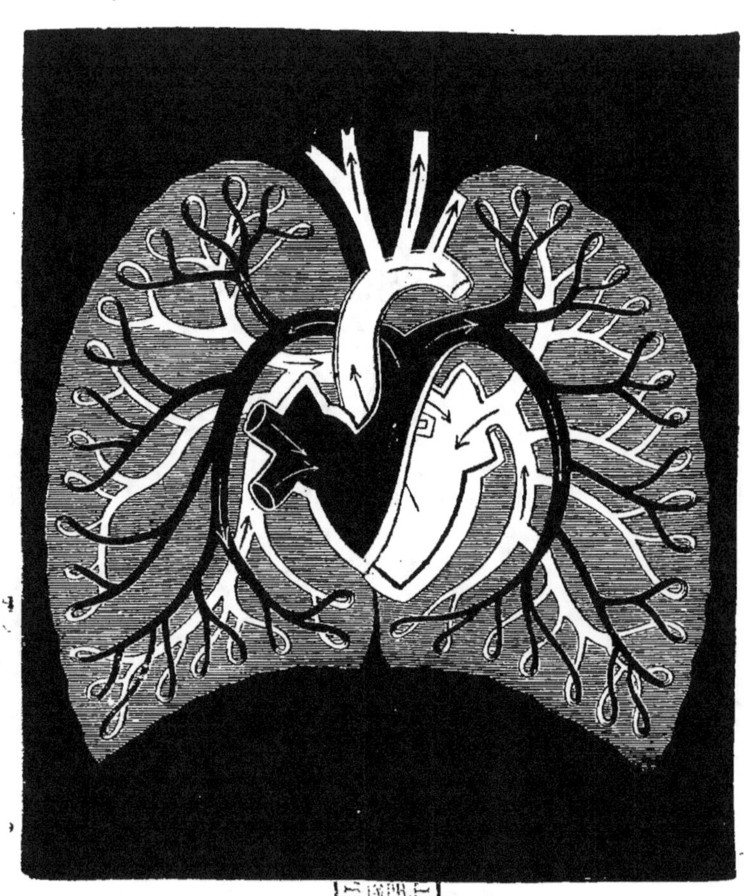

Circulation du sang à travers le cœur et les poumons.

PHYSIOLOGIE
ET HYGIÈNE

DES ÉCOLES, DES COLLÉGES
ET DES FAMILLES

PAR

J. C. DALTON, M. D.

PROFESSEUR DE PHYSIOLOGIE AU COLLÉGE DES MÉDECINS
ET DES CHIRURGIENS DE NEW-YORK

TRADUIT DE L'ANGLAIS AVEC LE CONCOURS DE L'AUTEUR

Par E. ACOSTA, M. D.

AVEC 68 FIGURES.

PARIS
J. B. BAILLIÈRE ET FILS

LIBRAIRES DE L'ACADÉMIE IMPÉRIALE DE MÉDECINE
19, rue Hautefeuille, près du boulevard St-Germain.

1870

AVANT-PROPOS DU TRADUCTEUR

Nous avons cru rendre service à la cause de la vulgarisation des connaissances scientifiques, en traduisant de l'anglais le *Traité de Physiologie et d'Hygiène des écoles, des colléges et des familles*, par M. le professeur J. C. Dalton, de New-York.

Dans la préface et l'introduction, le lecteur trouvera les considérations qui ont engagé l'auteur à écrire ce livre, dont la publication a été devancée, de quelques années, par celle de l'ouvrage classique sur la « Physiologie de l'homme », dû à la plume de cet éminent physiologiste, et arrivé déjà à la quatrième édition.

A notre avis, l'auteur a parfaitement compris le rôle de *vulgarisateur*, car il s'est servi d'un langage en rapport avec la classe de lecteurs à laquelle ce livre est spécialement destiné.

*

L'avenir de la médecine se trouvant bien moins dans *l'art de guérir les maladies* que dans *l'art de préserver la santé*, c'est-à-dire dans le progrès de la Physiologie et de l'Hygiène, nous croyons qu'il est temps de faire entrer dans le programme de l'éducation générale l'étude de l'organisme de l'homme et de ses actes physiologiques ainsi que des lois de l'hygiène qui en dérivent. Dès lors on ne marcherait plus, les yeux fermés par l'ignorance, au milieu de tant de causes qui peuvent compromettre la *santé*, cette sorte d'*unité*, selon le mot de Fontenelle, *qui fait valoir tous les zéros de la vie.*

E. ACOSTA,

24, rue de Luxembourg.

Paris, juin 1870.

PRÉFACE

Ce livre est destiné à être un moyen d'instruction en physiologie et en hygiène pour les élèves et pour les personnes en général qui ne possèdent aucune connaissance préalable de la science médicale.

L'auteur a tâché d'exposer les faits et les doctrines et de donner les descriptions de manière à ce qu'aucun terme d'anatomie ou de physiologie n'y soit employé, sans que l'acception ait été déjà expliquée dans le texte. Toutefois, pour faciliter la recherche de ces termes, dans le cas où leur explication aurait été oubliée ou omise, il a ajouté à la fin du livre un glossaire, qui contient la signification de tous les termes techniques employés dans le corps de l'ouvrage.

Une grande partie des noms techniques et des

phrases compliqueés qu'exige l'étude complète de l'anatomie et de la physiologie, sont tout à fait inutiles à ceux qui s'en occupent simplement comme d'une branche de leur éducation générale, et qui les étudient comme ils font la géographie, l'astronomie ou les mathématiques. Les faits les plus importants et, par conséquent, les plus intéressants de la physiologie peuvent être enseignés avec succès d'une manière tout à fait simple, pourvu qu'ils soient exposés dans un ordre convenable et dans les rapports naturels qu'ils ont entre eux.

Tel a été le but du présent ouvrage, et si l'on trouve qu'il a été atteint, l'auteur aime à espérer qu'il viendra en aïde d'une manière efficace aux parents, aux précepteurs et aux élèves, à qui il est principalement destiné.

J. C. Dalton.

New-York, avril 1870.

INTRODUCTION.

La *physiologie* est la science qui nous enseigne les actes naturels du corps vivant et la manière dont ils s'opèrent. Il est très-important pour nous de savoir quels sont ces actes et comment ils s'accomplissent; et cela pour deux raisons.

Premièrement, parce que nous apprenons de cette manière quelle espèce de travail le corps vivant est capable d'accomplir et à quels usages il est adapté, afin d'être ainsi en état d'employer nos moyens naturels le plus avantageusement possible, et de ne pas les gaspiller en voulant entreprendre ce qui est inutile ou impraticable.

En second lieu, lorsque nous comprenons les actes naturels de notre corps, et que nous connaissons les moyens de maintenir celui-ci en bon état de santé, nous sommes à même d'éviter tout traitement ou influence impropre, qui pourrait lui nuire en troublant ses forces vitales, ou en l'affaiblissant et en l'exposant aux maladies. Rien n'est peut-être plus important que ces considérations à notre bien-être, à notre destinée organique et même aux progrès de notre esprit. Car la machine corporelle est l'organisme de notre vie animale, au moyen duquel nous acquérons la connaissance du monde extérieur et sommes en mesure de satisfaire tous nos besoins et nos désirs. La connaissance des moyens propres à conserver la santé et à maintenir en parfait état les facultés corporelles et mentales constitue la science de l'*hygiène*.

Par conséquent, l'étude de la physiologie conduit directement à celle de l'hygiène, et ces deux sciences sont nécessairement liées l'une à l'autre.

En examinant la structure du corps, nous nous apercevons de suite qu'il est composé de diverses parties qui diffèrent entre elles en volume, en apparence, en contexture et en localisation. Dans une région, par exemple, se trouve le cœur, dans une autre le foie, dans une autre le cerveau ; et toute la surface du corps est enveloppée par la couche sensitive de la peau. Ces différentes parties ou portions du corps se nomment ses *organes*. Elles sont jointes de manière à se donner l'une à l'autre un appui mutuel et à former par leur union une organisation corporelle complète.

Chacun de ces organes est destiné à un usage particulier, qui est plus ou moins nécessaire au maintien de la vie. Ainsi le cœur fait circuler le sang ; les poumons respirent ; le foie produit la bile ; l'estomac digère l'aliment ; le cerveau sert à diriger les mouvements des membres. L'acte ou le travail particulier que chaque organe exécute de cette manière, s'appelle sa *fonction*. Chaque fonction est différente de toute autre, comme l'organe qui l'accomplit est différent des autres organes ; mais toutes sont nécessaires à l'action physiologique du corps entier. Car ces différentes fonctions sont associées ensemble, ainsi que les différents organes qui les exécutent, et se trouvent aussi dans une dépendance mutuelle. Ainsi le foie ne peut produire la bile, s'il n'est convenablement fourni de sang ; et le sang deviendrait bientôt pauvre et inutile, si l'estomac ne continuait pas à digérer l'aliment.

Le corps entier est donc composé de différents organes unis les uns aux autres et exécutant en même temps une variété de fonctions. C'est une espèce d'atelier dans lequel des emplois divers sont confiés à divers ouvriers, et où tous les travaux se combinent pour produire un résultat final. Ce résultat ici est l'activité normale et complète de toute la machine.

Ainsi, lorsque nous étudions dans leur ordre régulier les diverses fonctions animales, nous trouvons qu'elles sont naturellement disposées en certains groupes qui se distinguent entre eux par la nature des actes exécutés et par l'objet qu'elles doivent atteindre. Quelques-uns de ces actes sont comparativement simples ; d'autres sont spéciaux ou plus compliqués. Nous verrons que l'étude en est facilitée en prenant d'abord les plus simples parmi les fonctions animales, et en passant ensuite successivement à celles qui sont plus complexes.

Ces fonctions, en conséquence, seront décrites en quatre groupes ou sections différentes.

Section I. — Les fonctions animales appartenant au premier groupe sont entièrement *mécaniques* par leur nature. Ce sont celles qui servent à tenir les diverses parties du corps unies entre elles au moyen des articulations, qui protégent les organes internes contre les lésions mécaniques, et qui exécutent les mouvements volontaires des membres et du tronc. Ce groupe comprend les fonctions des os, des cartilages, des ligaments, des tendons et des muscles.

SECTION II. — Le second groupe renferme les fonctions qui sont physiques ou chimiques par leur nature, et qui pourvoient à la nourriture ou *nutrition* du corps. Ce groupe embrasse une grande variété de fonctions, qui toutes tendent cependant à l'accomplissement d'un seul objet, le maintien de la machine animale dans sa propre condition de chair, de force et d'activité. Nous étudierons dans cette section les ingrédients et les qualités de l'aliment, sa préparation, sa digestion et son absorption, le sang et sa circulation, la respiration, la sécrétion et la nutrition des tissus animaux.

SECTION III. — Le troisième groupe comprend les actions du *système nerveux*. Ces actions sont, par leur nature, entièrement différentes de celles qui précèdent, et leur objet, en définitive, est de diriger et de régler les autres fonctions. C'est dans l'étude de ce groupe que nous apprendrons l'action des sens, de la volonté, des instincts, de la nature de plusieurs mouvements involontaires et des diverses opérations de l'entendement.

Section IV. — Enfin, une division importante du sujet, est celle qui se rapporte aux changements dans les fonctions du corps aux différents âges, à sa croissance, à son adolescence, à sa maturité, en un mot, à son *développement*. Car l'histoire des fonctions animales n'est pas tout à fait la même aux différentes époques de la vie; mais elle subit plusieurs modifications, de même que les traits extérieurs ou l'apparence du corps, et les facultés corporelles ou mentales. Ainsi l'organisme entier, aux différents âges, est adapté à des objets différents, à peu près de la même manière que les divers organes sont destinés constamment à des fonctions particulières.

PHYSIOLOGIE ET HYGIÈNE

SECTION I

FONCTIONS MÉCANIQUES

CHAPITRE PREMIER

STRUCTURE GÉNÉRALE ET MÉCANISME DE LA MACHINE
ANIMALE.

Les *Os*. — Leur composition. — Leur structure. — Le squelette.
— La colonne vertébrale. — Le crâne. — Le pelvis — Le
fémur. — Le tibia. — Les os du pied. — Les courbures du
squelette. — Les ligaments élastiques.

Les *Muscles*. — Leur contraction. — Leur relâchement — Les
muscles flexeurs et les extenseurs. — Les tendons. — Le
mouvement des jointures. — La marche. — La course. — Le
saut. — L'élasticité du squelette. — L'exercice du système
musculaire. — Son repos.

1. Structure et composition des os. — La
forme générale et la solidité du corps dépendent
des os. Les os diffèrent de grandeur et de forme
dans les différentes parties de la machine, et ils
se distinguent par leur dureté et leur rigidité des
autres organes qui sont mous et souples. Ces qualités les rendent propres à soutenir les autres tissus,

qui leur sont attachés, et à protéger les organes internes qu'ils renferment plus ou moins parfaitement dans des cavités intérieures. Or, les os doivent ces importantes propriétés de dureté et de rigidité à une large proportion d'ingrédient minéral qu'ils contiennent parmi d'autres substances. Cet ingrédient est la *chaux*, qui, sous certaines formes ou combinaisons, est unie à la matière animale des os, et les rend fermes et résistants. Si les os étaient composés entièrement de ce minéral, ils seraient pierreux et fragiles, comme la pierre calcaire ou le marbre ; mais en réalité ils sont composés en partie de matière animale et en partie de chaux. La chaux leur donne leur rigidité et leur résistance, tandis que la matière animale les rend, en quelque sorte, tenaces et élastiques : ainsi ils jouissent, à un certain degré, des deux qualités de raideur et d'élasticité. Ils sont assez durs pour soutenir le poids du corps, et cependant ils ne sont pas assez fragiles pour pouvoir être facilement cassés. Règle générale, les os sont composés à peu près par moitié de matière animale et de substance minérale.

Une autre qualité importante des os, c'est leur légèreté, qui est combinée à un juste degré avec leur fermeté et leur résistance. S'ils étaient tout à fait denses et solides, ils seraient trop lourds pour le mouvement, et seraient pour le corps animal plutôt une charge et un obstacle qu'un appui et un secours. Mais en réalité les os sont creux (*fig.* 1 et 2).

Ils sont partout couverts à l'extérieur d'une couche d'un tissu osseux, très-compacte, qui agit comme une coque ferme et résistante, tandis qu'à l'intérieur se trouvent des cavités qui occupent une vaste portion de la masse osseuse. Au milieu des os des membres, ces cavités sont allongées, cylindriques et remplies d'une substance vasculaire molle, nommée *moelle* ; mais leurs extrémités arrondies contiennent une multitude de petites aiguilles et filaments osseux, qui se divisent et puis s'unissent en plusieurs directions, divisant

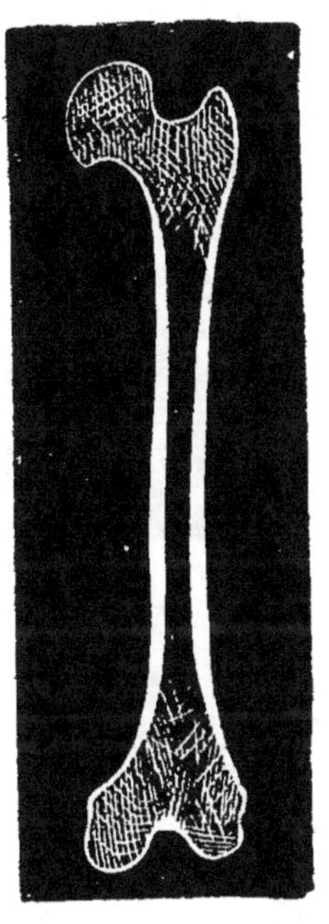

Fig. 1. — Os de la cuisse scié dans le sens de sa longueur.

la cavité principale en un grand nombre d'espaces plus petits, et donnant à l'os dans cette situation une structure très-finement réticulée, semblable à celle d'un gâteau de miel. Par ce moyen, les os sont rendus plus légers, tout en conservant leur fermeté et leur résistance, et en même temps ils offrent une prise solide aux muscles et aux tendons qui sont attachés à leur surface.

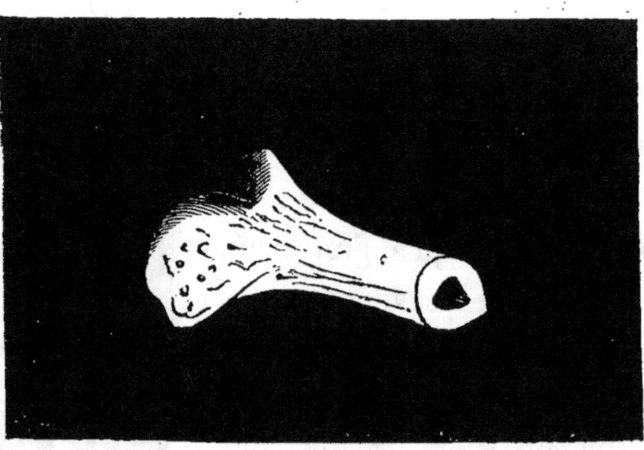

Fig. 2. — Coupe transversale de l'os de la cuisse vers son extrémité infé-rieure, pour montrer sa cavité centrale.

2. Disposition générale du squelette. — Les os sont unis les uns aux autres par de fortes fibres ou ligaments, et forment un ensemble ou système connexe, qui se nomme *squelette*. Le squelette est, par conséquent, un échafaudage ou charpente osseuse qui soutient par sa solidité physique les autres organes, et donne au corps entier sa configuration générale. Il se compose en premier lieu de la *colonne spinale* ou *épine du dos* (*fig.* 3), qui monte et descend le long de la ligne médiane du dos et que l'on peut sentir facilement au toucher, dans cette situation, comme une crête osseuse qui s'étend depuis le derrière du cou jusqu'à la région des hanches. Cette crête est formée par une ligne de protubérances, ou épines saillantes, dont chacune appartient à un os séparé ; et, ces os étant placés les uns au-dessus des autres, comme une pile ou une colonne, la série entière a reçu le nom de *colonne spinale.* Les os de cette colonne, au nombre de vingt-six (*fig.* 3), sont articulés et ajustés ensemble par diverses saillies et attachés par des ligaments, de manière à pouvoir être tenus solidement dans une position droite.

Elle se dresse donc, comme une sorte de pilier droit central, autour duquel les autres organes du corps sont groupés, et dont ils dépendent pour se soutenir. C'est la partie la plus importante de tout le squelette.

La colonne spinale soutient à son extrémité supérieure le *crâne,* boîte osseuse,

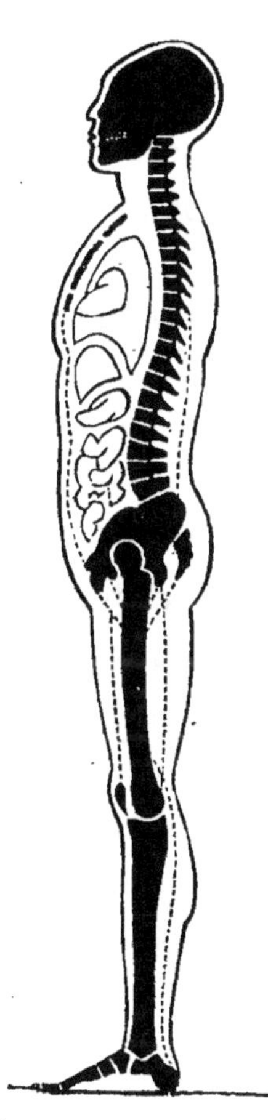

Fig. 3. — Diagramme du squelette, en profil. — Les lignes pointillées montrent la direction des principaux muscles.

contenant le cerveau et à laquelle sont attachées les mâchoires et les autres parties de la charpente de la face; le tout constituant la *tête*. Son extrémité inférieure repose sur le *pelvis* ou os de la hanche, entre les deux moitiés duquel elle pénètre comme un coin et reste assurée par de forts ligaments. Le pelvis est une expansion osseuse, assez semblable dans sa forme à un bassin et destinée à recevoir et à soutenir les organes de la partie inférieure de l'abdomen. En plaçant les mains sur les hanches, on peut facilement sentir les bords saillants de cet os, qu'on appelle, en raison de sa forme, le *bassin*, et comprendre comment il sert à supporter les intestins et les autres organes placés au-dessus de lui.

Le pelvis, à son tour, repose sur le *fémur*, ou grand os de la cuisse, le plus gros et le plus fort des os de tout le corps. Le fémur est placé presque droit, de haut en bas, et entouré par les muscles épais de la cuisse. Il est lui-même supporté par le *tibia*, ou os de la jambe, sur lequel il est placé bout à bout. Le tibia a la forme presque triangulaire, et constitue le rebord saillant qu'on peut sentir avec la main sur la partie antérieure de la jambe, au-dessous du genou. Enfin, l'extrémité inférieure du tibia repose sur les os du pied. Ces os sont disposés à peu près en forme d'arc; car, tandis que le pied touche le sol par le bout du talon en arrière et sur le devant par la pulpe des doigts, les os qui se trouvent au milieu présentent une élévation recourbée, qui donne à cette partie la forme d'un arc ou voûte qu'on appelle le *creux du pied.*

Or, les os du pied ne sont pas liés entre eux, de manière à être immobiles ; mais ils sont attachés par des bandes et des ligaments élastiques qui leur permettent de céder un peu, quand ils sont pressés, et de reprendre ensuite leur position habituelle, quand la pression a cessé. On peut voir distinctement cet effet en appuyant fortement sur le pied, qui s'étend alors un peu et ensuite se remet et revient à sa forme normale.

Les principaux organes internes, tels que le cœur, les poumons, le foie, l'estomac, les intestins, sont contenus dans les cavités de la poitrine et de l'abdomen, et situés devant et sur les côtés de la colonne spinale.

3. **Équilibre des différentes parties du squelette.** — Le squelette entier forme ainsi une série connexe ou charpente verticale d'os, si bien équilibrée, qu'elle peut être tenue dans une position droite.

Les différentes parties du squelette ne sont pas placées exactement en ligne droite l'une sur l'autre, bien au contraire ; leur position varie un peu, tant en avant qu'en arrière. Les os du pied sont placés très-obliquement, et forment un arc, ainsi que nous venons de le voir. Le tibia, qui repose sur cet arc, est le seul os qui soit exactement vertical. Le fémur est un peu courbe dans sa forme, et aussi un peu incliné en avant ; de sorte que son extrémité supérieure est articulée avec le pelvis un peu en avant de la jonction de celle-ci avec la colonne spinale : et la colonne spinale elle-même n'a pas moins de trois courbures qui se dirigent alternativement en avant et en arrière. Toutefois, si nous observons le diagramme du squelette (*fig.* 3), nous verrons que toutes ces variations se compensent mutuellement en sorte que, bien que le squelette soit ainsi courbé dans ses différentes parties, sa direction générale est en ligne droite, et le poids de la tête et de la partie supérieure du corps repose presque exactement au-desus de la jointure de la cheville.

Mais, comme les différentes parties du squelette sont mobiles aux jointures ou articulations, elles doivent être fixées ou affermies de quelque manière, pour maintenir le corps dans une position verticale. Cet effet s'obtient par les moyens suivants.

4. Action des ligaments élastiques. — D'abord, le corps est maintenu droit par une série de *liga-*

ments élastiques, qui sont attachés à la partie postérieure de la colonne spinale. Cette colonne articulée est disposée de telle sorte qu'elle peut se mouvoir dans plusieurs directions et principalement se pencher en avant ; et, comme les principaux organes internes sont situés à sa partie antérieure, leur poids la ferait naturellement incliner dans cette direction. Mais la colonne spinale est pourvue en même temps, dans toute sa longueur, d'éminences osseuses qui font saillie sur sa surface postérieure. Or, entre ces éminences, et d'un bout à l'autre, est attachée une série successive de forts ligaments ou bandes, appelés *ligaments élastiques de la colonne spinale,* parce qu'ils sont extensibles et élastiques comme le caoutchouc. Ces ligaments suffisent pour empêcher la colonne spinale de céder au poids des organes qui sont devant elle. Quand l'os de l'épine est amené en avant par l'action des muscles, les éminences osseuses de la surface postérieure sont nécessairement écartées et séparées entre elles comme les lames d'un éventail, mais elles sont ensuite ramenées à leur état ordinaire par la force élastique de leurs ligaments, et la colonne spinale se redresse de nouveau.

5. Structure et action des muscles. — Ensuite le squelette est maintenu dans la position verticale par l'action des *muscles*. Les muscles sont des organes attachés aux différentes parties du squelette de manière à contrôler ses mouvements. Ils forment une large portion de toute la masse du corps et constituent la chair fibreuse, ferme et rouge qui se trouve partout sous la peau, qui couvre les os et enveloppe dans une espèce de sac musculaire les cavités de la poitrine et de l'abdomen.

Si l'on examine les muscles avec le microscope (*fig.* 4), on voit qu'ils sont composés d'un grand nombre de très-petites *fibres*, trop minces pour être vues à l'œil nu, placées les unes à côté des autres et toutes dirigées presque dans le même sens. Les fibres sont d'une couleur rouge et très élégamment marquées par des lignes ou raies transversales qui les parcourent dans une direction circulaire. Les fibres elles mêmes sont réunies en petits paquets de 100 à 200 chacun,

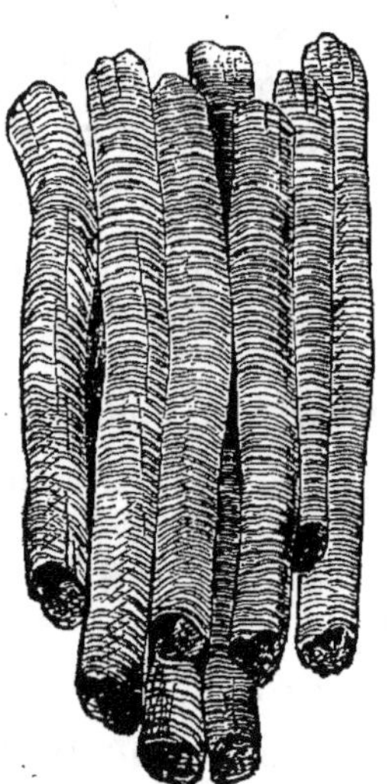

Fig. 4. — Fibres musculaires, fort grossies, au microscope.

placés à côté les uns des autres avec d'autres paquets semblables, mais séparés de ces derniers par une mince couche d'un tissu lâche interposé entre eux, et qu'on nomme *tissu cellulaire*. Plusieurs de ces paquets ou fascicules forment eux-mêmes de plus gros paquets au moyen du tissu cellulaire qui les unit, et ces derniers réunis de la même manière en forment de plus gros encore. Ainsi le muscle entier est formé de plusieurs faisceaux de fibres parallèles, qui peuvent être séparés les uns des autres par une dissection soignée et réduits à des divisions ou fascicules de plus en plus fins, jusqu'à ce qu'ils deviennent trop petits pour être vus à l'œil nu. C'est ce qui donne à la chair musculaire son apparence fibreuse, lorsqu'on l'examine de près.

Or les muscles, tels que nous les avons décrits plus haut, sont doués de la propriété de *contraction*. On entend par là que les fibres musculaires, lorsqu'elles sont excitées par l'influence de la volonté, peuvent se raccourcir de manière à rapprocher ensemble deux points quelconques, auxquels leurs bouts sont attachés. Les deux bouts d'un muscle ne sont jamais attachés à un seul et même os ; mais entre les deux attaches il y a toujours une articulation ou jointure, qui permet le mouvement entre un os et un autre.

Par conséquent, en se contractant, le muscle tire sur les deux os auxquels il est attaché et les rapproche.

Toutes les fois qu'un muscle se contracte, il se gonfle de chaque côté, en même temps que ses fibres se raccourcissent ; des expériences très-exactes ont démontré qu'il augmente en épaisseur tout à fait dans la même proportion qu'il diminue en longueur. Il ne devient par conséquent ni plus grand ni plus petit pendant la contraction ; il change seulement de forme, mais non de volume.

Si nous saisissons avec les doigts les muscles de la partie antérieure du bras, au-dessus du coude, nous pouvons sentir leur contraction, chaque fois que nous plions fortement le coude. A ce moment deux changements se font sentir distinctement dans le muscle. Premièrement, il se gonfle, comme il vient d'être dit, et devient proéminent sous la peau ; et, en second lieu, il est rendu au même instant plus dur et plus résistant au toucher. Cette dureté du muscle, accrue pendant la contraction, est produite par la tension forcée de ses fibres, tension qui continue tout le temps que celles-ci demeurent en activité.

Voici donc quelle est l'action d'un muscle durant la contraction. Il se raccourcit ou diminue dans le sens de sa longueur, il s'élargit dans le sens de son épaisseur, et devient plus tendu et plus ferme en consistance.

Un muscle ne peut rester tendu que pendant peu de temps. Après quelques instants, il revient à sa première condition, devient comparativement mou et flexible, et cesse d'exercer sa force, en sorte qu'il peut facilement être ramené à sa première longueur. Cet état du muscle s'appelle son *relâchement*, et, lorsque ses fibres sont complétement détendues, elles n'exercent plus aucune action marquée sur les parties auxquelles elles sont attachées.

Chaque muscle est donc alternativement dans un de ces deux états différents, savoir, l'état de contraction active, ou celui de relâchement passif.

6. **Disposition et action des muscles flexeurs et des extenseurs.** — Presque tous les muscles du tronc et des membres sont disposés en deux groupes distincts, qui doivent agir alternativement dans deux sens différents. Un de ces deux groupes est placé sur la partie antérieure ou en avant ; l'autre sur la partie postérieure ou en arrière, et, lorsqu'ils sont mis en activité, ils servent à mouvoir les membres dans deux directions opposées. Ceux qui plient la jointure, sont nommés les *muscles flexeurs ;* ceux qui la redressent, sont nommés les *muscles extenseurs*. Ainsi les muscles de la partie postérieure de la cuisse tirent la jambe en arrière, et font plier le genou ; ils sont donc des muscles flexeurs. Ceux de

la partie antérieure de la cuisse tirent la jambe en avant et redressent le genou ; ils sont par conséquent des muscles extenseurs. D'autre part, les muscles qui se trouvent sur la partie antérieure des bras, au-dessus du coude, font plier le bras au coude et sont des flexeurs, et ceux de la partie postérieure redressent le coude et sont des extenseurs.

Ainsi les mouvements du corps sont exécutés par la contraction et le relâchement alternatifs des deux groupes de muscles opérant dans des directions différentes ; puisque, quand les flexeurs se contractent, ils plient le membre sans aucune résistance des extenseurs; et, lorsque les flexeurs se relâchent, les extenseurs redressent de nouveau le membre et le ramènent à son premier état. Lorsque les flexeurs et les extenseurs sont mis en activité en même temps, ils rendent le membre raide et l'empêchent de se mouvoir dans aucune direction.

Mais, ainsi que nous l'avons déjà vu, un muscle ne peut rester en action soutenue que pendant peu de secondes. Après une courte période, il faut qu'il se relâche de nouveau, non-seulement pour permettre au muscle opposé de tirer le membre dans une direction différente ; mais encore pour reprendre lui-même une nouvelle force qui le rende capable d'un autre mouvement ; car la force des fibres musculaires s'épuise plus ou moins dans la contraction et se rétablit par le relâchement. Les muscles épuisent alternativement leur puissance dans la contraction et la réparent dans l'état de relâchement. C'est pour cela qu'il est si fatigant de tenir le bras ou la jambe étendus dans la même position pendant plusieurs minutes, tandis que le même membre peut être mû en avant et en arrière pendant une période égale, sans aucune fatigue. Par la même raison, il est plus fatigant de rester debout et immobile pendant un quart d'heure, que de marcher pendant le même espace de temps.

Dans les mouvements ordinaires du corps, les différents muscles passent constamment de la contraction au relâchement, et leur vigueur naturelle se soutient sans rien perdre.

Ainsi il est facile de voir comment le squelette se tient droit par l'action des muscles. L'effet de cette action n'est pas celui d'une raideur fixe, mais d'un balancement délicat et gracieux, qui permet au corps des mouvements et des variations constantes de position, sans qu'il s'écarte de la verticale. Les muscles qui sont placés sur le devant empêchent les jointures de se pencher en arrière ; et ceux qui sont attachés par derrière les empêchent de se courber dans la direction contraire. De même, ceux qui sont placés sur le côté droit et sur le côté gauche du corps l'empêchent de tomber dans une direction latérale. Les muscles sont comme les cordages qui soutiennent les mâts d'un vaisseau ; seulement ils ne sont pas inanimés et passifs ; mais au contraire actifs et mobiles dans leur contrôle des diverses parties du squelette. Le corps ne pourrait pas rester droit un seul instant sans leur aide ; car, si les muscles se paralysaient, pour un temps, par l'effet d'une apoplexie ou par suite d'un coup soudain à la tête, le corps perdrait à l'instant le pouvoir de rester dans la position droite. La tête tombe sur la poitrine ; la colonne spinale se penche en avant ; les cuisses fléchissent sous les hanches ; les jambes s'affaissent sous les genoux et toute la machine croule ensemble, dans un état de collapsus et comme une masse informe. Mais, tant que les muscles conservent leur action naturelle et agissent constamment sur les différentes parties des membres et du tronc, tantôt en avant et en arrière, tantôt d'un côté et de l'autre, ils empêchent toute déviation irrégulière et maintiennent le corps dans la position verticale.

7. Attache et mécanisme des muscles. — Ordinairement les muscles des membres sont plutôt allongés dans leur forme et un peu plus minces aux deux extrémités qu'au milieu. Règle générale, à leurs extrémités supérieures, ils sont attachés de très-près aux os ; mais à leurs extrémités inférieures ils deviennent plus minces et se transforment en des cordons plus ou moins longs, étroits et arrondis de tissus fibreux blancs qu'on nomme *tendons*. Ces tendons n'ont pas la faculté de se contracter, comme les fibres musculaires, ni de se tendre, comme les ligaments élastiques de la colonne spinale ; ce ne sont que de très-fortes cordes fibreuses, inflexibles, qui servent à attacher les muscles aux os sur lesquels ils doivent agir. Lors donc qu'un muscle se contracte, il tire sur l'os qui est au-dessous, au moyen du tendon qui s'y trouve inséré, exactement comme un cheval tire une charrette chargée, au moyen des traits de cuir et des autres parties du harnais.

Les tendons sont ordinairement insérés dans la partie mobile d'un membre à une courte distance au-dessous de la jointure. Par conséquent, lorsque les muscles se contractent, ils agissent sur le membre avec une grande rapidité, et un faible degré de contraction dans le muscle suffit pour imprimer à l'extrémité la plus éloignée du membre un mouvement considérable. C'est ainsi que la main et le bras sont soulevés, lorsqu'on fléchit l'articulation du coude

par l'action des muscles flexeurs, situés sur le devant
de la partie supérieure du bras, au-dessous du
coude, muscles appelés le *biceps flexeur* et le *brachial antérieur* (*fig.* 5). Ils partent des os de l'épaule

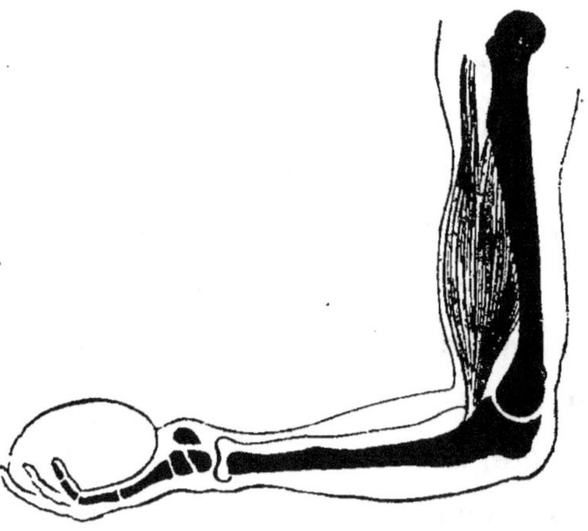

Fig. 5. — Diagramme du bras plié au coude, pour montrer l'action des
muscles flexeurs.

et de la partie supérieure du bras; leurs fibres se dirigent vers la partie inférieure, et leurs tendons vont
s'insérer dans les os de l'avant-bras immédiatement
au-dessous de la jointure du coude. Lorsque ces
muscles se contractent, ils tirent en haut l'avant-bras, qu'ils font mouvoir sur la jointure du coude,
comme une porte sur ses gonds, et soulèvent ainsi
un poids quelconque placé dans la main ou sur le
poignet. Plus le poids qui doit être soulevé de cette
manière est lourd, plus grande est la force exercée

par les muscles, et aussi peut-on les sentir, sur le devant de la partie supérieure du bras, se gonfler et devenir durs, au moment de la contraction, exactement dans la proportion du degré de force employée. Le tendon du biceps peut aussi se sentir en même temps, juste au-devant de l'articulation du coude, tendu et raidi, comme la corde d'un arc, par l'action du muscle.

Presque tous les mouvements du tronc et des membres sont opérés par un mécanisme semblable à celui qui vient d'être décrit. Les quelques variations qui se présentent sont dues principalement à la construction différente des jointures. Car, tandis que les unes, comme les jointures du coude et du genou, sont disposées de telle sorte qu'elles ne peuvent se mouvoir qu'en avant ou en arrière, comme des gonds ; d'autres, telles que les jointures des épaules et des hanches, peuvent se mouvoir dans plusieurs directions, ou même tourner en cercle, ou exécuter un mouvement de rotation ou de torsion, comme la main et l'avant-bras. Mais, dans tous les cas, ces divers mouvements s'accomplissent par l'action des muscles, dont les tendons sont implantés dans les os en diverses directions, et qui produisent ainsi, par leur contraction, les mouvements qui leur sont propres.

8. Mouvements de la marche, de la course, et du saut. — Les mouvements de la marche, de la course, du saut, etc., se font de la manière suivante. Lorsque le corps se tient droit, comme dans la figure 3, les pieds sont appuyés à plat sur le sol, et ils supportent à la fois sur les talons par derrière et sur les pulpes des doigts par devant, le poids du corps, qui repose entre ces deux parties, sur le milieu de l'arc du pied. Le corps est maintenu dans cette position, ainsi que nous l'avons vu, par les divers muscles, qui agissent de manière à tenir ses différentes parties dans un juste équilibre et à retenir le poids de la masse, qui porte exactement sur les articulations des chevilles.

Lorsque par la marche un mouvement doit s'exécuter en avant, le corps est porté d'abord à se pencher dans la même direction, de sorte que son poids ne pèse plus sur la cheville, mais se trouve jeté en avant de manière à rester appuyé entièrement sur les orteils. Alors le talon est soulevé du sol par l'action des muscles très-forts qui sont situés dans la partie postérieure des jambes, et appelés muscles *gastrocnémiens* et *soléaires ;* ces muscles, qui viennent d'en haut, forment la masse charnue, connue sous le nom de *mollets.* Ils se terminent en un tendon très-fort, pareil à une grosse corde, qu'on appelle le *tendon d'Achille*, que l'on sent facilement à la partie postérieure de la cheville, et qui est attaché à l'os saillant du talon, nommé le *calcaneum* (*fig.* 6). Quand ces muscles se contractent; ils tirent le talon en haut au moyen du tendon qui lui est inséré, et soulèvent de cette manière le talon et le corps tout entier, qu'ils élèvent et portent en avant, et le principal poids de celui-ci repose, comme il a été déjà dit, sur les pulpes des orteils.

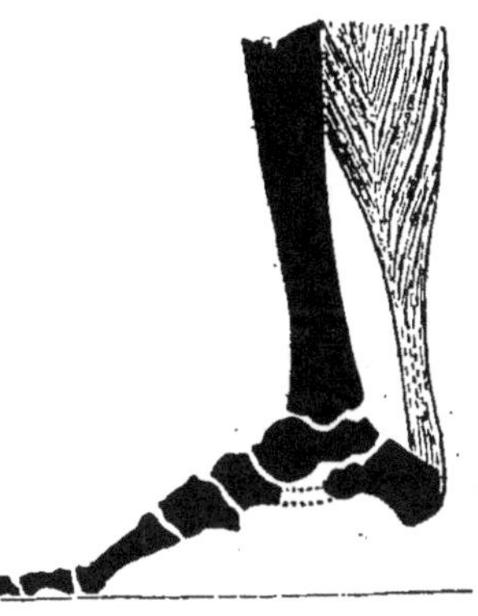

Fig. 6. — Diagramme du pied et de la cheville, le talon étant soulevé par le tendon d'Achille.

L'action de la jambe et du pied, dans ce mouvement, est la même que celle par laquelle nous pouvons soulever du sol un poids quelconque, à l'aide

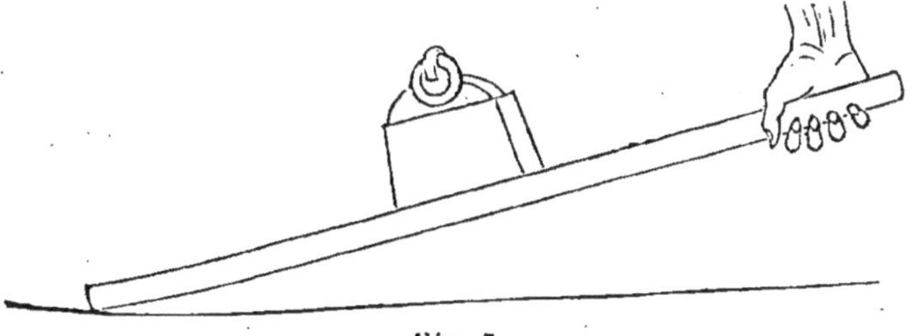

Fig. 7.

du levier. Supposez que le bout d'un fort bâton soit appuyé sur le sol, et que ce bâton porte sur le milieu un poids lourd (*fig*. 7). En prenant dans la main l'autre bout du bâton, nous pouvons soulever le poids exactement comme le corps est soulevé, en marchant, par les muscles des jambes et les os de la cheville.

Au moment où le corps est soulevé et incliné en avant, comme on vient de le décrire dans l'avant-dernier paragraphe, un pied est entièrement séparé du sol et poussé de même pour faire un pas en avant. Aussitôt que le corps a été transporté assez loin, dans la même direction, le second pied, qui reposait sur les orteils, est aussi soulevé de la même manière, tandis que le premier est, à son tour, porté en avant, pour faire un autre pas. De cette manière, les deux jambes agissent alternativement ; le poids du corps est porté en avant d'abord par l'une et ensuite par l'autre ; tous les muscles combinent harmonieusement leur action des deux côtés et produisent ainsi un mouvement aisé, gracieux et continu.

Dans l'acte de la marche, ainsi qu'il est dit plus haut, un pied est toujours sur le sol, et le poids du corps est principalement supporté par les doigts du pied sur lequel il porte alors ; il est seulement soulevé en avant alternativement des deux côtés, par l'action combinée des leviers que représentent les os du pied. Par conséquent, aucun violent effort musculaire n'est requis et le mouvement peut se continuer long-temps sans fatigue.

Néanmoins l'acte de la *course,* au lieu d'être une suite de pas, s'exécute par une succession de sauts ou bonds dans chacun desquels le corps est jeté hors du sol et porté en avant par l'impulsion qu'il a reçue. Pour accomplir ce mouvement, au moment où le talon va être soulevé par l'action des muscles décrite plus haut, les genoux et les jointures des hanches sont d'abord pliés, puis instantanément redressés par la contraction subite de leurs muscles extenseurs. Le membre entier agit ainsi comme un puissant ressort qui, par sa subite extension, jette le corps entier hors du sol et l'emporte à travers l'air dans une direction en avant. L'autre membre est en même temps jeté en avant, pour recevoir le poids du corps et pour exécuter à son tour et avec une égale rapidité les mêmes mouvements. La vitesse du coureur dépend de la vigueur des contractions musculaires et de la rapidité avec laquelle il exécute les mouvements successifs.

L'acte du *saut* s'accomplit de la même manière que celui de la course ; si ce n'est que les mouvements sont exécutés par les deux membres à la fois; chaque saut constitue ainsi par lui-même un mouvement isolé qui ne se combine pas avec les autres pour former un mouvement continu.

9. Élasticité du squelette. — Dans tous ces mouvements variés, le corps est protégé contre les effets des chocs et des secousses brusques par d'importantes dispositions particulières de structure et de fonctions.

D'abord les os par eux-mêmes sont élastiques : cette élasticité n'est pas d'un degré très-marqué dans chaque os séparé, mais elle existe pourtant dans l'ensemble des os, et c'est une qualité d'une importance considérable pour le squelette entier. Cette propriété est due à ce fait déjà mentionné, que les os sont formés d'une substance animale unie à des composés de chaux. L'élasticité de la substance animale est de beaucoup diminuée par son union avec le principe minéral ; cependant elle ne disparaît pas entièrement, et l'os entier conserve cette propriété à un certain degré. Chez les enfants et les personnes très-jeunes, la quantité de chaux, en proportion de la substance animale, est plus petite que chez les adultes, et leurs os sont par conséquent plus flexibles et plus élastiques que dans un âge plus avancé. C'est par cette raison que les os des jeunes enfants se cassent très-rarement dans les chutes ou autres accidents, tandis que ceux des adultes sont par cette cause plus sujets à des lésions.

En second lieu, les extrémités des os sont recouvertes d'une substance ferme, ressemblant à la gomme élastique, et qu'on appelle *cartilage*. Dans la plupart des jointures mobiles, il y a deux de ces cartilages fermement attachés aux os correspondants et glissant doucement et facilement l'un sur l'autre par leurs surfaces opposées, rendues humides par un fluide transparent. Dans la colonne spinale, les principaux cartilages sont très-épais et pulpeux, et reposent, comme autant de coussins élastiques, entre les différents os dont elle est composée. Tous ces cartilages servent à recevoir le choc des coups soudains ou des chutes et à en faire disparaître les dangereux effets.

Troisièmement, les courbures des différentes parties du squelette ont aussi une influence importante sous ce rapport : ces courbures se font surtout remarquer dans la colonne spinale, qui, dans sa position naturelle, est inclinée alternativement dans trois directions différentes (*fig.* 3), présentant ainsi une forme ondulée, au lieu d'une ligne droite verticale. Il résulte de cette disposition que, si elle reçoit un choc ou une secousse subite, elle cède momentanément en augmentant ses courbures, comme un arc ou un ressort en spirale, mais ensuite elle reprend sa forme naturelle, lorsque la pression a cessé. Tous

les os des membres ont aussi une forme un peu
courbée, et contribuent par conséquent, dans un
certain degré, au même effet.

10. Action protectrice des muscles. — Enfin l'action des muscles exerce une influence protectrice importante ; car, en sautant, en courant, en bondissant
d'un lieu élevé, le corps n'est jamais abandonné
entièrement à son propre poids. Les muscles sont
toujours employés à maintenir le corps dans une
position convenable, et à le tenir prêt pour d'autres
mouvements. Quand le corps arrive sur le sol, les
membres se courbent aux jointures, mais sans cesser
pourtant d'être sous la puissance des muscles extenseurs ; et ces muscles réagissent immédiatement
après pour ramener le corps à sa position droite.
De cette manière une sorte d'élasticité, dépendant
de la vigueur musculaire, est communiquée aux
mouvements de toute la machine, et protége celle-ci
contre les efforts des secousses soudaines.

11. Exercice. — La force naturelle du système
musculaire demande à être conservée par un *exercice*
constant et régulier. Si tous les muscles ou ceux
d'une partie spéciale restent longtemps sans usage,
ils diminuent de volume, deviennent plus mous,
et enfin paresseux et faibles. Au contraire, par
l'usage et l'exercice ils conservent leur vigueur

leur fermeté et leur solidité au toucher, ainsi que tous les caractères de leur saine organisation. Il est donc très-important que les muscles soient entretenus par un exercice journalier suffisant. Une réclusion trop prolongée, occasionnée par des occupations sédentaires, par l'étude ou par une simple habitude d'indolence, détruit nécessairement la force du corps et affecte dangereusement la santé. Tout individu doué d'une bonne condition de santé devrait s'arranger de manière à pouvoir exercer librement ses muscles, pendant deux heures au moins chaque jour. Cet exercice ne saurait être négligé impunément, et il est aussi indispensable que le vêtement et la nourriture.

L'exercice musculaire du corps doit être pris régulièrement et avec modération, pour qu'il produise l'effet désiré. Il ne convient à personne de rester inactif pendant la plus grande partie de la semaine, et de se livrer ensuite, pendant un jour, à un exercice excessif. Un défaut d'exercice régulier ne peut être compensé par un excès accidentel. Une action uniforme et salutaire peut seule stimuler convenablement les muscles, et pourvoir à leur nutrition et à leur accroissement. Un exercice violent et continué pendant longtemps entraînerait l'épuisement et une fatigue extraordinaire; il serait un mal plutôt qu'un avantage, et il produirait un dépérissement et une dépense de la force musculaire, au lieu de son favorable développement.

La marche est par conséquent un des exercices les plus utiles, puisqu'elle procure une action facile et modérée à presque tous les muscles du corps, et peut se continuer pendant longtemps sans fatigue. Il est aussi très-efficace de monter à cheval, surtout parce que cet exercice est acompagné d'une certaine somme d'excitation et d'attrait qui agit sur le système nerveux comme un stimulant sain et agréable. On doit user modérément de la course et du saut, parce que ces exercices sont plus violents. Pour les enfants, les exercices rapides et continuels, qu'ils prennent spontanément dans leurs jeux et leurs amusements en plein air, sont ce qu'il y a de meilleur. La quantité exacte d'exercice qu'on doit se donner, n'est pas précisément la même pour différentes personnes; mais elle doit être mesurée d'après ses effets. L'exercice est toujours avantageux, lorsque les forces musculaires ont été mises en jeu complétement, sans produire aucune sensation de fatigue excessive ou d'épuisement.

Il ne faut pas oublier non plus que l'objet de l'exercice n'est pas seulement de créer et d'ac croître la force musculaire, mais encore de conserver dans de bonnes conditions la santé générale. L'emploi constant où l'exercice de muscles particuliers peut produire à un degré considérable une augmentation spéciale de leur force. Ainsi les bras d'un forgeron et les jambes d'un danseur se développent dans des proportions excessives, et si, dans un gymnase, nous nous livrons à l'habitude de soulever des poids ou de transporter des fardeaux, nous pouvons augmenter considérablement la force du système musculaire en général. Mais ce développement musculaire extraordinaire n'est pas nécessaire à la santé; il ne lui est même pas très-avantageux. La meilleure condition est celle dans laquelle tous les différents organes et systèmes du corps ont leur complet développement, et dans laquelle aucun d'eux n'a une prépondérance exagérée sur les autres. Par conséquent le genre d'exercice le plus utile est celui qui emploie également tous les membres et entretient l'agilité et la liberté du mouvement autant que la simple force musculaire.

Dans tous le cas aussi, l'exercice qu'on prend doit être régulier et uniforme, et se répéter autant que possible pendant le même espace de temps tous les jours.

12. **Repos.** — Le système musculaire requiert en

outre une période journalière de *repos*. Ce repos ne consiste pas seulement dans les intervalles qui séparent les moments consacrés à un exercice actif; car, même lorsque nous sommes assis, ou debout, ou engagés dans des occupations sédentaires ordinaires, nous faisons constamment certains efforts musculaires. Il est nécessaire aussi que toute activité musculaire soit suspendue pendant le temps du sommeil, parce que c'est pendant le sommeil que la partie principale de la nutrition des tissus s'opère et que le renouvellement de leurs pouvoirs actifs s'accomplit. C'est pour cela que nous éprouvons un sentiment de bien-être, en sentant notre vigueur renouvelée après ce repos absolu ; ce qui est dû, en grande partie, à la nutrition et à la réparation de notre système musculaire. La privation de ce repos nécessaire se fera sentir inévitablement, après un jour ou deux, par la diminution de la force et par la défaillance des facultés en général. La quantité requise de sommeil doit donc se prendre nécessairement pendant la nuit, avec la même régularité que l'exercice doit se prendre pendant le jour : car c'est par l'influence uniforme et alternative de ces deux états, que le système musculaire se conserve dans la meilleure condition, et que la santé générale est plus efficacement assurée.

QUESTIONNAIRE.

1. Quel est l'usage des os?

2. Comment diffèrent-ils en consistance des autres organes?

3. Quel ingrédient leur donne leur dureté?

4. Quel ingrédient leur donne leur élasticité?

5. Les os sont-ils solides ou creux.

6. De quoi sont remplies leurs parties creuses?

7. Comment les os sont-ils liés les uns aux autres?

8 Quel nom donne-t-on à la série entière des os unis ensemb'e?

9. Quelle est la partie la plus importante du squelette?

10. Pourquoi l'appelle-t-on *colonne spinale* ?

11. Qu'est-ce qui est supporté sur l'extrémité supérieure de la colonne spinale?

12. Qu'est-ce qui est contenu en dedans du crâne?

13. Sur quoi repose l'extrémité inférieure de la colonne spinale?

14. Quelle est la forme du pelvis ?

15. Quels organes le pelvis e. t-il destiné à supporter ?

16. Quel est l'os de la cuisse?

17. Quel est l'os de la jambe?

18. Quelle est la forme de la charpente osseuse du pied?

19. Quelle modification subit l'arc du pied, lorsqu'il est comprimé par dessus?

20. Les différentes parties du squelette sont-elles droites ou courbes?

21. Comment le squelette se tient-il droit ?

22. Qu'est-ce que les *ligaments élastiques*, et où sont ils situés?

23. Qu'est-ce que les muscles?

24. De quoi sont-ils composés?

25. Quelle est l'apparence des fibres musculaires?

26. Quelle propriété particulière possèdent les muscles?

27. Quel effet est produit sur les os par la contraction des muscles?

28. Quand un muscle se contracte, comment sa forme est-elle changée?

29. Quel changement subit-il dans sa consistance?

30. Qu'est-ce que le relâchement d'un muscle?

31. Quelle différence y a-t-il entre un muscle flexeur et un muscle extenseur?

32. Lorsque les muscles flexeurs et les muscles extenseurs se contractent en même temps, quel effet produisent-ils sur les membres?

33. Quand la force d'un muscle est-elle dépensée?

34. Quand est-elle réparée?

35. Pourquoi est-il fatigant de tenir le bras et la jambe d'une manière permanente dans la même position?

36. Comment les muscles servent-ils à donner une sorte de balancement aux différentes parties du squelette?

37. Pourquoi les muscles sont-ils attachés aux os mobiles?

38. Où sont situés les muscles qui font plier les coudes?

39. Où sont insérés leurs tendons?

40. Quelles sont les jointures qui se meuvent comme un gond?

41. Quelles sont les jointures qui peuvent exécuter des mouvements circulaires?

42. Comment s'effectue la marche?

43. Comment s'effectue la course?

44. Comment s'effectuent le saut et le bond?

45. Comment le corps est-il protégé contre les chocs et les secousses?

46. Pourquoi les os des enfants sont-ils plus élastiques que ceux des adultes?

47. De quoi sont recouvertes les extrémités articulaires des os?

48. Quel est l'usage des *cartilages?*

49. Quel est l'usage des *courbures* du squelette?

50. Comment les *muscles* protégent-ils le corps contre les lésions?

51. Pourquoi l'exercice des muscles est-il nécessaire à la santé?

52. Comment doit-on prendre cet exercice?

53. Quels genres d'exercice sont les plus utiles?

54. Pourquoi le repos est-il nécessaire à la santé?

55. Quel effet produit le défaut de sommeil naturel?

SECTION II

FONCTIONS DE NUTRITION

CHAPITRE II

DE L'ALIMENT ET DE SES INGRÉDIENTS.

Substances inorganiques. — L'eau. — Le sel. — La chaux. —
Autres matières inorganiques. — L'amidon. — Ses variétés.
— Propriétés de l'amidon. — Sa conversion en sucre. — Le
sucre. — Quelles sont ses sources. — Sa proportion dans
l'aliment. — Fermentation du sucre. — La graisse. — Stéarine. — Margarine. — Oléine. — Cristallisation des matières
grasses. — Leur émulsion. — Condition de la graisse dans
les tissus animaux et végétaux. — Comment on l'en extrait.
— Tissu adipeux. — Proportion de la graisse dans l'aliment.
— Les matières albumineuses. — Différentes espèces. —
Coagulation. — Ferments. — Putréfaction. — Proportion des
matières albumineuses dans l'aliment. — Toutes les substances nutritives nécessaires à la vie.

13. **Nature et nécessité de l'aliment.** — Sous le
terme d'*aliment* sont comprises toutes les substances solides ou liquides, qui sont nécessaires à la
nourriture du corps. L'action constante des différents organes du corps vivant demande un approvisionnement régulier de nourriture, au moyen de

laquelle leur force et leur activité puissent être entretenues, parce que ces organes ne peuvent remplir leurs fonctions sans subir une dépense correspondante de matière, et cette consommation doit être compensée par une provision appropriée de nourriture, pour qu'ils puissent conserver leur activité et que les fonctions de la vie puissent continuer.

La dépense de matière qui a lieu ainsi dans le corps vivant, n'est pas une simple dégradation physique, comme lorsque les roues et les essieux d'une voiture s'usent par un frottement mécanique ; c'est une sorte de décomposition interne, qui envahit chaque partie de la machine animale et qui est à peu près proportionnelle à la somme d'activité des organes eux-mêmes. Elle ressemble en quelque sorte à la consommation de l'eau et du combustible convertis par une locomotive en vapeur et en fumée, pour mettre la machine en état de fonctionner. C'est à peu près de cette manière que les fonctions actives du corps vivant exigent constamment un aliment nutritif, qui doit être fourni à celui-ci avec régularité, pour le maintenir dans une action continue. Il est, par conséquent, très-important de savoir quels sont les ingrédients nécessaires de l'aliment, comment ils doivent être préparés et combinés, et comment ils sont absorbés et consommés par le corps vivant.

14. Substances inorganiques. — D'abord l'aliment contient une large proportion de matières qu'on nomme *substances inorganiques*. Ce sont des substances qui se trouvent partout dans la nature, et qui forment une partie des pierres, de la terre et des eaux courantes. La raison pour laquelle elles sont nommées substances inorganiques, c'est qu'elles se rencontrent dans des corps non organisés et qu'elles ne sont pas spéciales aux êtres animés. On les trouve cependant aussi dans les corps d'animaux vivants, et elles doivent par conséquent se trouver dans des proportions pareilles dans l'aliment ; car c'est de cette seule source que dérivent nécessairement tous les matériaux dont se compose la machine animale.

La première et la plus abondante de ces substances inorganiques, c'est l'*eau*. L'eau existe en général dans tous les solides et les fluides du corps. Elle abonde particulièrement dans le sang et dans les sécrétions, car elle leur donne leur fluidité nécessaire, et les rend capables de dissoudre toutes les matières qu'ils contiennent.

Elle est aussi un ingrédient des tissus solides ; car, si nous prenons un muscle ou un cartilage et que nous l'exposions, dans l'air sec, à une chaleur modérée, il perd de l'eau par l'évaporation, diminue de volume et de poids et devient dense et raide. De même les os, et les dents elles-mêmes, perdent de l'eau par l'évaporation, quoiqu'en moindre quantité. Dans toutes ces parties les plus solides du corps, l'eau qu'elles contiennent est fort utile ; car elle leur donne un certain degré de mollesse et de flexibilité, qui est nécessaire à leur usage. Ainsi un tendon, dans sa condition naturelle, est blanc, brillant à sa surface et opaque, et, quoique très-fort, il est parfaitement flexible. Si l'eau en est expulsée par l'évaporation, il prend une couleur jaunâtre, devient rugueux, à demi transparent, inflexible et tout à fait impropre à remplir ses fonctions mécaniques. La même chose arrive à la peau, aux muscles, aux cartilages et aux autres parties molles.

Le tablau suivant fait voir la proportion d'eau qui existe dans différents solides et liquides :

QUANTITÉ D'EAU SUR 1,000 PARTIES DANS

Les dents	100	Les ligaments	768
Les os	130	Le cerveau	789
Les cartilages	550	Le sang	795
Les muscles	750	La bile	880
Le lait	887	Le suc gastrique	975
Le suc pancréatique	900	La transpiration	986
Le lymphe	960	La salive	995

Selon les meilleurs calculs, l'eau constitue, dans le corps humain, de deux tiers à trois quarts de son poids entier.

L'eau est aussi par conséquent un élément très-important de l'aliment. Nous avons besoin, chaque jour, d'environ trois livres et demie de ce liquide comme boisson, soit sous la forme d'eau pure, ou de thé, de café, de lait ou autres fluides.

En outre, les différentes espèces d'aliments solides, tels que le pain, la viande, etc., contiennent toutes de l'eau comme un de leurs ingrédients ; de façon qu'en tenant compte de tout ce qui est en prise en aliments solides et liquides, nous trouvons que la quantité totale d'eau consommée chaque jour par un adulte sain est à peu près de quatre livres et demie.

L'eau, après avoir été introduite dans le corps et absorbée par les tissus, en est expulsée ; car son utilité dans la machine animale, comme celle des autres ingrédients du corps, n'est pas permanente, mais temporaire. Elle remplit son usage pendant qu'elle passe à travers l'organisme, et, après avoir accompli cet objet, elle sort alors par des voies diverses. Une large proportion en est éliminée par la peau au moyen de la transpiration ; une certaine quantité s'exhale des poumons par l'expiration, tandis que le reste est expulsé par les reins.

Un autre ingrédient inorganique de l'aliment, c'est le *sel commun*. Cette substance existe dans toutes les parties du corps, quoiqu'elle y soit en général beaucoup moins abondante que l'eau ; et pour cette raison, la machine animale ne saurait être convenablement nourrie sans elle. Le sel se trouve dans les différents solides et fluides dans les proportions suivantes :

QUANTITÉ DE SEL COMMUN SUR 1,000 PARTIES DANS LES

Muscles	2	Salive	1,6
Os	2,5	Bile	3,5
Cartilages	2,8	Sang	4,5
Lait	1	Mucus	6

Le sel est plus abondant dans le sang que tous les autres ingrédients inorganiques, excepté l'eau.

Le sel est donc non-seulement un ingrédient naturel dans le plus grand nombre d'espèces d'aliments, mais encore nous le prenons presque toujours en plus, comme condiment, pour relever le goût de plusieurs mets du régime. Le désir du sel est instinctif, et il indique le besoin naturel du système pour quelque chose qui est essentiel à son organisation. Souvent nous sommes obligés de le donner aussi aux animaux domestiques pour rendre leur nourriture plus complète : les fermiers et les éleveurs le donnent habituellement, pour cette raison, aux chevaux et aux animaux de races ovine et bovine ; et l'expérience a démontré que les animaux, lorsqu'on leur fournit régulièrement une quantité convenable de sel, sont entretenus dans une condition beaucoup meilleure que lorsqu'ils sont nourris seulement avec du foin, des graines et d'autres substances végétales.

Le sel est utile aussi comme stimulant de l'action des sécrétions digestives ; et il vient en aide de la sorte à la dissolution de l'aliment ; car l'aliment qui est insipide, quelles que soient ses qualités nutritives, est pris avec répugnance et digéré avec difficulté, tandis que l'attrait du parfum développé par la cuisson et par l'addition du sel et d'autres condiments convenables, excite la sécrétion de la salive et du suc gastrique, et, pour cette raison, facilite la digestion. Le sel introduit ainsi est ensuite absorbé par les vaisseaux sanguins de l'intestin et déposé dans les différents tissus du corps. Enfin il est éliminé dans les mucosités, dans la transpiration et dans les autres fluides sécrétés.

L'ingrédient minéral le plus important de l'aliment, après le sel commun, c'est la *chaux*. Nous avons déjà vu combien cette substance est abondante dans les os. Elle se trouve aussi en plus grande quantité dans les dents. Elle existe en outre, quoiqu'en proportion moindre, dans tous les autres tissus et fluides du corps. Elle se présente principalement sous la forme de deux combinaisons différentes, qu'on appelle *phosphate de chaux* et *carbonate de chaux*. La première forme est d'ordinaire la plus abondante ; ses proportions sont données dans le tableau suivant :

QUANTITÉ DE PHOSPHATE DE CHAUX SUR 1,000 PARTIES DANS LES

Dents	650	Muscles	2,5
Os	550	Sang	0,3
Cartilages	40	Suc gastrique	0,4

Dans le sang, dans les sécrétions, etc., la chaux existe à l'état liquide, se trouvant dissoute par les parties aqueuses des fluides animaux ; dans les os, les dents, les cartilages et autres tissus, elle existe à l'état solide, et intimement unie aux matières animales de ces parties. Elle est utile ici en donnant aux tissus leur consistance et leur solidité propres. Dans l'émail des dents, qui est presque entièrement composé de phosphate et de carbonate de chaux, nous possédons une substance capable de broyer par la mastication tous les matériaux les plus durs de l'aliment et de résister impunément aux effets du frottement mécanique le plus considérable. Dans l'autre partie des dents ou « ivoire », la chaux est en proportion moindre, mais elle y est encore très-abondante ; et dans les os, elle constitue plus de la moitié de la substance entière de ce tissu.

. On reconnaît facilement le rôle important de la chaux, qui donne aux os leur consistance et leur solidité naturelles, par ce qui arrive à ces os, lorsqu'elle en est séparée. Si un des os longs est trempé pendant un temps considérable dans un mélange d'eau et d'acide chlorhydrique, la chaux se dissoudra, et l'os, qui perd ainsi sa résistance, peut être courbé, ou tordu dans tous les sens, sans se casser (*fig*. 8). Par conséquent, si les os du squelette étaient privés de leurs ingrédients minéraux, ils ploieraient sous l'action des

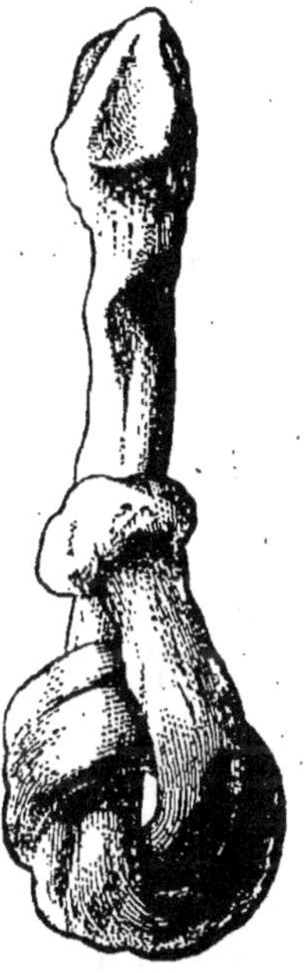

Fig. 8. — Le péroné (l'os le plus mince de la jambe) tordu et noué après avoir été macéré dans une solution acide.

muscles et deviendraient tout à fait incapables de soutenir le poids du corps.

La chaux est contenue en quantité suffisante dans les diverses espèces d'aliments, et particulièrement dans la chair musculaire, dans le lait et dans les graines végétales.

Les autres substances inorganiques qui existent dans l'aliment, sont des combinaisons de *soude*, de *potasse*, de *magnésie* et de *fer*. Elles s'y trouvent en quantité beaucoup moindre que celles dont nous avons déjà parlé ; mais elles servent par leur présence, quoiqu'en proportion minime, à compléter la constitution de l'aliment et à fournir tous les ingrédients minéraux nécessaires à la formation des tissus.

Règle générale, les substances inorganiques ne subissent aucun changement chimique ou décomposition dans l'intérieur du corps. Elles sont absorbées avec l'aliment et font pendant un certain temps partie des tissus animaux ; après quoi, elles sont éliminées avec les sécrétions et remplacées à leur tour par une nouvelle provision de matériaux semblables. Elles sont absolument indispensables pour la nutrition propre du corps ; et, si l'aliment était entièrement privé d'ingrédients minéraux, leur absence ne tarderait pas à endommager sérieusement et à affaiblir le système.

15. L'amidon. —Vient maintenant comme ingrédient important de l'aliment, l'*amidon*.

Cette substance est connue de tout le monde sous

la forme d'une légère poudre blanche, employée à
divers usages dans les arts et dans les manufactures.
Lorsqu'on la frotte entre les doigts, elle donne au toucher une sensation spéciale de craquement, qui
presque toujours suffirait pour la faire reconnaître.
Mais son apparence la ferait beaucoup mieux reconnaître, si on l'examinait au microscope. Alors on voit
qu'elle est composée de grains solides, très-petits,
dont le diamètre ne permet pas de les apercevoir
à l'œil nu, et qui offrent une apparence toute particulière par leur grossissement. Les différentes espèces d'amidon peu-
vent être distinguées
les unes des autres par
le volume et l'aspect de
leurs grains. Dans l'a-
midon de pommes de
terre, par exemple
(*fig.* 9), les grains varient depuis $\frac{1}{10000}$ jusqu'à $\frac{1}{400}$ de pouce en
diamètre. Ils ont la

Fig. 9. — Granules d'amidon de pommes de terre.

forme irrégulière d'une poire, et sont marqués par
des lignes concentriques fines, comme si la substance du grain d'amidon avait été déposée en couche successives. Dans un endroit de la surface de

chaque grain on aperçoit un très-petit point autour duquel les lignes sont disposées comme autour d'un centre.

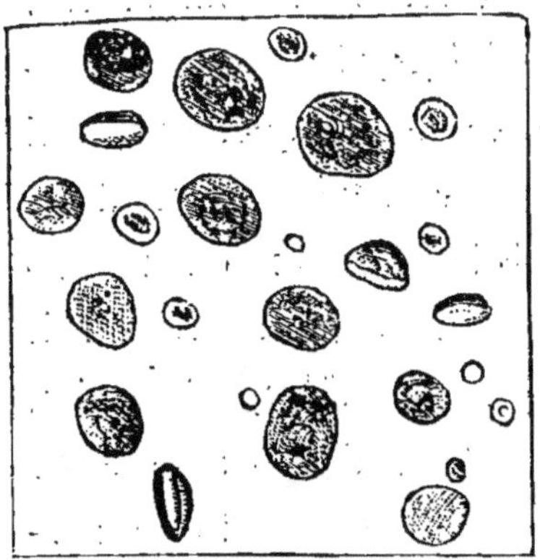

Fig. 10. — Granules d'amidon de farine de blé.

Dans l'amidon du froment (*fig.* 10), les grains ne sont pas aussi larges que ceux de l'amidon de pommes de terre. Ils varient depuis $\frac{1}{10000}$ jusqu'à $\frac{1}{700}$ de pouce en diamètre. Ils ont aussi la forme presque circulaire, mais ils n'offrent aucune ligne concentrique distincte. Plusieurs d'entre eux sont comprimés ou aplatis sur les côtés, de manière qu'ils présentent d'un côté une large surface et de l'autre un bord étroit.

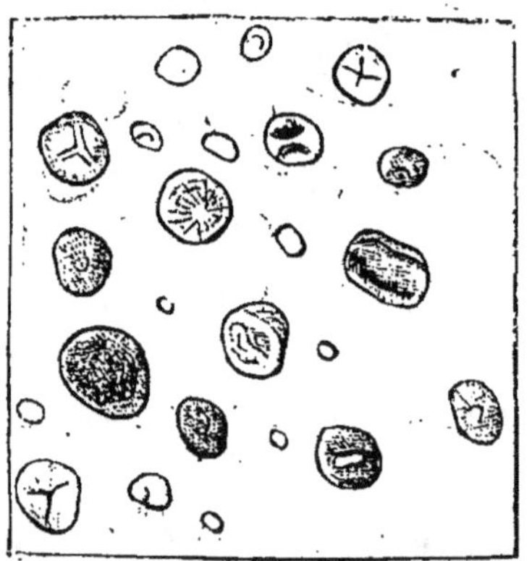

Fig. 11. — Granules d'amidon du maïs.

Les grains d'amidon du maïs (*fig.* 11) sont presque de la même grandeur que ceux de la farine de blé; mais ils sont d'ordinaire d'une forme plus angulaire et irrégulière, et souvent marqués par des lignes transversales ou radiées, comme s'ils avaient été en partie écrasés par une pression.

Or, tout l'amidon employé dans l'aliment, dans les arts et dans les manufactures, est obtenu des plantes. Ce n'est pas, par conséquent, une substance inorganique, comme l'eau, le sel ou la chaux, mais un produit de la végétation. Ses très-petits grains se trouvent tassés dans les tissus des plantes, entre leurs fibres et dans l'intérieur des cellules végétales, et ils sont accumulés en quantités variables dans leurs racines tubéreuses, dans la moelle de leurs tiges ou dans leurs graines et leurs fruits. L'amidon constitue un septième au moins de toute la substance des pommes de terre, un tiers à peu près de celle des pois et des haricots, plus de la moitié de celle du blé, du seigle et de l'avoine, et trois quarts au moins de celle du riz et du maïs. L'arrowroot n'est autre chose que l'amidon que l'on extrait des racines tubéreuses d'une plante des Indes occidentales; le tapioca est l'amidon fourni par la racine d'une autre plante des Indes occidentales, et le sagou est de l'amidon presque pur, obtenu de la moelle des différentes espèces de palmiers.

La quantité exacte d'amidon qui se trouve dans

les articles les plus usuels de l'alimentation, est donnée dans le tableau suivant.

QUANTITÉ D'AMIDON SUR 100 PARTIES DANS

Riz	85,07	Farine de froment	72,00
Maïs	80,92	Lichen d'Islande	44,60
Farine d'orge	67,18	Haricots	35,94
Farine de seigle	61,07	Pois	32,45
Farine d'avoine	59,00	Pommes de terre	15,70

L'amidon s'obtient à l'état de pureté, en broyant une substance végétale qui le contient en abondance, et en la mêlant avec de l'eau froide. L'eau est ensuite passée à travers un linge et laissée en repos : l'amidon alors se dépose, après un certain temps, au fond du vase, et enfin il est desséché et pulvérisé.

L'eau froide est sans action sur l'amidon ; mais, si on le fait bouillir pendant quelques instants, ses grains se gonflent, deviennent transparents, absorbent une grande quantité d'eau, et finissent par se fondre en un fluide mince et grisâtre. Lorsque ce fluide se refroidit, il se prend en une espèce de masse glutineuse, entièrement solide, si l'amidon a été employé en grande quantité. Mais à la suite de ce procédé de coction, les grains séparés ne peuvent plus être distingués ; le tout est changé en une substance homogène et uniforme; car l'eau reste absorbée par l'amidon d'une manière permanente, et par conséquent elle est retenue en combinaison avec ce corps.

Un autre fait très-curieux relatif à l'amidon, c'est qu'il est susceptible d'être altéré dans ses qualités et de se convertir en sucre au moyen de différents procédés.

Voici une des manières d'accomplir cette singulière transformation. Si l'amidon est mélangé avec une solution aqueuse très-faible, contenant un acide, et qu'on le fasse bouillir pendant quelques instants, il perd bientôt sa couleur grisâtre et devient tout à fait clair et transparent; et, si l'ébullition est continuée plus longtemps, tout l'amidon finit par disparaître, et la solution offre alors au goût une saveur douce et est convertie en sucre. Enfin l'amidon a été détruit ou altéré, et le sucre a pris sa place.

Quelques substances animales et végétales ont la propriété d'opérer le même changement. Ainsi, si un peu de salive extraite de la bouche est mêlée avec une solution d'amidon et conservée, de cette manière, dans un endroit chaud, l'amidon, après quelque temps, disparaîtra et on trouvera à sa place du sucre. Quelque chose de semblable arrive dans certains tissus végétaux, principalement dans les graines, pendant la première période de leur développement ou *germination*, une partie de l'amidon qui se trouvait accumulé dans leur substance se transformant spontanément en sucre.

Nous verrons aussi dans la suite que l'amidon que nous prenons avec l'aliment est entièrement changé par le travail de la digestion. Par conséquent, on n'en trouve de trace dans aucun des fluides circulants ou des sécrétions du corps.

16. **Le sucre.** — Un autre ingrédient de l'aliment, c'est le sucre, qui, comme nous le savons déjà, a des rapports intimes avec l'amidon. Le sucre se reconnaît toujours de suite à sa saveur douce, caractère qui constitue sa qualité la plus attrayante. On le trouve dans plusieurs sucs végétaux et animaux, et on l'extrait principalement des sucs de la canne à sucre, de l'érable à sucre et de la racine de betterave ; mais c'est la canne à sucre qui en fournit la plus grande quantité. Dans sa condition naturelle, le sucre se dissout dans les fluides végétaux, où il se trouve mêlé avec plusieurs autres substances différentes.

On l'extrait de la manière suivante :

On recueille d'abord le suc végétal des cannes à sucre fraîches, que l'on broie entre des cylindres de fer. On chauffe ensuite le liquide obtenu par ce moyen avec une dissolution de chaux, qui en sépare les éléments impurs et les fait monter en écume à la surface. On les enlève avec soin, et ensuite on fait bouillir le jus ainsi purifié, jusqu'à ce que le sucre soit solidifié en un dépôt granulaire de couleur brune. On dissout de nouveau ce sucre brun et on le débarrasse plus complétement de ses impuretés en le faisant bouillir. On le laisse alors cristalliser jusqu'à ce qu'il se change enfin en une masse pure, blanche, granulaire et cristalline.

Le *sucre de betterave*, dont il se fabrique en France des quantités prodigieuses, s'extrait du jus de la betterave par le même procédé que celui qui vient d'être décrit : il est très-pur, blanc et d'apparence cristalline.

Le *sucre d'érable* est obtenu de la séve de l'arbre de ce nom, laquelle découle librement, vers l'entrée du printemps, de piqûres faites dans l'arbre, et qu'on fait ensuite bouillir jusqu'à ce que le sucre soit solidifié. Toutefois, ce sucre ne peut se purifier complétement et reste par conséquent comparativement humide et d'une couleur brunâtre.

La *mélasse* est le résidu doux du jus végétal qui ne peut pas se cristalliser, et qui contient aussi, mélangées avec lui, quelques matières savoureuses et colorées qui lui donnent un goût particulier.

Le sucre existe aussi en quantité considérable

dans le lait, dans le miel et dans tous les fruits et
végétaux de saveur douce, tels que pommes, poires,
raisins, céréales, farine, etc. La liste suivante fait
connaître la quantité de sucre qui est contenue
dans plusieurs articles de l'alimentation.

QUANTITÉ DE SUCRE SUR 100 PARTIES DANS LES

Figues.	62,50	Farine de froment.	5,40
Cerises	18,12	Farine de seigle	3,28
Pêches	16,48	Farine de maïs	1,45
Tamarins	12,50	Pois	2,00
Poires	11,52	Lait de vache	4,77
Betteraves	9,00	Lait d'ânesse	6,08
Amandes douces	6,00	Lait de femme	6,50

Une des propriétés les plus remarquables du
sucre, c'est de pouvoir subir certaines décompositions et d'être converti en d'autres substances par la
fermentation. La fermentation se produit quelquefois spontanément, par des temps chauds, dans la
mélasse, le miel et autres liquides qui contiennent
du sucre. Alors ils s'enflent, deviennent mousseux,
et acquièrent une odeur et un goût particuliers. Elle
se produit aussi artificiellement dans la fabrication
des vins et des liqueurs spiritueuses. On expliquera
ci-dessous plus amplement ce procédé.

Le sucre qu'on prend avec l'aliment est détruit,
comme l'amidon, dans l'intérieur du corps; et,
excepté celui que contient le lait, il n'est jamais

expulsé, dans l'état de santé, avec les fluides sécrétés.

17. De la graisse ou des substances oléagineuses. — L'aliment contient aussi une quantité considérable de graisse ou de *substances oléagineuses*. La graisse s'obtient des tissus animaux et végétaux. Elle est d'une extrême importance, non-seulement comme article d'aliment, mais encore à cause du fréquent usage qu'on en fait dans les arts et métiers.

On peut facilement distinguer les graisses et matières oléagineuses par l'apparence qu'elles présentent à l'œil, par l'état onctueux qu'elles offrent au toucher et particulièrement par leur propriété « lubrifiante », qui les fait employer si souvent pour faciliter l'action des machines et empêcher qu'elles ne s'usent par le frottement. Or, si l'on examine attentivement une de ces graisses ou huiles, on trouvera qu'elle contient d'ordinaire, mêlées ensemble, trois différentes substances oléagineuses, qui sont connues sous les noms de *stéarine, margarine* et *oléine*. Ces substances se ressemblent beaucoup sous plusieurs rapports ; mais on les distingue principalement par leur consistance. La stéarine est la plus solide des trois ; la margarine l'est moins, et l'oléine est la plus liquide. Dans leur état naturel, elles sont d'ordinaire mêlées ensemble en diverses quantités dans les tissus animaux et végétaux.

Lorsque le mélange contient une proportion plus large de stéarine ou de margarine, il est d'une consistance plus ferme, comme les différentes espèces de graisses qu'on appelle lard, suif, cire, beurre, etc. ; et quand il contient de l'oléine en abondance, il est plus liquide, et, à cause de cela, nous l'appelons « huile ».

Mais lorsque ces substances sont complétement isolées l'une de l'autre et purifiées, la différence dans leur consistance est très-marquée. Ainsi la stéarine seule est souvent employée pour faire la bougie, et elle reste parfaitement solide, jusqu'à ce qu'elle soit fondue par le feu de la mèche. D'autre part, l'huile d'olive, qui se compose, pour la plus grande partie, d'oléine, est entièrement liquide aux températures ordinaires.

En général pourtant ces mélanges des substances oléagineuses dans le corps humain sont presque fluides durant la vie ; la margarine et la stéarine qu'ils contiennent sont dissoutes dans l'oléine par la chaleur du corps vivant. Mais, après la mort, lorsque le corps se refroidit, la stéarine et la margarine se séparent quelquefois du mélange sous une forme cristalline ; car l'oléine n'est plus capable d'en tenir en dissolution une aussi grande quantité que celle qu'elle tenait lorsqu'elle était chaude.

Les substances grasses cristallisent en forme d'aiguilles très-minces, qui sont toujours plus ou moins

radiées, quelquefois droites, et d'autres fois courbes et ondulées. Elles présentent fréquemment une disposition ramifiée ou arborescente très-élégante (*fig.* 12).

Fig. 12. — Vue grossie de la stéarine cristallisée, obtenue de sa solution à chaud dans l'oléine.

Lorsqu'elles sont à l'état fluide, les matières grasses se montrent sous la forme de gouttes arrondies ou globules

qui varient considérablement de grosseur, mais qu'on peut facilement reconnaître par leur apparence au microscope. Ces globules ont une légère couleur d'ambre, et leurs contours sont très-nets et bien définis, offrant un centre brillant entouré d'un bord sombre. Dans

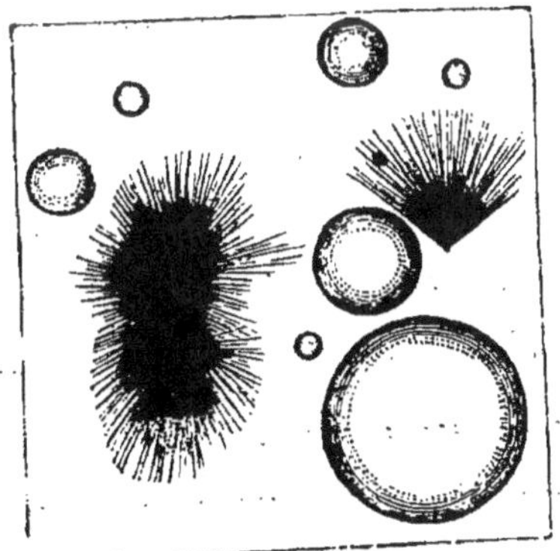

Fig. 13. — Principes oléagineux de la graisse humaine. — La stéarine et la margarine sont cristallisées ; l'oléine à l'état fluide.

la figure 13, ces gouttes huileuses fluides sont représentées mêlées aux cristaux radiés de la graisse plus solide.

Un des caractères les plus importants de l'huile et de toutes les matières grasses, c'est qu'elles ne sont pas dissoutes par l'eau et qu'elles ne restent en aucune façon intimement mêlées avec elle, de sorte qu'il est passé en proverbe que « l'huile et l'eau ne se mêlent pas ». Car si l'on secoue fortement ensemble les deux liquides dans une bouteille, de manière à les mêler aussi complétement que possible par cette agitation mécanique, aussitôt que le mélange est laissé en repos, l'huile commence à se séparer de l'eau, et, comme elle est plus légère, à monter à la surface ; et, après un court espace de temps, toute l'huile s'amassera seule à la surface, et toute l'eau restera seule au fond ; tant est forte la répulsion entre ces deux liquides, dans leur condition naturelle.

Mais les choses se passent d'une manière toute différente, lorsqu'on ajoute en même temps au mélange certaines autres substances. En effet, si une substance alcaline, telle que la potasse ou la soude, est d'abord dissoute dans l'eau et ensuite secouée doucement avec de l'huile, celle-ci se divise immédiatement en molécules très-fines et se dissémine uniformément partout dans le mélange. L'huile ne pourra plus se séparer des parties, aqueuses, lors même qu'on laisse le mélange en repos, et le tout restera comme un fluide uniforme, blanc, opaque et d'apparence laiteuse. Un semblable mélange de granules huileux uniformément suspendus dans un liquide aqueux constitue une *émulsion*.

Le même effet peut être produit par quelques-unes des matières animales ; car, si nous prenons un blanc d'œuf frais, à l'état fluide, et que nous l'agitions fortement avec un peu d'huile, le mélange devient blanc et trouble, et reste d'une manière permanente à l'état d'émulsion. Cette propriété est souvent utilisée pour réduire les substances huileuses à un état de division extrême.

Les matières grasses existent dans les tissus animaux et végétaux sous une forme particulière ; car, tandis qu'elles se dissolvent toujours mutuellement et s'unissent les unes aux autres, comme nous l'avons déjà vu, elles ne se dissolvent pas dans l'eau, et ne se combinent pas non plus avec d'autres substances, comme le sel, l'amidon ou le sucre. Au contraire, elles se trouvent déposées séparément en gouttes et granules dans les interstices des fibres ou dans de petites cavités destinées à les recevoir. Même dans les fluides animaux et dans les sécrétions, telles que le lait, elles ne sont pas dissoutes dans les parties aqueuses, mais suspendues à l'état de granules très-petits, formant une émulsion, comme nous l'avons décrit plus haut.

C'est ce qui fait que les huiles peuvent être facilement extraites, pour la plupart, des tissus organisés, par de simples procédés mécaniques. Les tissus animaux et végétaux qui les contiennent, sont d'abord divisés en petites portions et ensuite soumis à une pression qui fait sortir l'huile des parties dans lesquelles elle se trouve accumulée, et on la recueille à l'état de pureté. Quelquefois on facilite l'opération en chauffant les substances, ce qui rend les matières huileuses plus liquides ; quelquefois aussi on fait bouillir ces substances avec de l'eau ; alors les huiles montent à la surface, où l'on peut les recueillir. Par conséquent, il n'est besoin d'aucun changement chimique ou décomposition ; car les huiles se séparent simplement, d'une manière mécanique, des parties avec lesquelles elles étaient naturellement mêlées.

Le tissu dans lequel les matières grasses se trouvent en plus grande abondance dans le corps animal, s'appelle le « tissu adipeux ». Il se compose d'un grand nombre de petits sacs ou vésicules, dont chacun se compose lui-même d'une membrane mince, transparente, formant une cavité fermée,

qui contient la matière huileuse (*fig.* 14). Ces vésicules sont groupées ensemble dans la forme de
masses ou lobules entourés de tissu cellulaire et
pourvus de vaisseaux
sanguins et de nerfs.
Cependant ni les vais-
seaux sanguins ni les
nerfs n'y sont très-
abondants, de sorte
que le tissu adipeux
n'est pas doué d'une
grande sensibilité, et
saigne à peine, lors-

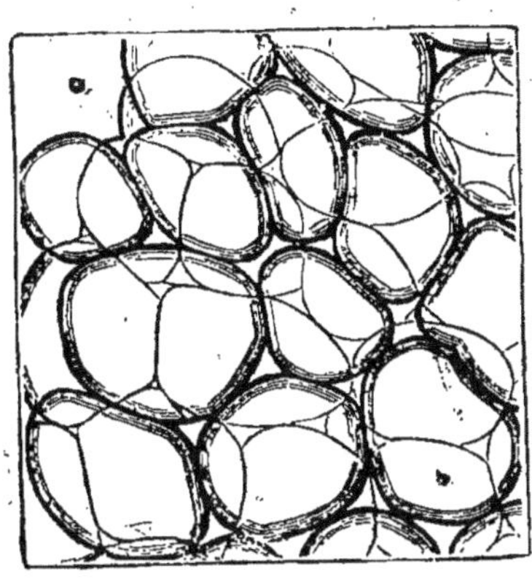

Fig. 14. — Tissu adipeux du corps
humain.

qu'il est blessé. Il agit comme un coussin mou
et délicat, placé au-dessous de la peau, pour protéger contre les lésions les parties voisines ; il sert
aussi à conserver la chaleur des organes internes et
à en prévenir la trop rapide déperdition. Aussi les
personnes qui sont bien pourvues de graisse se refroidissent beaucoup moins facilement, lorsqu'elles
sont exposées au froid, que celles qui sont minces et
très-maigres.

Quelques-uns des organes internes contiennent
dans leur tissu les matières grasses sous la forme de
gouttes et de globules. Ainsi, dans les cellules glandulaires du foie (*fig.* 15), l'huile se trouve toujours

en plus ou moins grande abondance, et forme une partie de leur constitution à l'état normal. Elle se rencontre aussi dans les cartilages des côtes et dans quelques autres tissus, mais toujours en globules et granules séparés, qui, vus au microscope, se reconnaissent facilement à leur apparence.

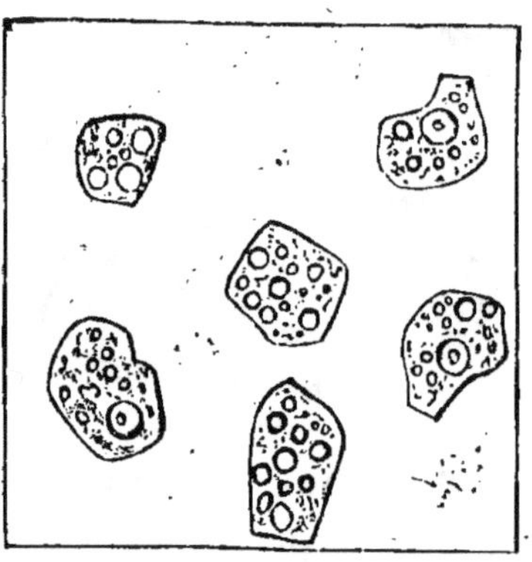

Fig. 15. — Vue grossie des cellules glandulaires du foie, contenant des globules d'huile.

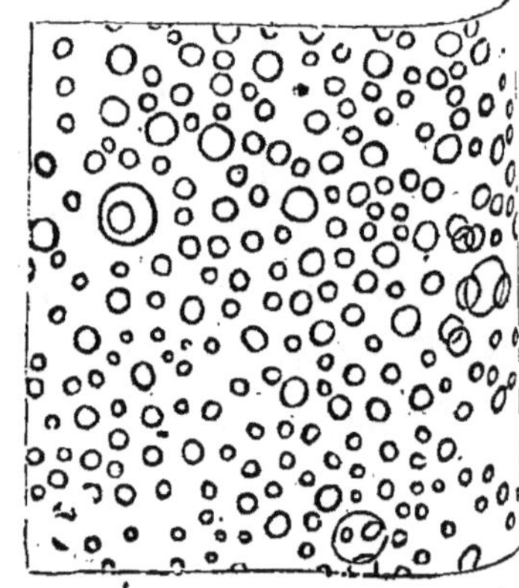

Fig. 16. — Globules du lait vus au microscope.

Dans le lait, qui est une espèce d'émulsion naturelle, les matières grasses existent aussi sous la forme de petites masses ou globules, qu'on appelle « globules du lait » (*fig.* 16). Ces globules forment le *beurre* du lait, qui, dans son état naturel, est suspendu dans le liquide aqueux et lui donne son apparence blanche et opaque. On peut, en les agitant, séparer ces globules des autres ingrédients du lait, et les recueillir en une masse uniforme.

Les matières grasses sont prises en grande quantité avec l'aliment, principalement avec le beurre, le lait, le gras de la viande, et avec quelques substances végétales sous la forme d'huile d'olive, etc. La liste suivante donne la proportion des matières grasses dans différentes espèces d'aliments.

QUANTITÉ DE GRAISSE SUR 100 PARTIES DANS LES

Noisettes	60,00	Viande ordinaire	14,30
Noix de coco	47,00	Foie de bœuf	3,89
Olives	32,00	Lait de vache	3,13
Jaune d'œuf	28,00	Lait de femme	3,55
Maïs	9,00	Lait de chèvre	3,32

La graisse que l'on prend avec l'aliment disparaît, pour la plus grande partie, dans l'intérieur du corps, comme l'amidon et le sucre. Une minime partie en est sécrétée par certaines glandes de la peau, et par celles qui entourent la racine des cheveux, ce qui sert à conserver à ces parties leur mollesse et leur flexibilité. Mais ce n'en est là qu'une très-petite portion, car la plus grande partie des matières grasses, à l'exception de celles qui restent comme emmagasinées dans le tissu adipeux, est employée à la nutrition du corps.

18. **Matières albumineuses.** — La dernière classe des substances contenues dans l'aliment est

celle des *matières albumineuses*. Ces substances ont un caractère spécial sous beaucoup de rapports, et elles sont d'une grande importance, car de tous les ingrédients solides du corps, ce sont elles qui constituent la partie la plus considérable de leur masse. Elles ne se composent pas de grains, comme l'amidon, et ne se présentent jamais sous la forme cristalline, comme le sucre et la graisse, et, lors même qu'elles se trouvent à l'état solide, elles sont douces au toucher et uniformes dans leur texture. Elles ont aussi une consistance particulière, grâce à laquelle les deux qualités de mollesse et de solidité se trouvent combinées à un degré remarquable. Nous pouvons nous faire une idée de cette consistance particulière, en examinant par le toucher l'un des organes internes, tels que le foie ou le cœur du bœuf, ou encore un morceau de chair musculaire. Ces organes sont assez fermes pour conserver leur forme et leur texture, et cependant ils sont mous au toucher. Ils doivent ces qualités à la grande quantité de matières albumineuses dont ils sont composés.

Les matières albumineuses sont extraites à la fois de sources animales et végétales ; mais, règle générale, elles sont plus abondantes dans les substances animales. C'est pour cette raison que l'aliment animal est d'ordinaire plus riche et plus nourrissant que l'aliment végétal.

Les matières albumineuses sont de diverses espèces. Quelques-unes sont liquides à leur état naturel, quelques autres solides, et d'autres enfin possèdent une consistance intermédiaire entre les deux. Celle qui nous est la plus connue, et qui donne son nom à toute la classe, c'est l'*albumine*, ingrédient principal du blanc d'œuf. Une autre espèce d'albumine se trouve aussi dans le sang. C'est le plus abondant de ses ingrédients animaux. La *fibrine* existe aussi dans le sang, quoique en moins grande quantité que l'albumine. La *caséine* est la substance albumineuse du lait, et, lorsqu'elle est solidifiée, elle forme l'ingrédient principal du fromage. Le *gluten* est la matière albumineuse de la farine de blé, et c'est un élément important dans la confection du pain.

Il existe d'autres substances albumineuses dans les différentes espèces d'aliments et dans les différentes parties du corps; mais celles que nous venons de mentionner sont les plus connues, et serviront à représenter les caractères spéciaux de la classe entière.

Une de ces particularités, c'est la propriété de *coagulation*. Les matières albumineuses, qui sont naturellement liquides, peuvent être rapidement solidifiées de différentes manières ; on dit alors qu'elles sont « coagulées ». Les unes peuvent être coagulées par un procédé, les autres par un procédé différent. Et nous pouvons souvent distinguer une substance albumineuse d'une autre par le procédé particulier qu'exige leur coagulation.

Ainsi le blanc d'œuf dans son état naturel est transparent, d'une couleur légèrement ambrée, et presque liquide ; mais s'il est chauffé à la température de l'eau bouillante, il se coagule et devient solide, blanc et opaque.

D'un autre côté, le lait peut être bouilli, sans pourtant se coaguler, mais si l'on y mêle un peu d'acide, tel que le vinaigre ou le jus de citron, sa caséine se solidifie immédiatement, et il prend la forme coagulée.

D'autre part encore, la fibrine du sang se coagule sans être ni bouillie ni additionnée d'acide. Si l'on tire un peu de sang des veines et qu'on le recueille dans un vase, il se coagule en quelques instants par le changement spontané qui s'opère dans sa propre substance.

Aucune autre substance que les substances albumineuses ne possède une pareille propriété de coagulation.

Une autre propriété des matières albumineuses, c'est qu'elles deviennent des *ferments*. Cette propriété est tellement importante qu'elle exige une description spéciale. Un « ferment » est une matière qui, ajoutée en petite quantité à d'autres substances, produit dans celles-ci un changement remarquable et une décomposition, accompagnée souvent de production de bulles de gaz et de formation d'ingrédients tout à fait nouveaux. Ce changement s'appelle « *fermentation* ». Ainsi, si l'on ajoute un peu de levûre à un mélange de farine et d'eau, et que ce mélange soit tenu dans un endroit chaud, l'influence de la levûre se répand dans toute la masse et la fait fermenter tout entière. Si l'on tient le lait pendant deux ou trois jours dans un endroit chaud, la caséine s'altère en partie, et devient alors un ferment, qui convertit le sucre de lait en une substance acide appelée « acide lactique » ; l'acide ainsi produit réagit sur le reste de la caséine et la coagule comme le ferait un autre acide quelconque. C'est ainsi que d'ordinaire le lait devient sur et se coagule. L'acidité du lait est due au changement ou décomposition de son sucre, et son caillage ou coagulation à son acidité.

Or, un « ferment » est toujours composé d'une substance albumineuse. Cette substance peut ne pas être parfaitement fraîche ; en réalité, dans le plus grand nombre de cas, les ferments les plus employés sont des matières albumineuses qui se trouvent déjà elles-mêmes dans un commencement de décomposition. Mais lorsqu'on introduit un ferment, en quelque petite quantité que ce soit, dans un autre mélange, il paraît agir par contagion, et provoquer par sa seule présence un grand changement, qui souvent s'étend à la masse entière.

Deux conditions sont toujours nécessaires pour qu'un ferment produise son action : la première, c'est la présence de l'humidité, et la seconde, une température moyenne entre les deux extrêmes de chaleur et de froid. Par conséquent, aucun des ferments n'agira, s'il est parfaitement sec, et il sera également inactif, tant qu'il sera maintenu à la température de la congélation de l'eau ; mais si on le rend humide, il commencera à agir avec l'élévation de la température, et il deviendra plus énergique à mesure que la chaleur augmentera ; la température à laquelle son activité est d'ordinaire le plus grande est celle du corps vivant, ou de 100 degrés Fahrenheit. Au-dessus de ce degré il redevient moins actif, et cesse complétement d'agir, lorsque la température s'approche de celle de l'eau bouillante.

Enfin, les matières albumineuses sont les seules qui soient susceptibles de *putréfaction*. La putréfaction est une espèce particulière de décomposition, qui ressemble, sous beaucoup de rapports, à la fermentation. Par exemple, une substance qui est déjà décomposée en partie, provoquera la putréfaction, dans d'autres substances de la même espèce, plus rapidement que si ces dernières étaient abandonnées à elles-mêmes ; et le fruit déjà gâté gâtera rapidement, comme on le sait très-bien, le fruit sain de la même espèce qui sera laissé en contact avec lui. De plus, toutes les substances de nature albumineuse, si elles restent exposées à l'air et à l'humidité, par des températures chaudes, tomberont en putréfaction, après un certain temps ; c'est-à-dire qu'elles se décomposeront et se liquéfieront avec production de divers gaz d'une odeur spécialement désagréable, qu'on appelle « gaz putrides ». Ainsi, toutes les fois que nous percevons une odeur de putréfaction, nous savons que quelque substance composée de matière albumineuse est en état de décomposition.

Comme la fermentation, la putréfaction ne peut avoir lieu qu'avec l'humidité ; car la viande et les matières végétales, si elles sont complétement séchées, ne subiront aucun changement pendant une période indéfinie. La putréfaction n'a pas lieu non plus à une température basse, et les substances mortes tenues à la température de la congélation ne se putréfient pas. La préservation la plus complète a lieu lorsque les deux conditions de froid et de sécheresse se trouvent combinées. A l'hospice du Grand-Saint-Bernard, en Suisse, situé à 9,000 pieds au-dessus du niveau de la mer, les corps des voyageurs, que l'on trouve congelés dans la neige, sont quelquefois préservés pendant plus de vingt ans. Tant qu'ils sont à la température de la congélation, ils se dessèchent entièrement, et quoique, après un long temps, ils commencent à se désagréger lentement et à tomber en poussière, il n'y a pas de putréfaction ni de dégagement de gaz putrides.

Enfin les substances animales sont aussi incapables de putréfaction à une température très-élevée. La viande qui a été bouillie, s'altère beaucoup moins rapidement, lorsqu'on l'expose à l'air, que la viande fraîche ; et, si on la tient à la température de 200 à 300 degrés Fahrenheit, ou elle devient tout à fait sèche, ou elle subit un changement entièrement différent de celui de la putréfaction.

La liste suivante donne la quantité de matière albumineuse dans les diverses espèces d'aliments.

QUANTITÉ DE MATIÈRE ALBUMINEUSE SUR 100 PARTIES DANS LES

Chair musculaire....	22,00	Farine de blé.......	7,30
Blanc d'œuf	15,28	Farine d'avoine......	4,30
Jaune d'œuf........	12,75	Lait................	4,48

Les matières albumineuses, de même que l'amidon, le sucre et l'huile, sont presque entièrement altérées et détruites dans les actes de la nutrition, et une petite partie seulement est éliminée avec la transpiration et les autres fluides sécrétés : la presque totalité disparaît dans l'intérieur du corps.

19. Nécessité dans l'aliment de toutes les substances dont il vient d'être parlé. — D'après ce que nous avons déjà dit, il est facile de comprendre que l'aliment *doit contenir, sous une forme ou sous une autre, toutes les différentes classes de substances énumérées plus haut.* L'aliment qui serait dépourvu d'une des substances nécessaires à la nutrition, quoiqu'il puisse être nourrissant pour un temps, cessera certainement, tôt ou tard, de servir au soutien de l'organisation propre du corps ; et l'absence de cette substance se fera sentir inévitablement. Cela est vrai même à l'égard des substances inorganiques. Un homme dépérirait et pourrait être exposé à mourir, s'il était nourri avec des aliments dépourvus de chaux et de sel ; c'est-à-dire, qu'après un certain temps il deviendrait tellement faible, que les causes les plus légères suffiraient pour produire en lui des conséquences fatales. Ce résultat n'arriverait pas aussi promptement que s'il était privé des ingrédients plus nutritifs ; car ces derniers doivent être pris nécessairement en plus grande quantité ; mais il finirait par se produire, parce que ces ingrédients minéraux du corps, quoique leur somme y soit petite, n'en sont pas moins indispensables à la santé. Nous avons déjà vu que ces ingrédients se trouvent ordinairement en quantité suffisante dans les substances employées comme aliments.

Aucun des ingrédients propres de l'aliment, quel qu'il soit, ne serait non plus suffisant par lui-même. On a essayé de nourrir des animaux avec un aliment contenant seulement de l'amidon et du sucre ; et quoique cet aliment eût été pris avec plaisir pour un temps, les animaux se sont affaiblis, ont maigri promptement, et ont fini par mourir par suite de cette nutrition imparfaite. Dans quelques cas, cette expérience a été tentée par des médecins sur eux-mêmes, et ils ont toujours senti leur santé s'altérer, après quelques jours d'un tel régime, qu'ils n'ont jamais pu continuer indéfiniment à cause de la débilité croissante et du trouble général du système.

Un régime exclusivement composé de substances

grasses est également insuffisant pour le soutien de la vie. Ce régime a été essayé, à différentes époques, sur des quadrupèdes et sur des oiseaux, et l'on a reconnu qu'en peu de temps, trois semaines environ, ces animaux, quoique abondamment nourris avec de la graisse, sont morts avec tous les tous les symptômes de l'inanition.

Enfin on peut dire la même chose des substances albumineuse selles-mêmes. Ces substances sont, en général, considérées comme plus nourrissantes que les autres ; mais cela est dû à ce qu'il est nécessaire de les prendre en plus grande quantité, parce qu'elles contribuent plus largement à former les tissus animaux. Les substances albumineuses, prises isolément, ne sont pas capables de soutenir la vie indéfiniment, non plus que l'amidon, le sucre ou l'huile ; et les animaux, lorsqu'ils sont nourris de fibrine pure ou d'albumine pure, maigrissent et finissent par mourir d'inanition, comme dans les cas mentionnés plus haut.

Par conséquent, toutes ces substances doivent être combinées, pour que l'aliment qui les contient soit propre au soutien de la vie.

Or, on a observé que tout article d'aliment qui a été universellement reconnu par l'instinct de l'homme comme spécialement convenable, contient en réalité les différents ingrédients suivants, savoir : 1° de l'eau et des substances minérales ; 2° des matières grasses ou de l'amidon, ou les deux ensemble, et 3° de la matière albumineuse sous une forme quelconque. Ces considérations seront exposées plus amplement, lorsque nous viendrons à examiner en détail les différentes espèces de substances albumineuses.

QUESTIONNAIRE.

1. Quelle est la définition de « l'aliment » ?

2. A quoi l'aliment sert-il?

3. Quelles sont les substances inorganiques?

4. Quel est le plus abondant des ingrédients inorganiques de l'aliment ?

5. Quelles sont les parties du corps qui contiennent de l'*eau*?

6. Quel est le rôle de l'eau dans les fluides animaux? dans les solides ?

7. Quelle est la proportion d'eau contenue dans le corps entier?

8. Combien d'eau doit prendre par jour un adulte sain ?

9. L'eau reste-t-elle dans le corps, ou est-elle éliminée du système?

10. Par quelles voies l'eau est-elle éliminée du corps ?

11. Quel est l'ingrédient inorganique le plus important après l'eau ?

12. Dans quel fluide animal le *sel commun* est-il le plus abondant?

13. Pourquoi le sel est-il utile comme article d'aliment?

14. Dans quels organes du corps la *chaux* est-elle le plus abondante?

15. Quel effet produit-on sur les os, lorsqu'on leur enlève la chaux qu'ils contiennent?

16. Dans quels articles d'aliment la chaux est-elle contenue ?

17. Quels sont les autres ingrédients inorganiques du corps et de l'aliment?

18. Sont-ils décomposés dans le corps, ou éliminés par les sécrétions?

19. Quelle est l'apparence physique de *l'amidon?*

20. De quelles sources est-il obtenu?

21. Quelles espèces d'aliments contiennent la plus grande quantité d'amidon?

22. Quelle est la manière d'obtenir l'amidon des végétaux?

23. Quel effet produit-on sur l'amidon, lorsqu'on le fait bouillir avec de l'eau?

24. L'amidon est-il éliminé par les sécrétions, ou décomposé dans l'intérieur du corps?

25. Comment l'amidon est-il converti en *sucre?*

26. Quelle est la propriété caractéristique du sucre?

27. De quelles sources obtient-on le sucre?

28. Quel est le procédé pour extraire le sucre du jus de la canne à sucre? de la racine de betterave? du tronc de l'érable à sucre?

29. Qu'est-ce que la *mélasse?*

30. Quels autres articles d'aliment contiennent du sucre?

31. Le sucre est-il éliminé par les sécrétions, ou décomposé dans l'intérieur du corps?

32. Comment distingue-t-on les *graisses* ou *substances oléagineuses?*

33. Quelles sont les trois variétés de graisses?

34. En quoi diffèrent-elles l'une de l'autre?

35. Quelle apparence leurs cristaux présentent-ils au microscope?

36. Quelle est l'apparence de gouttes d'huile fluide au microscope?

37. L'huile peut-elle être dissoute dans l'eau?

38. Qu'arrive-t-il lorsqu'on agite l'huile et l'eau ensemble?

39. Qu'est-ce qu'une *émulsion?*

40. Quelles sont les substances qui convertissent l'huile en une émulsion?

41. Comment les graisses existent-elles dans l'intérieur du corps? unies avec les autres ingrédients, ou séparées?

42. Comment peut-on extraire les graisses des tissus animaux et végétaux ?

43. Dans quels tissus du corps les matières grasses sont-elles le plus abondantes ?

44. Quelle est la structure du *gras* ou *tissu adipeux ?*

45. Quel est son usage dans le corps animal ?

46. Quelle apparence les matières oléagineuses du lait présentent-elles au microscope ?

47. Quelles sont les autres espèces d'aliments qui contiennent de la graisse ?

48. La graisse est-elle éliminée par les sécrétions, ou décomposée dans l'intérieur du corps ?

49. Quelle est la dernière classe d'ingrédients du corps et de l'aliment ?

50. Quelle est la consistance particulière des *matières albumineuses ?*

51. Les matières albumineuses sont-elles plus abondantes dans l'aliment animal ou dans le végétal ?

52. Quelles sont les quatre principales espèces de matières albumineuses, et où les trouve-t-on ?

53. En quoi consiste le phénomène de la *coagulation ?*

54. Comment l'albumine peut-elle être coagulée ? comment la caséine ? comment la fibrine ?

55. Qu'est-ce qu'un *ferment ?*

56. Qu'arrive-t-il lorsque le lait tourne et devient acide ?

57. A quelle température la fermentation se produit-elle ?

58. Qu'est-ce que la *putréfaction ?*

59. La putréfaction se communique-t-elle d'une substance à une autre ?

60. Comment peut-on prévenir la putréfaction ?

61. Quelles espèces d'aliments contiennent la plus grande abondance de matières albumineuses ?

62. Les matières albumineuses sont-elles éliminées du corps ou décomposées dans le système animal ?

63. La vie peut-elle être soutenue en se nourrissant d'amidon et de sucre seulement ? de graisse seulement ? de matières albumineuses seulement ?

64. L'aliment naturel contient-il tous ces différents ingrédients ?

CHAPITRE III

DIFFÉRENTES ESPÈCES D'ALIMENTS ET MANIÈRE
DE LES PRÉPARER.

La viande. — Sa composition. — Effet de la cuisson. — Les
œufs. — Composition du blanc et du jaune. — Le lait. —Sa
composition. — Beurre. — Comment on l'obtient. — Fromage. — Sa préparation. — Le pain. — Comment on le fait.
— Levûre. — Fermentation du pain. — Cuisson. — Le vin.
— Sa fermentation. — Bière. — Les végétaux. —Effet de la
cuisson. — Qualités essentielles de l'aliment. — Quantité
nécessaire d'aliments.

20. **Viande**. — La viande se compose de la chair
musculaire de divers animaux, entremêlée plus ou
moins de gras ou tissu adipeux. De toutes ses différentes variétés, la viande de bœuf est assurément
la plus estimée et de beaucoup la plus employée.
Le mouton et le chevreuil viennent ensuite ; puis la
volaille et les diverses espèces de gibier à plume,
et enfin le poisson.

Dans la viande ordinaire nous trouvons la substance albumineuse des fibres musculaires et du

tissu cellulaire, et la matière oléagineuse du gras à peu près dans les proportions suivantes :

COMPOSITION DE LA VIANDE ORDINAIRE DE BOUCHERIE.

Parties musculaires.......	85,70	Eau.............	63,42
		Matière solide....	22,28
Gras, tissu cellulaire, etc.........			14,30
			100,00

La préparation de la viande, comme aliment, se fait en l'exposant à une température élevée, ordinairement en la faisant rôtir ou bouillir. Lorsqu'on la fait rôtir, la viande est simplement cuite dans son propre jus ; lorsqu'on la fait bouillir, elle est cuite à l'eau. L'effet de la chaleur ainsi appliquée est le suivant :

En premier lieu, l'albumine contenue dans le tissu musculaire est coagulée ; et par conséquent les fibres musculaires deviennent plus fermes et plus consistantes que dans la viande crue.

En second lieu, le tissu cellulaire, qui se trouve entre les fibres musculaires, est ramolli et gélatinisé de telle façon que les fibres sont plus aisément séparées les unes des autres ; la masse entière devient plus tendre et plus facile à digérer.

Et, en troisième lieu, la température élevée développe dans les principes albumineux de la viande un parfum spécial et agréable, qu'ils ne possédaient pas auparavant, et qui excite d'une manière favorable les sécrétions digestives. Ainsi ce parfum sert non-seulement à flatter le goût, mais encore à faciliter la digestion de l'aliment. C'est ainsi que la viande crue est en général insipide et sans attrait. C'est seulement après que la viande a été soumise à un certain degré de cuisson, que se manifeste ce parfum désiré, qui stimule l'appétit et relève les qualités nutritives de l'aliment.

La préparation de la viande par la cuisson doit être soigneusement dirigée, de manière à obtenir le résultat que nous venons de décrire : car, si la chaleur est insuffisante, l'odeur propre ne se développera pas, et, si elle est excessive, la viande, au lieu d'être cuite, sera brûlée et décomposée, et rendue ainsi impropre au but de la nutrition.

21. **Œufs.** — Les œufs se composent du « blanc », qui est presque entièrement formé d'albumine et d'ingrédients minéraux, et du « jaune », dans lequel une large proportion de substance oléagineuse, sous une forme granulaire, est mêlée avec la matière albumineuse, et lui donne une couleur jaune opaque. Voici la composition exacte de ces deux parties :

COMPOSITION DES ŒUFS.

	Blanc d'œuf.	Jaune d'œuf.
Eau....................	80,00	53,78
Albumine et mucus...	15,28	12,75
Huile jaune	»	28,75
Sels..................	4,72	4,72
	100,00	100,00

Lorsqu'on fait bouillir les œufs ou qu'on les fait cuire d'une autre manière, l'albumine se coagule naturellement et devient blanche et opaque. Le jaune devient aussi plus ferme qu'auparavant; mais il reste moins solide que le blanc; ce qui est dû à la large proportion de matière huileuse qu'il contient.

22. **Lait.** — Le lait, qui est le premier aliment de l'enfant, présente, plus qu'aucune autre substance isolée, l'ensemble complet de toutes les matières alimentaires. Il contient de l'eau, une quantité suffisante d'ingrédients minéraux, de la caséine, qui est une substance albumineuse, des globules de lait, qui sont oléagineux et tenus en suspension dans la partie liquide, et du sucre, qui y est dissous. Voici quelle est la proportion de ces substances :

COMPOSITION DU LAIT DE VACHE.

Eau.... ....,.	87,02
Caséine	4,48
Beurre...................... .	3,13
Sucre de lait	4,77
Ingrédients minéraux	0,60
	100,00

Le *beurre* du lait, comme nous l'avons déjà vu, se présente sous la forme de petits globules. Le mélange entier est une « émulsion », dans laquelle la matière oléagineuse est tenue en suspension et disséminée dans tout le fluide aqueux, par l'action de la caséine albumineuse. Les globules du lait ne sont pas parfaitement fluides, comme l'huile : ils ont une consistance pâteuse ou demi-solide. Par conséquent ils peuvent être recueillis et séparés des autres ingrédients sous la forme de beurre.

Pour obtenir le beurre, on place le lait frais dans des terrines peu profondes, et on le laisse en repos pendant vingt-quatre heures. Pendant ce temps, la quantité en excès des globules de lait monte à la surface, parce qu'ils sont plus légers que les parties aqueuses, et s'y amassent sous la forme d'une couche blanche, dense et épaisse. Cette couche supérieure liquide, qui est plus riche que le reste en globules de lait, est ce qu'on appelle la « crème ». Lorsqu'il s'est formé une quantité suffisante de crème, on l'enlève et on la verse dans des barattes, où elle est soumise à un battage continu à l'aide de palettes en bois. Par ce procédé on agite ensemble les globules de lait, qui, en s'agglutinant, constituent une masse uniforme, consistante et jaunâtre. Cette masse, c'est le beurre.

Le beurre toutefois, lorsqu'il est obtenu par ce procédé, retient encore dans sa masse une portion des parties aqueuses du lait, contenant de la caséine, du sucre, etc. en dissolution. Celles-ci doivent être séparées avec soin ; car, si l'on y laisse la caséine, elle commence bientôt à s'altérer, agit comme un ferment et produit alors dans le beurre un changement qui le rend rance. Pour éviter cet inconvénient, le beurre doit être parfaitement pétri et détrempé, et les impuretés liquides doivent être enlevées ou absorbées par des moyens convenables, jusqu'à ce qu'on obtienne leur séparation complète.

Lorsque le beurre est complétement purifié, il a la composition suivante :

COMPOSITION DU BEURRE DU LAIT DE VACHE.

Margarine	68,00
Oléine	30,00
Butyrine	2,00
	100,00

Le dernier de ces ingrédients, la « butyrine », est la substance qui donne au beurre du lait de vache son arome spécial.

Le *fromage* se compose principalement de la matière albumineuse solidifiée du lait, ou « caséine ». La caséine, comme nous l'avons vu, peut être coagulée par une substance acide. Or, la matière ordinairement employée pour cet objet est formée par le quatrième estomac du veau. Les sucs de cet estomac contiennent une substance qui sera plus complétement décrite dans la suite, et qui jouit de la propriété de coaguler le lait d'une manière très-douce et uniforme. Après avoir nourri le veau avec du lait, on enlève cet estomac, on le divise en bandes, qu'on dessèche pour s'en servir plus tard. Toute la substance de l'estomac contient le principe coagulant disséminé dans sa masse, et qu'on appelle « présure ».

Lorsqu'une petite quantité de présure, préalablement ramollie dans l'eau, est additionnée de lait frais, elle produit la coagulation de la caséine. La masse coagulée est ensuite soumise à une forte pression, par laquelle les parties aqueuses du lait sont expulsées, et le tout se trouve réduit à la consistance de fromage. Une portion considérable du beurre du lait reste encore mêlée à la caséine, et lui communique une odeur forte et une couleur jaunâtre. Le changement très-lent que la caséine subit, lorsqu'on l'expose à l'air, produit aussi une certaine altération des ingrédients butyreux, par suite de laquelle le fromage, après avoir été conservé quelque temps, prend presque toujours une odeur plus forte et plus aromatique. Le fromage contient par conséquent les éléments nutritifs du lait, sous une forme condensée, mais quelque peu indigeste.

23. Pain. — Le pain est fait de diverses espèces de grains ; mais le meilleur et de beaucoup le plus nutritif est celui que l'on fait avec la farine du blé. Voici les ingrédients de la farine du blé :

COMPOSITION DE LA FARINE DU BLÉ.

Gluten.....................	7,30
Amidon	72,00
Sucre	5,40
Gomme.....................	3,30
Eau.....................	12,00
	100,00

Dans la préparation du pain, la farine est d'abord mêlée avec soin avec de l'eau et pétrie en une masse pâteuse, à laquelle on ajoute ensuite un peu de *levûre*.

La levûre se compose d'une matière albumineuse, contenant en abondance un produit végétal fongoïde sous

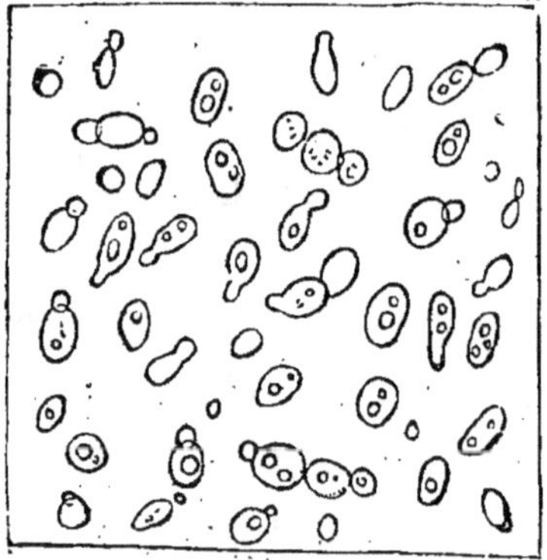

Fig. 17. — Végétaux fongoïdes de la levûre vus au microscope.

la forme de petits globules ou cellules (*fig.* 17), qui

se multiplient rapidement par un procédé de germination, lorsqu'on les place dans des conditions favorables à leur développement. C'est un ferment de l'espèce la plus énergique, et spécialement capable d'attaquer toutes les substances qui contiennent du sucre.

Le mélange de farine et d'eau avec l'addition de la levûre est ensuite exposé à une température chaude, et on l'y laisse en repos quelques heures. Pendant ce temps la levûre provoque la fermentation, par suite de laquelle le sucre de la farine est décomposé et converti en alcool et en acide carbonique. L'acide carbonique est un gaz ; et comme ce gaz se dégage sous la forme de petites bulles d'air, il tend à s'élever et à s'échapper de la pâte, absolument comme il le ferait d'un mélange aqueux. Mais le gluten du blé, ayant une consistance un peu visqueuse, retient les bulles de gaz à mesure qu'elles se développent dans sa substance, et toute la masse de la pâte est ainsi distendue et soulevée par la matière gazéuse qu'elle contient.

La pâte ainsi levée est alors cuite au four à une température élevée. L'effet de la cuisson est de fixer et de solidifier le gluten, et de maintenir la forme qu'il avait déjà prise. C'est pourquoi, lorsqu'on coupe un pain, on le voit partout perforé d'une multitude de petites cavités, qui auparavant étaient occupées par les gaz développés pendant la fermentation. C'est ce qui donne à la masse intérieure du pain sa texture légère et spongieuse ou cellulaire.

Cette texture spongieuse, que le pain acquiert de la manière qui vient d'être décrite, est l'objet principal du procédé de la fermentation. Car, si la farine était simplement mêlée avec de l'eau et cuite au four, la masse solide et consistante qui en résulterait, quoique fort nutritive, serait coriace et difficile à digérer; tandis que la texture légère qu'elle acquiert par la fermentation, rend sa mastication facile et lui permet de se laisser pénétrer et travailler promptement par les fluides digestifs.

La petite quantité d'alcool produite pendant la fermentation du pain est vaporisée et dégagée par la chaleur du four.

L'amidon de la farine, pendant ce procédé, absorbe de l'eau sous l'influence de la chaleur, et ses grains viennent s'agglutiner les uns aux autres. La totalité de l'eau qui est absorbée et retenue par la pâte, est d'un peu plus de 25 pour 100 du poids primitif de la farine employée; de sorte qu'une livre de farine, après avoir été mêlée avec de l'eau et convertie en pain, pèse un peu plus d'une livre un quart.

24. Vin. — Le vin est un produit du jus de raisin qui a subi la fermentation.

Dans son état naturel, le jus du raisin mûr contient de l'eau, un peu de matière albumineuse, du sucre, diverses substances colorantes et aromatiques et une petite quantité d'ingrédients minéraux. Lorsqu'on veut faire du vin, on exprime d'abord le jus en piétinant le raisin, et ensuite on l'expose à l'air dans des cuves, à une température chaude modérée. Quelque temps après, la matière albumineuse subit une certaine altération par suite de son contact avec l'air, et devient un ferment ; puis ce ferment agit sur le sucre du jus de raisin, et le convertit en alcool et en acide carbonique, comme il arrive dans la fermentation du pain, ou panification. Cependant la fermentation du jus de raisin est un procédé graduel et lent, qui exige souvent quelques mois pour être complet. Pendant ce temps, le gaz acide carbonique qui est produit, s'élève à la surface sous forme de bulles, et s'échappe du liquide en fermentation ; mais l'alcool reste, donnant au liquide un goût vineux ou alcoolique.

Lorsque la fermentation du vin est complète, il forme un liquide clair et transparent, qui contient de l'eau, de l'alcool, de la matière colorante, et diverses substances aromatiques, dont quelques-unes proviennent directement des ingrédients primitifs du jus de raisin, tandis que les autres sont formées par l'altération de ces ingrédients pendant le procédé de la fermentation.

Dans quelques vins, tout le sucre du jus de raisin n'est pas complétement décomposé par la fermentation, ce qui fait qu'ils retiennent, outre la saveur alcoolique, un goût sucré.

Quelquefois le vin est mis en bouteilles avant que la fermentation soit finie, et, celle-ci continuant à se produire, le gaz acide carbonique qui en résulte s'accumule et reste enfermé dans le liquide mis en bouteilles. Lorsque les bouteilles sont ensuite ouvertes et que la pression cesse, le gaz surabondant s'échappe sous forme de bulles, quelquefois avec une force considérable. Ces vins sont appelés vins « mousseux » ou « effervescents ».

La force d'un vin dépend de la quantité d'alcool produit pendant la fermentation. En outre, le vin n'est pas simplement un mélange d'alcool et d'eau ; mais il contient plusieurs autres ingrédients fournis par le jus du fruit qui a servi à sa fabrication ; et l'alcool produit par la fermentation lente est uni à diverses autres substances végétales, qui subissent elles-mêmes des modifications particulières. Il s'ensuit que le vin ne peut pas être artificiellement fabriqué en mêlant ensemble de l'alcool, de l'eau, du sucre, etc... Un tel mélange ne serait qu'une imitation grossière, généralement nuisible par ses effets, et manquant presque toujours des propriétés spéciales du vin que l'on veut imiter.

25. Bière. — La bière est un liquide préparé avec de l'orge, à peu près de la même manière que le vin est fabriqué avec du raisin. Nous avons déjà dit que dans la première période du bourgeonnement ou « germination » de plusieurs graines, l'amidon qu'elles contiennent se convertit spontanément en sucre. Ce phénomène se produit dans le grain d'orge. Pour faire de la bière, l'orge est maintenue chaude et humide, jusqu'à ce que la germination s'accomplisse, et qu'une quantité suffisante de sucre soit ainsi produite dans sa substance. L'orge est alors broyée, mêlée avec de l'eau chaude, et on y ajoute une infusion de houblon avec un peu de levûre. Le houblon joue le rôle d'ingrédient aromatisant, et la levûre, agissant comme un ferment, est la cause de la fermentation du sucre, de la production de l'alcool, et du dégagement abondant du gaz acide carbonique. Le liquide qui résulte définitivement de ce procédé, c'est la bière. Elle contient beaucoup moins d'alcool que le vin ; mais on obtient aussi du grain employé à sa préparation une large proportion de substances aromatiques et nutritives.

26. Préparation des végétaux. — La plus grande partie des différents *végétaux* employés comme aliments, tels que les pommes de terre, les haricots, les pois, les navets, etc., contiennent principalement de l'amidon, mêlé dans des proportions variables à la matière albumineuse, au sucre, à l'eau et aux substances minérales. L'effet de la cuisson sur ces végétaux est principalement de les ramollir et d'en désagréger les parties ; car, dans leur état de crudité, ils sont en général si durs, qu'on ne pourrait nullement les digérer. Par conséquent, il est essentiel, dans la préparation des végétaux, que leur cuisson soit parfaite ; car autrement ils seraient capables de produire des effets nuisibles. Le procédé de la cuisson développe aussi dans les végétaux un goût agréable, quoiqu'à un moindre degré que dans les substances animales.

27. Qualités essentielles de l'aliment sain. — Pour conserver la santé, l'aliment dont on fait usage doit être *simple* ; mais en même temps d'une *qualité nourrissante*, et le *meilleur de son espèce*. La viande doit être celle d'animaux bien nourris ; elle doit être d'une bonne couleur et abondamment fournie de ses jus naturels. Le pain doit être fait avec de la farine bien moulue et convenablement séchée. Les végétaux doivent avoir une couleur et une consistance naturelles et être exempts ou dépouillés de toute excroissance et de toutes autres imperfections. Il faudrait surtout, et dans tous les cas, que la préparation de l'aliment par la cuisson fût faite avec soin ; car une mauvaise cuisson pourrait souvent vicier ou détruire les qualités nutritives de l'aliment le mieux choisi.

28. Quantité nécessaire d'aliments. — La *somme* d'aliments dont on a besoin pendant vingt-quatre heures, varie avec l'âge, le sexe et les habitudes de l'individu. Les enfants ont besoin de plus d'aliments, en proportion de leur taille, que les adultes ; et les personnes qui prennent beaucoup d'exercice physique doivent se nourrir plus que celles qui restent comparativement inactives. Cependant, en règle générale, c'est un signe important de santé que de sentir le besoin de la quantité moyenne d'aliments par jour et de la consommer tout entière. Le résultat de l'observation sur ce point démontre que, pour un adulte sain, qui prend un exercice suffisant à l'air libre et qui se nourrit d'aliments simples mais substantiels, la quantité moyenne dont il a besoin, pendant vingt-quatre heures, est la suivante :

QUANTITÉ MOYENNE D'ALIMENTS PAR JOUR.

Viande..	16 onces ou	1,00	livre (avoir-du-poids).	
Pain.............	19 —	1,19	—	—
Beurre ou graisse.	3 1/2 —	0,22	—	—
Eau.............	52 onces fluides	3,38	—	—

c'est-à-dire un peu moins de **2** livres ½ d'aliments solides, un peu plus de 3 pintes d'aliment liquide.

QUESTIONNAIRE

1. Dé quoi se compose la *viande* ?

2. Quelles sont les espèces d'aliment animal les plus nutritives ?

3. Quel est l'effet de la *cuisson* sur la viande ?

4. Quelle est la composition des *œufs* ?

5. Quel est l'effet produit sur les œufs, lorsqu'on les fait bouillir ?

6. Quelle est la composition du *lait* ?

7. Comment extrait-on le *beurre* du lait ?

8. Pourquoi le beurre doit-il être purifié avec soin ?

9. Qu'est-ce que le *fromage*, et comment le fait-on ?

10. Quels sont les ingrédients de la farine de blé ?

11. Décrire la manière de faire le *pain* ou la panification.

12. A quoi sert la fermentation du pain au moyen de la levûre ?

13. Quel est le procédé pour faire le *vin* ?

14. Qu'est-ce que la *bière*, et comment la fait-on ?

15. Quels sont les principaux *végétaux* employés comme aliments ?

16. Quel est l'effet de la cuisson sur les végétaux ?

17. Quelles sont les qualités essentielles de l'aliment sain ?

18. Combien de viande un homme sain doit-il prendre par jour ? combien de pain ? combien de graisse ? combien de liquide ?

CHAPITRE IV

DIGESTION.

Nécessité de l'aliment. — Nature de la digestion. — Le canal alimentaire. — Ses différentes parties. — Fluides digestifs. — Mastication. — Les dents. — Incisives, canines, molaires. — Leurs différentes fonctions. — La salive. — Glandes salivaires. — Composition de la salive. — Sa double fonction. — Action de la langue. — L'œsophage. — Son action péristaltique. — Déglutition. — L'estomac. — Sa membrane interne. — L'appareil tubulaire gastrique. — Suc gastrique. — Sa sécrétion. — Mouvements péristaltiques de l'estomac. — Composition du suc gastrique. — Pepsine. — Acide lactique. — Action du suc gastrique sur l'aliment. — Il est un ferment. — Digestibilité de l'aliment. — L'aliment doit être convenablement cuit. — Il doit être pris en quantité modérée. — Avec régularité. — L'intestin grêle. — Follicules de Lieberkühn. — Suc intestinal. — Son action sur l'amidon. — Le suc pancréatique. — Sa composition. — Son action sur la graisse. — Le chyle. — Mouvements péristaltiques de l'intestin. — Changements de l'aliment dans le canal alimentaire. — Fin de la digestion.

29. Le besoin d'aliments. — Pourquoi avons-nous besoin d'aliments ?

Parce que le corps humain n'est pas une machine inerte et insensible, mais un ensemble d'organes vivants, incessamment actifs, et constamment employés à l'exécution des fonctions qui leur sont attribuées. Par suite de cette activité, il s'opère, dans la substance des organes, un changement continuel, qui décompose et renouvelle constamment leurs matériaux. Partout dans l'intérieur de la machine la nature est incessamment occupée à désagréger les tissus dont se compose le corps, et à les refaire encore avec des éléments nouveaux. Nous verrons dans la suite de quelle manière s'accomplit ce mouvement de décomposition et de recomposition de la machine animale, et quelles substances particulières sont produites par ce travail. Pour le moment, il suffit de savoir que ce mouvement s'effectue continuellement, et que les tissus sains du corps sont en conséquence toujours renouvelés et toujours en état de remplir leurs fonctions.

Ceci exige une provision constante de matériaux nouveaux venus du dehors.

En outre, chez les jeunes enfants, une provision spéciale est aussi nécessaire pour leur croissance et leur développement. L'enfant nouveau-né pèse de six à sept livres; à la fin de la première année, son poids s'élève à vingt livres; et, à l'âge de vingt-cinq ans, il atteint cent quarante livres. Pendant tout ce temps, des matériaux nouveaux viennent s'ajouter au corps, en quantité suffisante, non-seulement pour compenser les dépenses des tissus, mais encore pour aider au développement. Ces nouveaux matériaux sont pris avec l'aliment, distribués dans le corps et disséminés partout dans la substance des tissus.

30. **Nature de la digestion.** — Mais l'aliment par lui-même ne sert pas directement à la nutrition de la machine animale : d'abord, parce que les ingrédients de nos aliments sont, pour la plupart, solides, et qu'ils doivent être liquéfiés avant d'être absorbés par les membranes, et d'entrer en circulation avec le sang ; ensuite, parce que les ingrédients de l'aliment, les sucs animaux et végétaux, l'amidon, la graisse, l'albumine, etc. ne sont pas les mêmes que les ingrédients du corps humain. Ils nourrissent, mais seulement parce qu'ils sont susceptibles d'être convertis en d'autres substances, qui deviennent alors propres à la nutrition des organes internes. Par conséquent toutes les substances employées comme aliments sont soumises à une sorte de désagrégation préliminaire et de métamorphose. La viande, le pain, les fruits, les végétaux, tous doivent être d'abord amenés à une condition nouvelle, avant de pouvoir définitivement participer à la nutrition du corps. Leurs ingrédients doivent nécessairement subir une transformation qui les rende

enfin propres à être absorbés par les tissus vivants.

C'est cette liquéfaction et cette transformation des ingrédients de l'aliment qui constituent la fonction de la *digestion*.

31. Structure générale et disposition de l'appareil digestif. — La digestion de l'aliment s'accomplit dans un tube long ou canal appelé « canal alimentaire », qui commence à la bouche et s'étend d'une manière continue d'un bout à l'autre du corps. Si nous examinons ses différentes parties, nous verrons d'abord qu'elles diffèrent les unes des autres en volume, en forme et en structure, et que, par suite, elles sont désignées sous des noms différents, tels que le « pharynx », « l'œsophage », « l'estomac » et « l'intestin » ; et ensuite qu'il y a différents fluides animaux appelés « sécrétions digestives » qui sont versés à différents points du canal alimentaire, et qui y sont mis en contact avec les ingrédients de l'aliment. Ce sont ces sécrétions qui ont le pouvoir d'agir sur l'aliment, de dissoudre et de transformer ses éléments, ainsi qu'il a été dit plus haut.

La manière dont cette action s'accomplit, est très-remarquable. Chacune des sécrétions digestives contient une matière albumineuse spéciale, qui diffère de celles que contiennent les autres sécrétions, et qui possède le pouvoir d'agir comme un ferment.

Lorsque ce ferment est mis en contact avec certains ingrédients de l'aliment, il produit immédiatement un changement dans leur condition, de sorte qu'ils sont transformés et deviennent propres à la nutrition du corps. Ainsi les différents fluides digestifs agissent sur les divers ingrédients de l'aliment, d'une manière spéciale, dans chaque partie du canal alimentaire ; et à mesure que l'aliment descend graduellement, ses divers éléments sont successivement transformés, et la digestion de toute la masse est enfin accomplie.

Au commencement du canal alimentaire (*fig.* 18), nous trouvons, comme il est dit plus haut, la cavité de la *bouche*. Cette cavité est protégée sur le devant par le jeu des lèvres, et en arrière par les parois musculaires du gosier ou *pharynx*, qui peut se fermer à volonté, pour empêcher le passage prématuré des substances vers le derrière de la bouche. Au delà du pharynx se présente un tube long et étroit, le gosier ou *œsophage* (*a*), qui descend presque en ligne droite le long de la partie postérieure du cou et de la poitrine, jusqu'à ce qu'il arrive à l'abdomen. Ici il se termine dans l'*estomac* (*b*), qui présente un large renflement en forme de cornue : ce renflement s'étend au travers de la cavité de l'abdomen, immédiatement au-dessous de l'extrémité inférieure de l'os de la

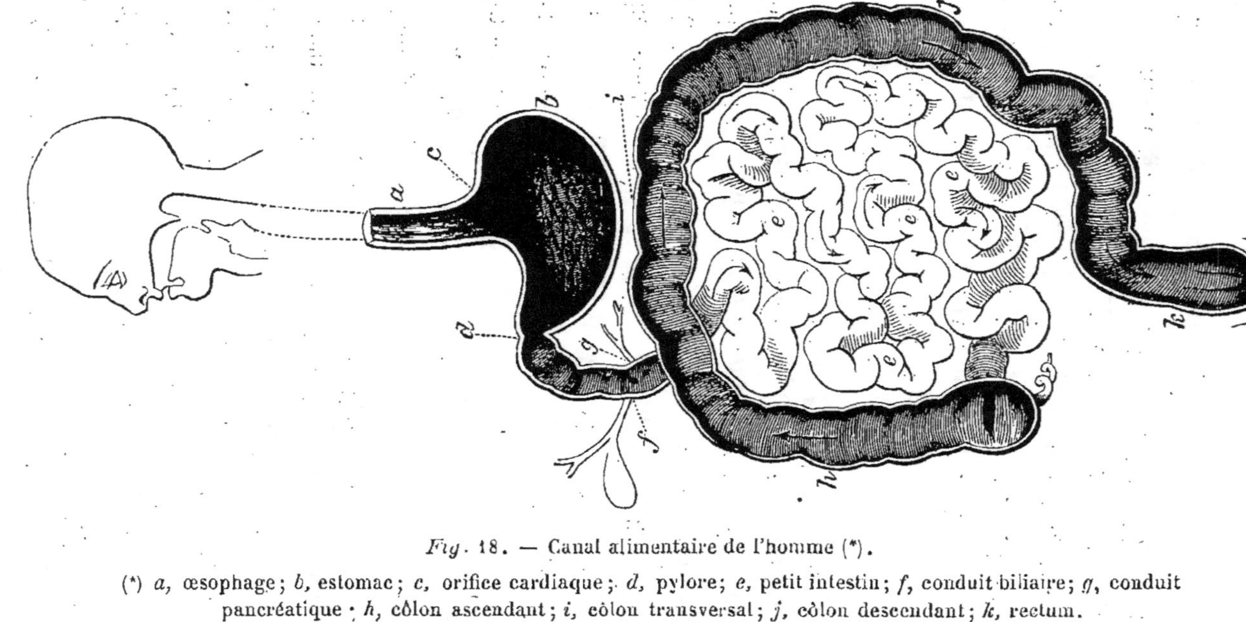

Fig. 18. — Canal alimentaire de l'homme (*).

(*) a, œsophage; b, estomac; c, orifice cardiaque; d, pylore; e, petit intestin; f, conduit biliaire; g, conduit pancréatique · h, côlon ascendant; i, côlon transversal; j, côlon descendant; k, rectum.

poitrine. Comme la bouche, l'estomac est protégé à chacune de ses extrémités par des bandes musculaires, qui tantôt ferment ses orifices et tantôt ouvrent pour permettre le passage de l'aliment. Le premier de ces orifices, situé sur le côté gauche et communiquant avec l'œsophage (c), se nomme le « cardia » ; le second, situé sur le côté droit (d), se nomme le « pylore ».

Au delà du pylore, le canal alimentaire devient un tube long et très-étroit, n'ayant qu'un pouce et demi en largeur, mais presque vingt-cinq pieds en longueur ; il se nomme le *petit intestin* (e). Le petit intestin est replié sur lui-même en différents contours, de sorte qu'il forme une masse enroulée, qui occupe une grande partie de la cavité de l'abdomen. Sur la partie supérieure du petit intestin, à quelques pouces au-dessous du pylore, deux tubes minces s'ouvrent dans sa cavité, qui viennent l'un du foie et l'autre du pancréas, et qu'on nomme les *conduits biliaire et pancréatique* (f, g). Ils servent à transporter dans l'intestin, sur ce point, deux sécrétions importantes, la bile et le suc pancréatique. Le petit intestin est lui-même pourvu d'une membrane interne, qui varie un peu de structure dans les différentes parties du tube. Il se termine à la partie inférieure de l'abdomen, près du côté droit, où il s'ouvre par un étroit orifice dans la dernière partie du canal alimentaire, c'est-à-dire le *gros intestin* (*h*, *i*, *j*, *k*).

Le gros intestin, ainsi nommé parce qu'il est plus large que le petit intestin, est le réceptacle des parties de l'aliment qui n'ont pas été digérées et qui doivent être expulsées. Il monte le long du côté droit de l'abdomen, où il prend le nom de « côlon ascendant » (*h*); ensuite il tourne vers le côté gauche, comme « côlon transversal » (*i*); puis il descend le long du côté gauche de l'abdomen comme « côlon descendant » (*j*); et enfin il passe dans le pelvis, où il se termine sous le nom de « rectum » (*k*).

Pour comprendre le procédé de la digestion, nous devons examiner les changements que subit l'aliment dans chaque division successive du canal alimentaire.

La première de ces divisions, c'est la bouche. Lorsque l'aliment a été d'abord introduit dans cette cavité, il est soumis à deux opérations, très-simples, mais très-importantes. Il est *mâché* et en même temps mêlé avec la *salive*.

32. Mastication. — La mastication est l'opération qui consiste à broyer et à diviser en parties ténues l'aliment par l'action des dents. Les fluides digestifs qui doivent dissoudre l'aliment dans l'estomac et les intestins, ne pourraient pas agir rapidement sur lui, s'il était avalé en une masse crue et solide. Il faut qu'il soit d'abord trituré et réduit à un état de subdivision menue, pour être préparé au procédé digestif; c'est ainsi qu'un morceau de sucre, si on le place simplement dans de l'eau, se dissout lentement et avec difficulté; mais, s'il est d'abord réduit en poudre menue, il est rapidement attaqué et liquéfié par le fluide dissolvant.

Les organes de la mastication sont les *dents*. Elles se composent d'une forte substance osseuse, et sont fermement fixées à leur place par de fortes « racines », qui pénètrent dans les mâchoires. La partie saillante de chacune d'elles, qui se nomme la « couronne » de la dent, est couverte par une couche de matière excessivement dense, « l'émail »; qui, comme nous l'avons déjà vu, est la plus dure des substances du corps, et capable de résister à la plus forte pression.

Les dents sont au nombre de trente-deux, savoir, seize dans chaque mâchoire (*fig.* 19). Elles varient quelque peu en grandeur et en forme, et sont adaptées, dans les différentes parties de la mâchoire, à des usages un peu différents. Les quatre dents sur la partie antérieure de chaque mâchoire sont les « incisives » ou « dents-tranchantes ». Elles sont plutôt plates avec un bord mince semblable à celui d'un ciseau, et qui va d'un côté à l'autre. Ainsi que

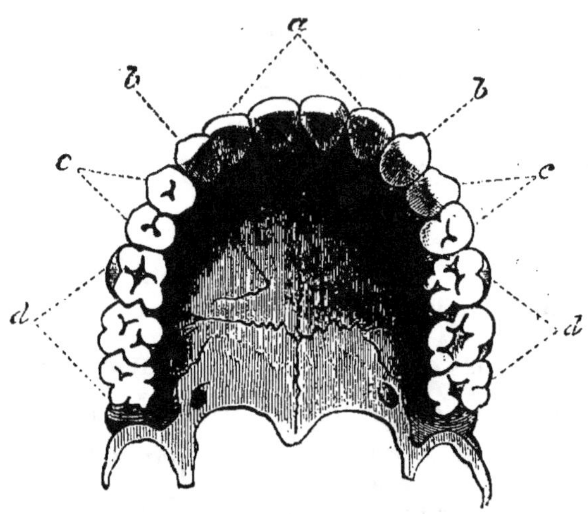

Fig. 19. — Dents de l'homme. — Mâchoire supérieure (*).

l'indique leur nom, ces dents sont destinées à couper l'aliment autant qu'il est nécessaire, par exemple lorsqu'on mord la tige de plantes juteuses ou certaines espèces de végétaux et de fruits. Elles correspondent aux dents rongeuses des souris, des écureuils, des lapins et autres espèces semblables, dans lesquelles elles sont très-développées, et capables de couper les substances les plus dures.

Immédiatement après les incisives, viennent les dents *canines* (*b*), il y en a une de chaque côté des deux mâchoires : elles sont un peu aiguës dans leur forme,

(*) *a*, incisives ; *b*, canines ; *c*, molaires antérieures ; *d*, molaires postérieures.

et correspondent aux « défenses » grosses et proéminentes des animaux carnivores, qui sont si formidables comme armes offensives pour blesser et saisir leur proie. Dans l'espèce humaine, elles ne diffèrent pas beaucoup, dans leurs fonctions, des incisives.

Derrière les dents canines et occupant tout le reste de la mâchoire viennent les *molaires* (c, d), au nombre de cinq sur chaque côté ; c'est-à-dire, deux antérieures et trois postérieures. Elles sont très-épaisses et fortes, et ont des surfaces plutôt plates, couvertes d'élévations coniques. La plupart sont pourvues de deux racines au plus, qui, s'enfonçant dans les mâchoires, y fixent les molaires plus solide-ment et les rendent capables de résister à toute pres-sion d'un côté et de l'autre. Ce sont les dents les plus puissantes et les plus importantes pour la division même de l'aliment. Les incisives et les canines ont moins de force, parce qu'elles sont situées sur les parties antérieures des mâchoires et destinées seu-lement à couper ou à percer les substances qui n'offrent qu'une faible résistance. Mais une fois que l'aliment est reçu dans la bouche, nous le portons en arrière entre les puissantes dents molaires, qui sont placées précisément en dedans des muscles sur les côtés des mâchoires. Là, par des mouvements latéraux des mâchoires, répétés de droite à gauche et de gauche à droite, l'aliment est broyé et pulvérisé entre leurs dures surfaces, comme il le serait entre deux pierres meulières, jusqu'à ce que ses différentes parties soient réduites en une masse déliée et homogène.

Nous pouvons facilement apprécier le grand pouvoir des dents molaires, en les essayant sur différentes substances. Il est facile d'arracher un brin mince ou un végétal juteux en le plaçant entre les incisives ; mais, lorsque la substance est plus résistante, comme une croûte dure ou une tige ligneuse, nous les plaçons instinctivement entre les molaires, dans la partie postérieure de la bouche, et alors elles sont saisies et broyées avec tout le pouvoir des muscles puissants situés sur les côtés des mâchoires.

Dans la mastication, la mâchoire inférieure seule est en mouvement ; la mâchoire supérieure demeure immobile, comme nous pouvons nous en convaincre facilement en plaçant les doigts sur les côtés de la face, pendant la mastication. Nous pouvons aussi sentir de la même manière, dans cette situation, les muscles puissants s'enfler et se roidir chaque fois que la mâchoire inférieure est fortement pressée contre la mâchoire supérieure.

33. La salive. — La mastication de l'aliment est fortement aidée et en même temps rendue plus efficace par la *salive*, qui se mêle avec lui dans la cavité de la bouche.

La salive est produite par plusieurs organes glandulaires situés dans l'intérieur et dans le voisinage de la bouche. Ces organes sont de quatre espèces différentes. Premièrement la glande *parotide*, située sous la peau, immédiatement au-devant et au-dessous de l'oreille; secondement la glande *sous-maxillaire*, située juste en dedans de l'angle de la mâchoire inférieure; troisièmement la glande *sublinguale*, sous le côté de la langue, et quatrièmement les *glandules muqueuses*, situées dans la membrane interne de la bouche, surtout en dedans des lèvres et des joues. Ces différents organes glandulaires produisent quatre espèces différentes de fluides, qui varient en consistance, les uns étant plus aqueux et les autres plus visqueux; mais ils finissent tous par se mêler ensemble pour former la salive.

La salive est constamment sécrétée en quantité modérée, mais suffisante pour lubrifier la membrane interne de la bouche et pour la tenir humide et souple; cependant son écoulement est excité en plus grande abondance par tout ce qui peut stimuler le sens du goût, tel que les substances douces, aigres ou amères. Cet effet est produit par l'action du système nerveux. La vue même et quelquefois l'idée de certains aliments, en excitant l'appétit, stimulent l'écoulement de la salive et, selon l'expression commune, « font venir l'eau à la bouche ». Le mouvement des mâchoires, même en parlant, et plus particulièrement dans la mastication, augmente aussi la quantité de salive, et l'acte d'avaler produit dans le moment un effet semblable.

Mais l'écoulement de la salive est surtout stimulé par la mastication ordinaire de l'aliment en mangeant, lorsque l'excitation du goût, le mouvement des mâchoires et l'acte d'avaler se combinent tous pour exciter l'activité des organes glandulaires. Elle est alors versée en très-grande abondance pour accomplir son rôle dans la préparation de l'aliment.

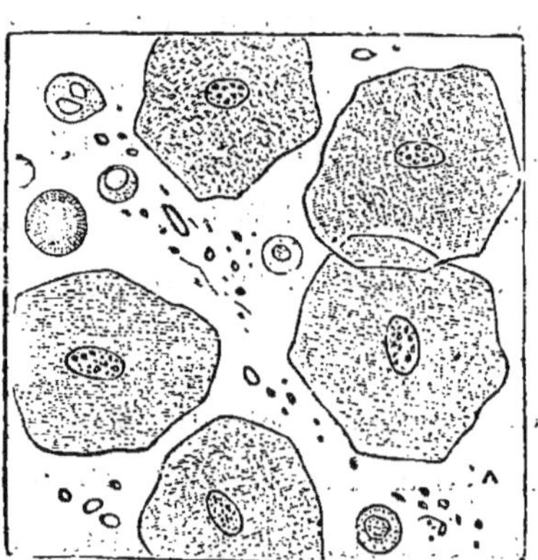

Fig. 20. — Vue fort grossie du dépôt fourni par la salive, montrant deux cellules épithéliales, etc.

La salive est un fluide peu dense, incolore, légèrement visqueux et alcalin. Au moment où on la rejette, elle a une apparence tant soit peu écumeuse et opaline; mais lorsqu'elle est restée en repos quelques instants, elle devient presque claire à sa surface, tandis qu'une substance fine, blanche et floconneuse se dépose au fond. Ce dépôt, lorsqu'on l'examine au microscope (*fig. 20*), apparaît composé de menus granules, de quelques globules d'huile et d'une quantité de corps déliés, plats, semblables à des écailles ou cellules, appelées «cellules épithéliales», et qui ont été séparés de la surface de la membrane intérieure de la bouche. Il y a aussi quelques cellules plus petites, arrondies, mêlées avec le reste, et qui proviennent des glandules muqueuses de la bouche.

Voici la composition de la salive :

COMPOSITION DE LA SALIVE SUR 1,000 PARTIES.

Eau	995,16
Matière albumineuse	1,34
Ingrédients minéraux	1,88
Mélange d'épithélium	1,62
	1000,00

La salive est par conséquent un fluide très-délié, ne contenant qu'une petite quantité de substances solides en proportion de ses parties aqueuses.

La matière albumineuse de la salive se nomme *ptyaline;* c'est cette matière albumineuse qui rend la salive tant soit peu visqueuse et écumeuse, lorsqu'elle se mêle à l'air.

La *quantité entière* de salive produite en vingt-quatre heures a été calculée en déterminant la quantité naturellement absorbée par l'aliment pendant la mastication, et en ajoutant cette quantité à celle qui est graduellement sécrétée dans les intervalles entre les repas. Il a été aussi prouvé qu'un adulte sécrète journellement près de trois livres de salive. Cette quantité cependant n'est pas toute rejetée par la bouche. La plus grande portion en est sécrétée pendant la mastication et mêlée avec l'aliment qui est reçu dans l'estomac.

34. Fonctions de la salive. — Les fonctions de la salive sont au nombre de deux.

Elle aide d'abord à la mastication. — On peut le voir aisément par les difficultés qu'on éprouve à mâcher complétement les substances sèches. Par exemple, on ne mâche que très-difficilement des *crackers* pilés ou de la viande sèche, jusqu'au moment où une certaine quantité de salive les a rendus humides. A partir de ce moment, l'opération devient beaucoup plus facile. La présence de la salive facilite aussi à un degré très-important l'acte d'avaler. Il est presque impossible d'avaler une bouchée parfaitement sèche, tant que la salive ne l'a pas mouillée et lubrifiée. Le même effet se produit chez les animaux, lorsque la salive ne peut plus être versée dans la cavité de la bouche. Chez le cheval, par exemple, on a trouvé que, si l'on empêche la salive des glandes parotides, seulement, de pénétrer dans la bouche, l'animal met presque quatre fois plus de temps à mâcher et à avaler une quantité donnée de grains, que lorsque l'écoulement naturel de la sécrétion n'a éprouvé aucun dérangement.

La salive est utile aussi pour *faciliter la digestion*. Elle produit ce résultat simplement en humectant l'aliment et en le préparant pour l'action des autres fluides digestifs, particulièrement de ceux de l'estomac. Car les sucs de l'estomac, qui, comme nous le verrons plus tard, sont très-importants dans la digestion, demandent à pénétrer rapidement toutes les parties de la masse alimentaire, pour produire l'effet qui leur est propre. Ils peuvent faire cela beaucoup plus rapidement, si l'aliment est déjà humecté, que lorsqu'il est sec et résistant. Cela est vrai de presque tous les fluides qui doivent être absorbés par une substance solide. Si l'on jette sur l'eau, une éponge tout à fait sèche elle flottera à la surface pendant longtemps, presque intacte ; mais si elle a été d'abord légèrement mouillée, elle absorbera rapidement le liquide, aussitôt qu'elle en aura touché la surface, et se précipitera au fond.

On peut facilement comprendre par conséquent de quelle importance il est que le procédé de la maslication s'opère avec régularité et d'une manière complète. La mastication ne doit jamais être faite négligemment ni d'une manière imparfaite et trop hâtée ; car autrement la digestion de l'aliment, qui se fait ensuite, sera retardée et troublée, et peut-être entièrement empêchée. Et si l'aliment qui est reçu dans l'estomac n'est pas digéré, comme il doit l'être, dans la période naturelle, il devient une source d'irritations et peut produire une foule d'effets nuisibles, avant d'être finalement expulsé du canal alimentaire.

35. Action de la langue dans la mastication. Dans la mastication de l'aliment un travail important est réservé aussi à la *langue*.

Premièrement, parce que cet organe est le siége principal du sens du goût, et que c'est par ce sens que nous jugeons de la convenance de certaines substances comme aliments. Les substances saines, nutritives et bien cuites sont généralement agréables au goût et reçues sans hésitation ; tandis que d'autres, qui sont avariées, de qualité inférieure ou mal préparées, sont tout de suite reconnues, et jugées par une saveur plus ou moins désagréable. Cette saveur nous fait deviner la présence dans l'aliment de quelque substance impropre à la digestion, et qui par conséquent doit être rejetée, avant d'arriver à la cavité de l'estomac.

En second lieu, la langue possède à un degré exquis la sensibilité tactile. Par cette propriété, elle peut apprécier toutes les qualités physiques de l'aliment introduit dans la bouche, et peut de suite reconnaître s'il a été suffisamment mâché, ou s'il reste encore quelques parties dures et résistantes. Douée aussi d'un appareil musculaire qui lui permet d'exécuter des mouvements souples et variés, elle transporte l'aliment d'une partie de la bouche à l'autre, de manière que le tout est finalement soumis à l'action des dents.

36. Effets combinés de la salive et de la mastication. — La préparation que l'aliment subit dans la bouche, est donc l'effet combiné de sa mastication et de son mélange avec la salive. Aucun de ses ingrédients n'est encore changé ni décomposé ; mais ils sont tous présents dans la masse mâchée, quoiqu'ils ne soient plus perceptibles à l'œil. L'aliment est simplement trituré et désagrégé par les dents, et en même temps par les mouvements des mâchoires, des joues et de la langue ; il est intimement mêlé avec la salive, qui dès lors devient partie de la substance, jusqu'à ce que le tout soit réduit en une matière molle, pâteuse, de consistance uniforme et disposée à être pénétrée par les fluides digestifs.

Cette matière amollie est amassée ensuite par les mouvements de la langue, qui pénètre dans chaque partie de la bouche et cherche activement dans tous ses coins et dans toutes ses cavités, jusqu'à ce qu'elle ait réuni en une seule masse, à sa surface, l'aliment mâché. La masse est ensuite poussée en arrière par la force musculaire de l'organe, et transportée à travers l'ouverture du pharynx dans la partie supérieure de l'œsophage.

Ici l'aliment commence à se trouver en dehors du contrôle de la volonté. Tous les mouvements de la bouche, des mâchoires et de la langue, que nous avons décrits jusqu'à présent, sont volontaires dans leur caractère, et peuvent être excités ou arrêtés, et hâtés ou retardés à volonté. Mais du moment que l'aliment a traversé le pharynx et entre dans l'œsophage, il n'est plus sous notre contrôle, et il est reçu par une autre suite d'organes dont l'action est tout à fait involontaire.

37. Déglutition. — L'œsophage, ainsi que nous l'avons déjà dit, est un tube étroit, qui s'étend du pharynx jusqu'à l'estomac. Il est pourvu dans toute sa longueur d'une double couche de fibres musculaires, dont les unes sont placées longitudinalement, tandis que les autres suivent autour de ses parois une direction circulaire, embrassant aussi le tube comme avec les doigts d'une main fermée.

Quand l'aliment entre dans la partie supérieure de l'œsophage, ces fibres circulaires se contractent sur lui par en haut et le poussent en avant; tandis qu'au même instant les fibres longitudinales tirent vers le haut la partie inférieure du tube, et ouvrent un passage à l'aliment dans une direction descendante. La même action est répétée successivement dans chaque partie de l'œsophage, de sorte qu'une contraction onduleuse, pareille à la vague, suit un mouvement constant de haut en bas dans toute la longueur de l'organe, transportant devant elle l'aliment d'une manière rapide, mais douce et uniforme.

Ce mouvement de l'œsophage se nomme « l'action péristaltique ou vermiculaire », parce qu'il ressemble à celui du ver qui rampe sur le sol. L'aliment arrive enfin au cardia, à l'extrémité inférieure du tube, et alors cet orifice cède à la pression d'en haut, et l'aliment passant au travers est finalement transporté dans la cavité de l'estomac. Toute cette opération par laquelle l'aliment est transporté de la bouche à l'estomac, se nomme l'acte d'avaler ou *Déglutition*.

38. L'estomac et sa membrane interne. — L'estomac, comme on l'a déjà vu, est un élargissement du canal alimentaire, qui forme une cavité arrondie ou une sorte de sac. C'est ici que la partie la plus importante de l'opération digestive s'accomplit; de sorte que l'aliment, qui déjà a été trituré et amolli par la mastication, commence à être actuellement liquéfié et dissous et en même temps transformé et altéré dans ses propriétés.

L'estomac se compose de deux parties principales, c'est-à-dire, 1° d'une membrane *interne* ou *muqueuse*, et 2° d'une *membrane* ou *couche musculaire*.

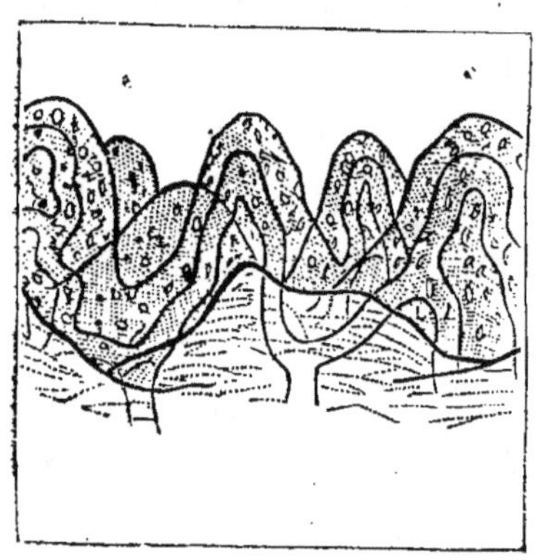

Fig. 21.— Section verticale de la surface interne de la membrane muqueuse de l'estomac du cochon, grossie de 420 fois son diamètre, et montrant ses élévations coniques et les vaisseaux sanguins qui les parcourent.

La membrane interne est épaisse, molle et abondamment pourvue de vaisseaux sanguins. Sa surface libre n'est pas complétement lisse, mais elle est ridée et présente de petites éminences (*fig.* 21). Dans les parties du milieu de l'estomac et vers le pylore, ces élévations ont une forme pointue et généralement aplatie d'un côté à l'autre. Chacune contient un petit vaisseau sanguin, qui tourne sur lui-même dans une ganse à l'extrémité de la projection, et communique librement avec les vaisseaux qui l'entourent.

La substance de la membrane interne forme un appareil glandulaire actif et spécial. Son épaisseur entière est remplie de petits organes cylindriques ou tubulaires, appelés « tubes gastriques (*fig.* 22). » Ces petits tubes se terminent au-dessous en pointes arrondies, et s'ouvrent vers la surface libre de la membrane en minces orifices, situés entre les élévations pointues

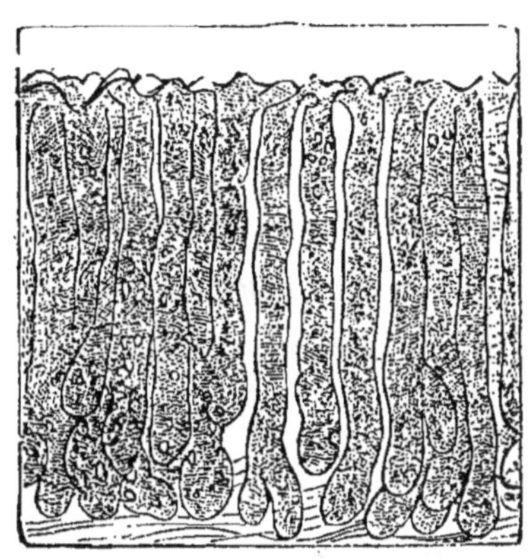

Fig. 22. — Membrane interne de l'estomac du cochon, montrant toute son épaisseur et les tubules gastriques; l'épaisseur grossie de 70 fois son diamètre.

déjà décrites. Les petits vaisseaux sanguins pénètrent partout entre les tubules et forment sur leurs côtés un réseau abondant.

39. **Le suc gastrique.** — L'estomac exerce son action sur l'aliment au moyen d'une sécrétion liquide, produite par sa membrane interne. Ce fluide est le *suc gastrique.*

Le suc gastrique est versé de la membrane interne de l'estomac, au moment où l'aliment entre dans sa cavité. Cette membrane interne est sensible au contact de l'aliment et excitée à verser sa sécrétion de la même manière que les glandes voisines de la bouche versent elles-mêmes leur salive, pendant que l'aliment subit la mastication. Mais l'action de l'estomac s'exerce à notre insu. L'excitation de sa membrane interne ne se manifeste à nous par aucune sensation ; elle a lieu comme une des actions involontaires de l'intérieur du corps.

Par conséquent, dans les intervalles de la digestion, l'estomac reste en repos et vide. Mais au moment où l'aliment traverse l'orifice cardiaque et entre dans sa cavité, un flux de sang pénètre dans ses vaisseaux ; sa membrane interne s'enfle, se congestionne, et prend une couleur rouge, brillante ; ses tubules commencent à sécréter un fluide clair, aqueux et acide, qui coule de la membrane interne en une multitude de gouttelettes, comme la transpiration à la surface de la peau, et qui, se mettant en contact avec l'aliment, commence de suite à agir sur lui.

40. **Action péristaltique de l'estomac.** — En même temps une action d'une nature différente s'opère dans l'estomac, c'est celle de sa couche musculaire.

Les fibres musculaires de l'estomac, comme celles de l'œsophage, sont en partie longitudinales et en partie circulaires. Quand l'aliment s'y introduit, et que commence l'écoulement du suc gastrique, elles sont aussi stimulées à la contraction et commencent une série de mouvements d'un côté à l'autre, et d'une extrémité à l'autre de l'organe. Ce sont les *mouvements péristaltiques* de l'estomac. Ils produisent une espèce de pétrissage doux et d'agitation continuelle de l'aliment, par lesquels celui-ci est mû lentement, dans toutes les directions, à l'intérieur de l'organe. Ils ressemblent aux mouvements de la mastication, qui s'opèrent dans la bouche, si ce n'est qu'ils sont involontaires comme l'action péristaltique de l'œsophage, et qu'ils s'accomplissent à l'insu de l'individu ; leur effet est d'introduire le suc gastrique, à mesure qu'il est sécrété, dans l'intérieur de l'aliment mâché, jusqu'à ce qu'il ait pénétré également toutes les parties de la masse.

Ces mouvements ont pu être observés quelquefois chez les hommes et chez les animaux, dans des cas où des accidents ou des opérations chirurgicales ont mis à découvert la cavité de l'estomac. C'est de cette façon qu'on a pu obtenir le suc gastrique et le soumettre à l'examen.

41. Ingrédients du suc gastrique. — Quand le suc gastrique est ainsi recueilli de la cavité de l'estomac, il est clair, transparent et d'une légère couleur d'ambre, et très-distinctement acide. Il contient les ingrédients suivants :

COMPOSITION DU SUC GASTRIQUE SUR 1,000 PARTIES.

Eau.................................	975,00
Matière albumineuse	15,00
Acide lactique	4,78
Ingrédients minéraux	5,22
	1000,00

La matière albumineuse du suc gastrique se nomme *pepsine*, à cause de ses propriétés actives dans la digestion de l'aliment. Elle peut être coagulée par l'ébullition, et aussi par l'addition d'une grande quantité d'alcool. Lorsqu'elle est séparée par un de ces moyens et séchée, elle apparaît comme une fine poudre blanche, qui peut encore se dissoudre dans l'eau. C'est l'ingrédient le plus important du suc gastrique.

L'*acide lactique* c'est la même substance qui se produit du sucre dans le lait aigri. Il se trouve très-délayé dans le suc gastrique ; mais il est nécessaire à ses propriétés digestives ; car la pepsine n'agit pas sur l'aliment, si elle n'est dissoute dans un fluide acide.

Les *ingrédients minéraux* de la sécrétion existent aussi en petite quantité. Ils se composent de sel commun et de diverses combinaisons de potasse, de chaux, de magnésie et de fer.

42. Action du suc gastrique sur l'aliment.

Le suc gastrique, composé comme il est dit plus haut, produit un effet très-remarquable sur l'aliment. Car si une petite portion de viande, de pain, de blanc d'œuf bouilli ou de fromage est coupée en tranches minces, mise dans le suc gastrique et tenue dans une température chaude, la substance alimentaire commence aussitôt à se désagréger et à se liquéfier par l'action du fluide. Cet effet se montre d'abord à la surface extérieure des substances sur lesquelles il agit : celles-ci deviennent plus transparentes et plus molles, et ainsi fondent graduellement. Si ce mélange est agité doucement, de manière à détacher toutes les parties amollies, l'opération se fait plus rapidement. Le suc gastrique pénètre de plus en plus dans l'intérieur, l'amollissant et le dissolvant à mesure qu'il le penètre, jusqu'à ce que la masse entière soit enfin réduite en un mélange fluide.

Mais si l'on examine de plus près le mélange fluide ainsi produit, on trouvera que tous les ingrédients de l'aliment n'ont pas été également affectés. En effet ce sont seulement les constituants *albumineux* qui ont été dissous par le suc gastrique, tandis que les matières amidonnées et oléagineuses ne sont point altérées. Mais comme l'aliment, lorsqu'il est pris, est composé de substances amidonnées et oléagi-

neuses, unies et enveloppées par des matières albumineuses, la dissolution de ces dernières met en
liberté les autres ingrédients de leur combinaison.

Ainsi le pain est composé d'amidon mélangé avec
la matière glutineuse solidifiée de la farine. Quand
la matière glutineuse est dissoute par l'action du suc
gastrique, l'amidon est par suite désagrégé en
même temps, tout en conservant encore ses autres
propriétés particulières.

Le fromage se compose de la caséine du lait solidifiée, et de plus des globules oléagineux et butyreux qu'il contient renfermés dans sa substance. La
caséine est dissoute et liquéfiée par le suc gastrique;
mais les parties oléagineuses restent intactes, et ne
font que s'élever et flotter à la surface du fluide
aqueux.

Le suc gastrique semble donc agir sur la masse
entière de l'aliment; mais ce n'est en réalité qu'en
dissolvant la grande quantité de ses ingrédients qui
se composent de matières albumineuses.

Or, l'action du suc gastrique dans cette opération
est toute particulière, et dépend des propriétés de la
pepsine qu'il contient. Cette substance agit comme
un ferment, et par son simple contact avec la matière
albumineuse change la nature de celle-ci et la réduit
à sa forme liquide; car l'albumine, après avoir été di-

gérée par le suc gastrique, n'est plus de l'albumine; mais elle a été transformée et convertie en une autre substance. Cette nouvelle substance est nommée « albuminose », et se distingue par des propriétés particulières. Ainsi le blanc d'œuf dans sa condition naturelle se coagule par l'ébullition, et il est ordinairement pris comme aliment dans cette forme solide et coagulée ; mais, après qu'il a été liquéfié de la manière décrite plus haut, et converti en albuminose, il ne peut plus être coagulé par la chaleur, il reste fluide et apte à être absorbé par les vaisseaux sanguins.

Ainsi que les autres ferments, dont il a été parlé plus haut, la pepsine du suc gastrique, pour produire son effet, doit avoir une température modérée, ni trop chaude ni trop froide. Le suc gastrique n'agit pas sur l'aliment, lorsqu'il est près du degré de congélation de l'eau ; il n'a non plus aucun effet, s'il approche de la température de l'eau bouillante. Il doit être à une température moyenne ; et il a sa plus grande activité à environ 100° du thermomètre de Fahrenheit, qui est exactement la température de l'intérieur de l'estomac vivant.

Dans quelques cas, l'action du suc gastrique est très-curieuse. Ainsi le lait, pris à l'état liquide, est d'abord coagulé par les fluides de l'estomac. C'est cette propriété qui fait que la *présure*, qui n'est autre chose que les fluides secs de l'estomac du veau, produit la coagulation du lait pour faire le fromage. Dans la digestion cet effet est instantané ou presque instantané. Mais, aussitôt après, la pepsine commence à agir sur la caséine coagulée, et finit par la réduire encore à l'état liquide. Ainsi la même substance, pendant la digestion, est d'abord solidifiée et ensuite dissoute par le suc gastrique. Cela prouve que l'acte de la digestion ne consiste pas dans une simple dissolution, mais qu'il est une véritable transformation des substances albumineuses.

Le suc gastrique est le plus abondant de tous les fluides digestifs. Il continue à être produit par la membrane interne aussi longtemps qu'il reste dans l'estomac un aliment non digéré. La quantité qui est d'abord sécrétée agit sur une partie correspondante des matières albumineuses. La liquéfaction de ces matières albumineuses produit, comme nous l'avons déjà vu, une désagrégation de l'aliment qui était d'abord combiné et aggluliné par leur substance, et ces parties désagrégées passent de suite à travers le pylore dans la cavité du petit intestin. Une nouvelle quantité de suc gastrique est en même temps sécrétée, fait son travail de la même manière, et est transportée avec une autre portion des débris de l'aliment dans l'intestin. Ce procédé continue jusqu'à ce que la totalité de l'aliment, ainsi successivement broyé et désagrégé par la dissolution de ses parties albumineuses, ait été expulsée de la cavité de l'estomac et poussée en bas dans le canal du petit intestin.

Lorsque cette opération est accomplie, la sécrétion du suc gastrique par l'estomac s'arrête ; la congestion de la membrane interne disparaît ; son action péristaltique cesse, et l'organe entier reprend son repos ordinaire.

L'estomac se trouve donc alternativement dans deux conditions différentes, correspondant à l'opération de la digestion, c'est-à-dire dans une condition de repos et dans une condition d'activité. Tandis que la digestion s'opère, il est en sécrétion active ; et, pendant les intervalles de la digestion, il demeure en repos.

43. Digestibilité de l'aliment. — La digestibilité des diverses espèces d'aliments varie d'une manière considérable. Quelques-uns d'entre eux sont digérés comparativement en un temps très-court ; d'autres exigent une plus longue période. Cette différence est, jusqu'à un certain point, un sujet d'expérience ordinaire ; car tout le monde a la conscience que certains articles d'aliments exigent pour la digestio n un temps plus long que d'autres. Le docteur William Beaumont a eu l'occasion, il y a plusieurs années, d'examiner ce point sur un sujet qui avait à l'estomac une ouverture permanente, résultat d'une plaie d'arme à feu. Il compara le temps nécessaire à la digestion de plusieurs espèces d'aliments, dont quelques-uns sont énumérés dans la liste qui suit :

TEMPS REQUIS POUR LA DIGESTION, SELON LE Dr BEAUMONT.

Pied de cochon....	1^{h}00^{min}	Bœuf rôti..........	3^{h}00^{min}
Tripes............	1 00	Mouton rôti........	3 15
Truite (grillée).....	1 30	Veau (grillé).......	4 00
Rôti de venaison...	1 35	Bœuf salé (bouilli)..	4 15
Lait bouilli........	2 00	Porc rôti	5 15
Dinde rôtie........	2 30		

Ces résultats ne seraient pas toujours précisément les mêmes pour différentes personnes, puisqu'il y a des variations sous ce rapport, selon l'âge et le tempérament. Ainsi dans la plupart des cas, le mouton serait probablement digéré dans le même temps que le bœuf ou peut-être même plus tôt ; et le lait qui, chez certaines personnes, est facilement digéré, est digéré par d'autres avec une extrême difficulté ; mais, règle générale, la digestibilité comparative des différentes substances est sans nul doute exactement indiquée dans la liste ci-dessus.

44. Conditions requises pour une bonne diges-

tion. — Pour obtenir une bonne digestion, on doit en préparer l'action, en observant avec une attention scrupuleuse plusieurs circonstances particulières.

1° L'aliment doit être de bonne qualité et *soigneusement préparé*. Les meilleures méthodes de préparation par la cuisson sont les plus simples : par exemple, faire rôtir, griller et bouillir les aliments. Les aliments frits sont très-sujets à être indigestes et nuisibles, parce que la graisse employée dans ce procédé s'infiltre par la chaleur et pénètre à travers la masse entière de l'aliment. Or, nous avons vu que les substances grasses ne se digèrent pas dans l'estomac, le suc gastrique n'ayant pas d'action sur elles. Dans leur condition naturelle elles sont simplement mêlées à un faible degré avec les matières albumineuses, comme le beurre, que l'on mange avec du pain ou avec des végétaux, ou comme le tissu adipeux qui est mêlé aux parties musculaires de la viande ; et, par conséquent, la dissolution des matières albumineuses dans l'estomac met facilement en liberté ces substances grasses, qui passent ensuite dans le petit intestin. Mais, lorsqu'elles sont imbibées et entièrement infiltrées dans les substances alimentaires, elles présentent un obstacle à l'accès du suc gastrique aqueux, et non-seulement elles ne sont pas digérées, mais encore elles s'opposent à la digestion des matières albumineuses. C'est pour cette raison que toutes les espèces d'aliments dans lesquels le beurre ou d'autres substances oléagineuses, employées comme ingrédients, doivent par la cuisson être absorbés par elles, sont plus indigestes que si elles étaient préparées d'une manière simple.

Il importe aussi, et surtout pour toutes les espèces d'aliments végétaux, que la cuisson soit entière et complète. Cela est nécessaire pour que leur texture soit suffisamment amollie, et que les parties d'amidon qu'elles contiennent soient convenablement préparées; car l'amidon crû est excessivement difficile à digérer, tandis que, s'il a été bouilli ou chauffé de quelque manière en contact avec l'eau, il absorbe l'humidité, comme nous l'avons vu, de sorte que ses grains deviennent mous et se laissent facilement attaquer par le fluide digestif.

2° On doit, à chaque repas, prendre l'aliment en *quantité modérée.* Si on en absorbe à la fois une quantité excessive, on le voit exercer une influence paralysante sur l'estomac, qui alors se trouve oppressé par un poids inaccoutumé, et cesse d'agir avec énergie sur la masse alimentaire. On doit surtout éviter ce danger, lorsque l'appétit devient vorace, après une longue abstinence à laquelle l'estomac n'est pas habitué. Dans ce cas, le désir excessif d'aliment n'est pas naturel, et il ne faut pas lui accorder toute la satisfaction qu'il demande ; car il est sujet à imposer à l'estomac une tache supérieure à sa capacité et à apporter ainsi du trouble dans le travail de la digestion.

3° On doit prendre ses repas avec *régularité*, et à peu près aux mêmes heures chaque jour. Les organes de la digestion sont soumis à l'influence de l'habitude sous ce rapport, par une raison que nous ne comprenons pas entièrement. Ils accomplissent leur travail plus promptement et d'une manière plus complète, quand ils reçoivent l'aliment au temps et de la manière accoutumés, que lorsqu'ils le prennent irrégulièrement et hors de saison. Ce fait a été observé au temps même d'Hippocrate ; voici ce qu'on lit dans le traité *du Régime* (1). « Qu'un homme qui n'est pas dans l'usage de déjeuner, vienne à faire un repas le matin, aussitôt il en souffre, il devient pesant de tout le corps, faible et inactif ;... d'un autre côté, ceux qui ont l'usage de manger deux fois, sont, s'ils ne déjeunent pas, faibles, débiles et impuissants à tout travail. » Chez certaines personnes le système est excessivement sensible à des irrégularités de cette sorte, et pendant tout le travail de la

(1) Hippocrate, *Œuvres complètes*, trad. E. Littré. Paris, 1840, tome II, p. 283, 287.

digestion, il est plus ou moins sujet à en être affecté.

Enfin, 4° la *condition du système nerveux* exerce une très-grande influence sur la sécrétion du suc gastrique et sur la digestion de l'aliment. Les expériences du docteur W. Beaumont et celles d'autres savants ont démontré que l'irritation du tempérament et d'autres causes morales diminuent fréquemment ou même suspendent entièrement l'écoulement naturel des fluides gastriques. Une action fébrile quelconque, subie par le système, ou une fatigue excessive sont capables de produire le même effet. Tout le monde sait avec quelle rapidité un trouble de l'esprit, comme l'anxiété, la colère, la vexation enlèvent l'appétit et nuisent à la digestion. Toute impression nerveuse pénible, arrivant surtout au *commencement* de la digestion, semble produire un effet qui dure pendant un temps considérable; car on a souvent observé que, si un désagrément, une affaire pressée ou une anxiété quelconque survient immédiatement après le repas, bien que pouvant ne durer que peu d'instants, non-seulement l'opération digestive est troublée au même moment, mais encore elle est sujette à l'être pendant toute la journée.

Par conséquent, pour que la digestion puisse se faire convenablement dans l'estomac, on ne doit prendre d'aliments que lorsque l'appétit le demande et, autant que possible, à des intervalles réguliers; on doit faire cuire les aliments d'une manière convenable, et préparer leur digestion par une mastication complète; et enfin l'esprit et le corps, surtout au commencement de l'opération, doivent être libres de toute excitation désagréable ou inaccoutumée.

45. Entrée de l'aliment dans le petit intestin. — Lorsque l'aliment désagrégé et en partie liquéfié passe à travers le pylore dans le petit intestin, il est composé : 1° de suc gastrique tenant en dissolution les matières albumineuses; 2° des substances amylacées, dégagées des divers ingrédients de l'aliment, mais autrement non altérées, et 3° des matières oléagineuses, qui n'ont pas été non plus altérées par le suc gastrique. Les deux dernières substances sont alors digérées par l'action des fluides versés dans la cavité du petit intestin.

46. Le suc intestinal et la digestion de l'amidon. — Le premier de ces fluides est le *suc intestinal*. Le suc intestinal est sécrété par un grand nombre de petites glandes tubulaires appelées « les Follicules de Lieberkühn, » qui existent en grand nombre dans toute l'étendue de la membrane interne de l'intestin (*fig.* 23). Comme les tubules de l'estomac, ces corps sont de forme cylindrique, se terminant par des bouts arrondis et s'ouvrant par de petits orifices sur la surface intérieure de l'intestin.

A cause de la grande longueur de cette partie du canal alimentaire, et par suite de l'étendue de sa membrane interne, ces follicules sont excessivement nombreux. Le suc intestinal qu'ils sécrètent est incolore, légèrement alcalin et d'une consistance visqueuse. Il contient un ingrédient albumineux assez semblable à celui qui est produit par les glandes muqueuses de la bouche.

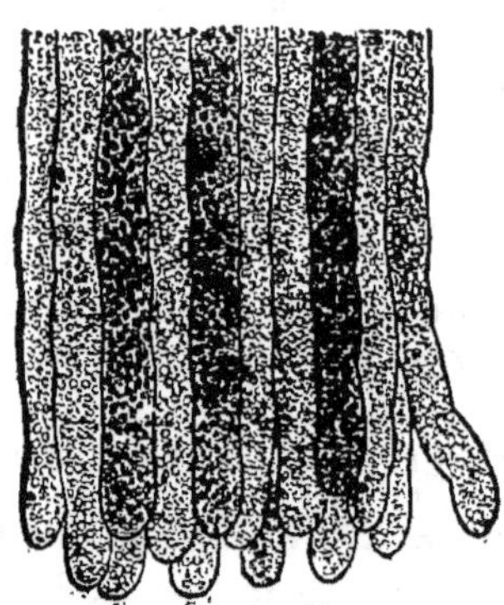

Fig. 23. — Follicules de Lieberkühn du petit intestin.

Le suc intestinal ainsi sécrété a le pouvoir d'agir sur l'amidon avec une grande rapidité à la température du corps vivant, et de le convertir en sucre. Si un peu de ce suc intestinal frais est mêlé avec de l'amidon bouilli et tenu dans de l'eau chaude pendant quelques secondes, l'amidon commence à disparaître du mélange, et le sucre reprend sa place; après un court espace de temps, tout l'amidon aura subi la même transformation.

Ce changement est dû à l'action de l'ingrédient albumineux du suc intestinal. Ainsi que la pepsine du suc gastrique, il agit comme un ferment; et, mis simplement en contact avec les matières amylacées de l'aliment à une température chaude, il provoque un changement dans leurs propriétés, et les transforme en sucre. Lorsque les matières amylacées ont été ainsi converties en sucre, leur digestion est accomplie; car elles sont ainsi réduites à l'état liquide, et peuvent être par conséquent rapidement dissoutes par les fluides de l'intestin.

En résumé, lorsque l'aliment passe dans le petit intestin, il rencontre le suc intestinal, qui est alors sécrété avec activité, et, par le contact de ce fluide, l'amidon est rapidement transformé en sucre et ensuite dissous par les fluides intestinaux.

47. **Suc pancréatique.** — Il y a encore une autre sécrétion qui se mêle avec l'aliment dans la cavité de l'intestin, c'est le *suc pancréatique*. Comme son nom l'indique, ce fluide est un produit du « Pancréas »; qui est une glande située près et un peu en arrière du bord inférieur de l'estomac.

Le pancréas décharge sa sécrétion dans la partie supérieure du petit intestin, à quelques pouces au-dessous de l'orifice du pylore (*fig.* 18, *g*).

Le suc pancréatique, tel qu'il entre dans l'intestin, est un fluide clair, incolore, alcalin, et plutôt visqueux, un peu semblable en apparence au suc intestinal. Il contient les ingrédients suivants:

COMPOSITION DU SUC PANCRÉATIQUE SUR 1,000 PARTIES.

Eau	900,76
Matière albumineuse	90,38
Ingrédients minéraux	8,86
	1000,00

Il contient par conséquent une plus grande proportion de matière albumineuse que la salive ou le suc gastrique ; ce qui le rend plus visqueux que l'une ou l'autre de ces secrétions, et le fait ressembler quelquefois par sa consistance au blanc d'œuf.

Cette matière albumineuse est nommée « Pancréatine. » On peut la coaguler en la faisant bouillir, en y ajoutant un excès d'alcool, et par d'autres procédés chimiques. C'est l'ingrédient le plus important et le plus actif du suc pancréatique.

48. Action du suc pancréatique sur la graisse. — La propriété la plus importante de cette sécrétion, c'est son action sur les matières oléagineuses. Ces substances, comme nous l'avons vu, ne se digèrent pas dans l'estomac. Elles sont seulement fondues par la chaleur du corps, ou dégagées des tissus qui les contiennent, par la dissolution des matières albumineuses. Aussi on les reconnaît facilement dans l'estomac, où elles flottent en forme de gouttes

d'huile et de globules au milieu des autres ingrédients des aliments.

Mais, dans l'intestin, on ne distingue plus ces
gouttes d'huile. A leur place se montre un fluide
blanc, semblable au lait, mêlé aux autres substances dans cette partie du canal alimentaire, dont
il baigne la surface interne, et s'amasse dans les petits plis et dans les dépressions de sa membrane
interne. Ce fluide blanc, c'est le « chyle. » Il contient toutes les matières oléagineuses de l'aliment,
mais tellement changées dans leur condition,
qu'elles ne se distinguent plus à l'œil nu. Si nous
l'examinons au microscope, nous voyons qu'il est
rempli de granules de graisse excessivement petits,
si petits même, qu'on peut à peine les mesurer, et
ils sont suspendus dans les liquides albumineux
comme une émulsion.

Le chyle est en effet une émulsion, qui a été
produite par l'action du suc pancréatique sur les
particules huileuses de l'aliment.

Si nous prenons une quantité de suc pancréatique
frais, et que nous l'agitions avec un peu d'huile
d'olive ou d'autres substances grasses, le même effet
se produit immédiatement. L'huile est à l'instant
désagrégée et divisée en menues particules, qui se
répandent ensuite dans le mélange, formant un

fluide parfaitement blanc, opaque et semblable au lait. Cette action est produite par l'ingrédient albumineux du suc pancréatique, qui est connu sous le nom de « pancréatine. » Nous avons déjà vu dans un chapitre précédent (page 55) que le blanc d'œuf frais produit cet effet sur l'huile, lorsqu'on l'agite avec elle dans un vase de cristal. Or, la pancréatine ressemble beaucoup au blanc d'œuf par ses propriétés, et surtout par l'action qu'elle exerce sur les parties huileuses de l'aliment, action qui les convertit en une émulsion.

Ce changement accompli suffit pour compléter la digestion de la graisse ; car, sous la forme d'émulsion, elle est susceptible d'être absorbée par les vaisseaux, et d'être ainsi reçue dans le courant général de la circulation.

49. Mouvement péristaltique de l'intestin. En même temps que les changements dont il vient d'être parlé ont lieu, les éléments de l'aliment, mêlés avec les divers fluides digestifs, sont entraînés de haut en bas par l'action péristaltique de l'intestin ; car l'intestin, ainsi que l'œsophage et l'estomac, est pourvu d'une double couche musculaire, qui se compose de fibres longitudinales et circulaires. L'action de ces fibres peut s'observer très-distinctement dans les intestins du bœuf et du mouton, aussitôt qu'on les a retirées du corps de l'animal tué. C'est en effet dans cette partie du canal alimentaire que l'action péristaltique est plus active et plus distincte.

Une contraction a lieu sur un point particulier, contraction qui réduit le diamètre de l'intestin et rapproche ses côtés, et les aliments qu'il contient sont par suite poussés en avant dans la partie voisine du canal alimentaire. Cette contraction s'étend successivement aux parties voisines, tandis que le point primitivement contracté s'élargit; de sorte qu'il se produit un mouvement lent, continu et vermiculaire de l'intestin, qui se contracte et se relâche alternativement, en forme d'ondulations successives se suivant l'une l'autre sans interruption de haut en bas.

L'effet de cette double action est de produire dans toutes les circonvolutions de l'intestin un mouvement sinueux semblable à celui du ver, lequel pousse sans cesse en avant l'aliment, pendant qu'il subit la digestion, de manière qu'il traverse toute la longueur du petit intestin, et qu'il se trouve successivement en contact avec la membrane interne dans toute son étendue.

50. **Digestion complète de l'aliment dans l'intestin.** — Ainsi s'accomplit la parfaite digestion de l'aliment et en même temps son absorption. Car, à

mesure que l'aliment glisse lentement de haut en bas, les parties déjà digérées disparaissent par l'absorption à travers la membrane interne, ce qui laisse les parties restantes de l'aliment plus amplement exposées au contact des fluides digestifs, jusqu'à ce que, vers les parties inférieures du petit intestin, tout l'aliment ait été liquéfié et converti en matière susceptible d'absorption.

Ainsi dans les diverses parties du petit intestin, la masse alimentaire présente une apparence différente, suivant les progrès de la digestion ; et on peut observer ces progrès, en examinant le canal alimentaire pendant la digestion chez quelques-uns des animaux inférieurs.

Le mélange trouble qui passe de l'estomac dans l'intestin, quand l'animal a été nourri de viande (*fig.* 24) contient des fibres musculaires séparées les unes des autres et plus ou moins désagrégées par l'action du suc gastri-

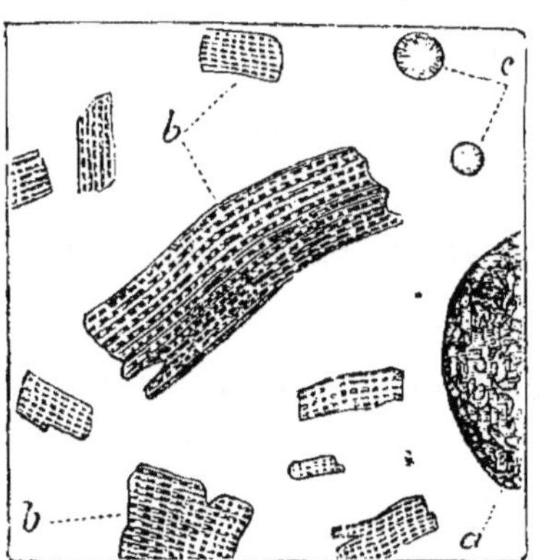

Fig. 24. — Ce que contient l'estomac pendant la digestion de la viande (*).

(*) *a*, Vésicule graisseuse remplie d'une graisse opaque, solide, granulaire ; *b*, *b*, petits morceaux de fibres musculaires en partie désagrégés ; *c*, globules d'huile.

que. Les vésicules grasses ne sont que très-peu altérées, et on ne voit que de rares globules d'huile flotter
au milieu des autres ingrédients.

Dans la partie supérieure de l'intestin, les fibres
musculaires sont plus désagrégées. Elles sont très-
divisées, pâles et trans-
parentes; mais elles
peuvent toujours se re-
connaître aux marques
granulaires et aux stries
qui distinguent leur
structure (*fig.* 25). Les
vésicules grasses com-
mencent aussi à s'al-
térer. La graisse solide
granulaire du bœuf se

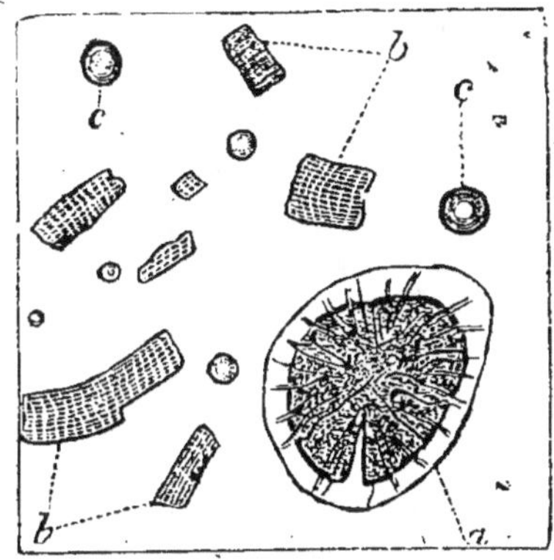

Fig. 25. — Ce que contient la partie
supérieure du petit intestin (*).

liquéfie et s'émulsionne; elle se présente sous la
forme de gouttes d'huile et de molécules grasses, et
le chyle laiteux se montre en plus ou moins grande
abondance, tandis que les vésicules grasses sont elles-
mêmes en partie vidées, et, par conséquent, s'affaissent et se rident.

Vers le milieu de l'intestin et dans ses parties inférieures, ces changements continuent (*fig.* 26 et 27).

(*) *a*, Vésicule graisseuse, dont le contenu est déjà diminué ; la vésicule
commence à se replier sur elle-même et la graisse à se désagréger ; *b, b,*
fibre musculaire désagrégée ; *c, c,* globules d'huile.

Les fibres musculaires se désagrégent constamment de plus en plus, et il se produit une grande quantité de débris granulaires. En même temps la

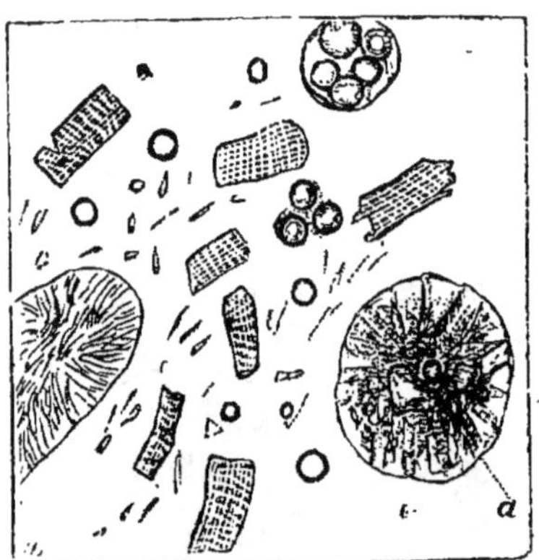

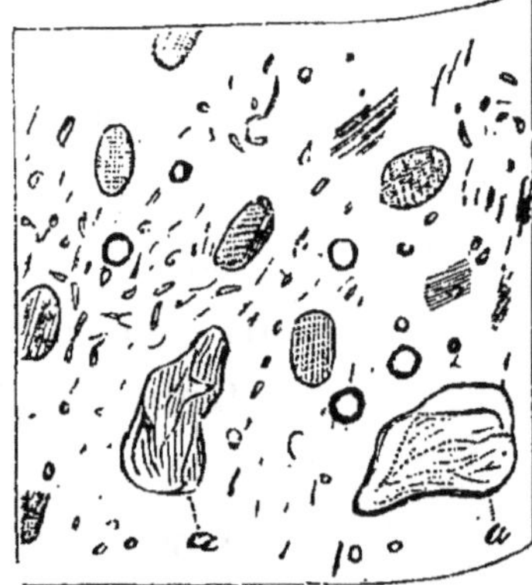

Fig. 26. — Ce que contient la partie moyenne du petit intestin(*).

Fig. 27.— Ce que contient le dernier quart du petit intestin.(**).

graisse disparaît progressivement, et l'on peut voir à la fin les vésicules entièrement vides et affaissées.

Ainsi la digestion des divers ingrédients de l'aliment s'opère d'une manière continue dans l'estomac et dans toute la longueur du petit intestin. Le résultat final de la digestion consiste dans la production de trois différentes substances : 1° une dissolution de matières albumineuses produite par l'action du suc gastrique ; 2° une émulsion huileuse produite par l'action du suc pancréatique sur la graisse ;

(*) a, a, Vésicules graisseuses presque débarrassées de leur contenu.
(**) a, a, Vésicules graisseuses tout à fait vides et ratatinées.

3° du sucre produit par la transformation que les sucs intestinaux mêlés font subir à l'amidon. Ces substances sont alors en état d'être portées dans la circulation ; et, comme les ingrédients mélangés des contenus intestinaux descendent successivement le long du canal alimentaire, les produits de la diges-tion, unis aux sécrétions digestives elles-mêmes, dis-paraissent graduellement absorbés par les vaisseaux de la membrane interne.

Ainsi l'aliment qui est pris dans la bouche sous forme de pain, de viande, de fruits, de végétaux, est réduit et transformé par l'action des fluides di-gestifs, jusqu'à ce que ses ingrédients nutritifs soient séparés les uns des autres et convertis en subs-tances nouvelles. Les résidus des matières qui ne sont pas digestibles, et qui sont inutiles à la nutri-tion du corps sont en même temps éliminés et reje-tés. Ils passent dans le gros intestin, tandis que les parties nutritives restent en arrière prêtes à être por-tées dans le courant de la circulation.

QUESTIONNAIRE.

1. Quel est l'objet de la *digestion* ?
2. Qu'est-ce que le *canal alimentaire* ?
3. Par quoi l'aliment est-il digéré dans le canal alimentaire ?
4. De quelle manière est-il digéré ?

5. Nommez et décrivez les différentes parties du canal alimentaire.

6. Quels sont les deux procédés auxquels l'aliment est soumis dans la *bouche*?

7. Qu'est-ce que la *mastication*?

8. Quels sont les organes de la mastication? — De quoi sont-ils composés, et quelles sont leurs différentes parties?

9. Combien y a-t-il d'espèces différentes de *dents*? Et combien y en a-t-il dans chaque mâchoire?

10. Quelle est la situation, la forme et l'usage des *incisives*, des *canines*, des *molaires*?

11. De quelle manière se font les *mouvements* de la mastication?

12. Par quelles glandes la *salive* est-elle produite?

13. A quel moment est-elle plus abondamment sécrétée?

14. Quelle est son apparence? Et quels sont ses ingrédients?

15. Combien se produit-il de salive en vingt-quatre heures?

16. Quels sont les usages de la salive?

17. Comment la *langue* aide-t-elle à la mastication?

18. Quel est l'effet combiné de la salive et de la mastication?

19. A quel point du canal alimentaire l'aliment commence-t-il à être soustrait au contrôle de sa volonté?

20. Quelle est la structure de l'*œsophage*?

21. Comment l'aliment est-il avalé pour passer dans l'estomac?

22. Quelle est la structure de l'*estomac*? Quelle est celle de sa membrane interne?

23. Quel fluide digestif est produit dans l'estomac?

24. A quel moment le suc gastrique est-il sécrété?

25. Quelle est l'action de la *couche musculaire* de l'estomac?

26. Quelle est l'apparence du suc gastrique? Quels sont ses ingrédients? Quel est le plus important de ceux-ci?

27. Quel effet produit le suc gastrique sur l'aliment?

28. Quels sont ceux des ingrédients de l'aliment qui sont dissous par le suc gastrique?

29. De quelle manière la *pepsine* agit-elle dans la digestion de l'aliment?

30. Quelle *température* est requise pour l'action du suc gastrique ?

31. Quel effet le suc gastrique a-t-il sur le *lait?*

32. Où passe l'aliment, après avoir laissé la cavité de l'estomac ?

33. Quelles espèces d'aliments sont plus facilement digérées ?

34. Quels sont les meilleurs procédés de cuisson pour l'aliment ?

35. Pourquoi l'aliment *frit* peut-il être difficile à digérer ?

36. Pourquoi les végétaux doivent-ils être complétement cuits ?

37. Pourquoi faut-il prendre l'aliment en *quantité modérée ?*

38. Pourquoi doit-il être pris à des intervalles *réguliers ?*

39. Quel effet produit l'*irritation nerveuse* sur l'acte de la digestion ?

40. Quel fluide digestif est produit par le petit intestin ?

41. Quels sont les *follicules de Lieberkühn?*

42. Quelle est l'apparence du *suc intestinal ?*

43. Quel effet a-t-il sur l'aliment ?

44. Quelle est l'apparence du *suc pancréatique?*

45. Par quel organe est-il produit, et où est-il versé dans l'intestin ?

46. Quels sont ses ingrédients ?

47. Quel effet a-t-il sur l'aliment?

48. Comment nomme-t-on le fluide produit par la digestion de la graisse ?

49. Quelle est son apparence ?

50. Quelle est l'*action péristaltique* de l'intestin ?

51. Quel effet a-t-il sur l'aliment ?

CHAPITRE V

ABSORPTION.

Membrane interne de l'intestin. — Valvules conniventes. — Villosités. — Endosmose. — Absorption par les membranes vivantes. — Influence de la circulation. — Vaisseaux sanguins de l'intestin. — La veine porte. — Pendant la digestion, le sang de la veine porte contient de l'albuminose, du sucre et du chyle. — Changement de l'apparence de ce sang, dû à la présence du chyle. — Distribution de la veine porte dans le foie. — Réabsorption des fluides digestifs. — Vaisseaux lymphatiques. — Vaisseaux lactés. — Apparence des vaisseaux lactés pendant la digestion. — Réceptacle du chyle. — Conduit thoracique. — Décharge des matières digérées dans le sang. — Leur transformation et leur disparition — Nutrition du sang.

51. Absorption de l'aliment. — Nous abordons maintenant un nouveau chapitre de l'histoire des matériaux de la nutrition. Nous avons dépassé le premier degré de leur marche vers la nutrition du corps ; et ils sont maintenant prêts à subir une action différente ; car tous les changements et les modifications que nous avons jusqu'à présent étudiés dans la digestion de l'aliment, n'ont été qu'une simple préparation aux phénomènes qui vont suivre. Les éléments digérés et nutritifs de l'aliment sont encore renfermés dans le canal alimentaire ; et, avant de pouvoir atteindre leur destination et arriver aux tissus qu'ils doivent nourrir, il faut qu'ils traversent d'abord ses parois et pénètrent dans le sang. Cette opération est connue sous le nom d'*absorption*.

Comment s'accomplit ce passage de l'aliment de l'intestin aux vaisseaux sanguins?

52. Membrane interne de l'intestin. — La membrane interne du canal alimentaire est, ainsi que nous l'avons vu, d'une grande étendue : car non-seulement elle suit toute la longueur du tube lui-même, mais encore, dans le petit intestin, elle est disposée en un grand nombre de replis et de valvules transversales appelées les *valvules conniventes*. Chaque valvule est formée par une double couche de la membrane interne repliée sur elle-même comme une manchette plissée, de sorte que tous les replis, pris ensemble, augmentent de beaucoup l'étendue de sa surface. Comme le petit intestin lui-même a vingt-cinq pieds de long, l'étendue entière de sa membrane musculaire, à cause des replis qui viennent d'être décrits, est au moins doublée, ou n'a pas moins de cinquante pieds en tout.

Cette membrane toutefois est excessivement

minoe, molle et flexible, de sorte qu'elle est facilement contenue dans les limites de l'intestin.

53. Villosités du petit intestin. — Mais, outre
cela, la membrane interne du petit intestin est partout semée d'une multitude d'élévations plus exiguës
encore, en forme de filaments délicats, aplatis,
coniques, pareils à des fils qui surgissent de sa surface interne et qu'on appelle *villosités* (*fig*. 28). Ces
filaments ressemblent aux élévations pointues que
l'on trouve dans la par-
tie pylorique de l'esto-
mac (p. 110); seulement
les premiers sont plus
longs et plus minces
dans leur forme. Ces
villosités sont si étroi-
tement serrées les unes
près des autres, qu'elles
donnent à la surface de
la membrane interne

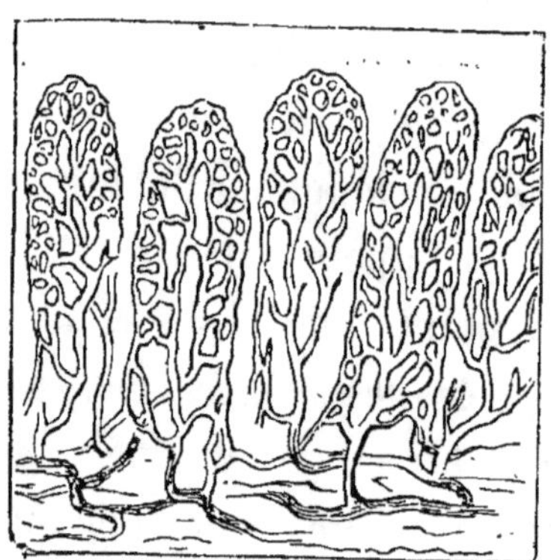

Fig. 28. — Villosités du petit intestin, avec
leurs vaisseaux sanguins fort grossis.

une remarquable apparence veloutée et une grande
douceur au toucher. Chaque villosité est pourvue
d'un réseau de menus vaisseaux à travers lesquels le
sang circule en une multitude de courants, qui s'entrelacent les uns dans les autres.

Ces villosités sont les principaux agents de l'absorption. Elles pendent librement dans la cavité de l'intestin et pénètrent partout dans les matières digérées qu'il contient. Ce sont les radicules par lesquelles la membrane interne absorbe les éléments nutritifs de l'aliment, exactement comme les racines d'une plante absorbent la nourriture du sol dans lequel elles plongent.

54. Nature et procédé de l'absorption. — Mais il n'y a pas d'ouverture, dans la substance des villosités, qui au contraire présentent partout une surface continue et non interrompue. Comment donc se fait-il que les fluides nutritifs puissent y pénétrer ?

Cela est dû à une propriété particulière dont jouissent les membranes animales, qui rend certains fluides capables de passer directement à travers leur substance par une sorte de transsudation ou d'imbibition. Cette action est connue sous le nom d'*endosmose*.

Chaque membrane animale absorbe certains fluides avec plus ou moins de facilité. Si l'on prend une vessie sèche et qu'on la plonge dans de l'eau chaude, elle absorbera graduellement le liquide et deviendra épaisse, humide et flexible, jusqu'à recouvrer presque entièrement son apparence et sa consistance primitives. Cela a lieu ordinairement dans toute substance formée d'un tissu animal, mais n'arrive pas toujours exactement de la même manière. Chaque membrane animale absorbe certains fluides plus promptement que d'autres. Ainsi quelques-unes absorberont de l'eau pure en plus grande abondance qu'une solution de sel, ou une solution de sucre plus promptement qu'une de gomme ; et le même liquide sera absorbé plus rapidement par une membrane, et plus lentement par d'autres. Ainsi toute membrane animale possède un pouvoir particulier d'absorption pour certains liquides, qu'elle prendra en plus ou moins grande quantité, selon leur nature et leur composition. Dans tous les cas cependant, il y a une limite, au delà de laquelle l'absorption ne peut pas continuer.

55. Absorption par les vaisseaux sanguins. Ce pouvoir d'absorption se manifeste dans les membranes animales beaucoup plus activement durant la vie qu'après la mort ; parce que, en premier lieu, les membranes vivantes sont entièrement fraîches et sans altération dans leur structure, et, en second lieu, parce qu'elles sont remplies d'un sang qui se meut et circule incessamment à travers leurs vaisseaux. Ce qui augmente de beaucoup la quantité de fluide à absorber, c'est que le sang absorbe les nouveaux matériaux qui pénètrent la membrane animale, à mesure que cette membrane les absorbe dans le liquide ambiant; ce sang passant immédiatement dans le courant de la circulation, est suivi d'une nouvelle provision qui reprend à son tour les liquides accumulés dans l'intervalle. Ainsi la membrane animale est continuellement débarrassée du fluide déjà absorbé, et se trouve par là en état d'en recevoir une nouvelle quantité; exactement comme un réservoir qui reçoit de l'eau à une de ses extrémités et la rejette à l'autre par un tuyau, peut être constamment rempli, sans jamais déborder. Par conséquent le pouvoir absorbant de la membrane vivante ne s'épuise pas facilement, mais reste en pleine activité aussi longtemps que le sang continue à remplir son rôle dans l'absorption.

C'est ainsi que les fluides digérés sont transportés de l'intestin dans les vaisseaux sanguins. L'albuminose liquide de l'estomac et le sucre produit par la digestion de l'amidon sont tous les deux dissous dans les fluides du canal alimentaire, et sont ainsi propres à être absorbés. Même les substances huileuses du chyle sont en état, dans leur forme de menue désagrégation, de pénétrer la substance des villosités et d'entrer dans les vaisseaux sanguins. Car on a observé que les particules ténues d'une émulsion laiteuse peuvent être absorbées par une membrane animale, quoique l'huile, dans son état naturel, ne puisse pas pénétrer à travers sa substance. Et en fait, si les villosités du petit intestin sont, pendant la digestion, examinées au microscope, on voit qu'elles sont remplies de chyle et pénétrées de tous côtés par ces menues particules huileuses. Ainsi toutes les parties de l'aliment digéré sont absorbées par les villosités du canal alimentaire : et des villosités elles passent directement dans le sang.

56. La veine porte et la circulation à travers le foie. — Le cours des vaisseaux sanguins, qui, après avoir passé à travers les parois de l'intestin, retournent de l'intestin au cœur, présente un caractère tout particulier et mérite une description spéciale. Nous avons déjà vu que chacune des villosités intestinales est remplie d'un réseau menu de vaisseaux. Ces vaisseaux se terminent à la base de chaque villosité par une petite veine destinée à recevoir le sang qui la parcourt et l'unit à d'autres veines semblables qui partent des parties adjacentes de l'intestin. Les branches, ainsi formées, s'unissent encore à d'autres qui viennent de régions plus éloignées, comme plusieurs chemins différents se réunissent à un chemin commun : de cette manière les veines qui partent de toutes les parties de l'intestin viennent finalement aboutir à un seul grand tronc, connu sous le nom de *veine porte*. La veine porte par conséquent

contient le sang qui a traversé la membrane interne
du canal intestinal, en même temps que les substances que ce sang a absorbées de la cavité intestinale.

Par conséquent, le sang qui circule dans la veine
porte, pendant la digestion et pendant l'absorption, est chargé de tous les matériaux nutritifs
de l'aliment. Il contient les matières albumineuses
digérées sous la forme d'albuminose, et le sucre
produit par la digestion de l'amidon. Il contient
aussi les substances huileuses du chyle, mêlées avec
ses autres ingrédients. Cela donne au sang de la
veine porte, pendant la digestion, un aspect particulier. Car, tandis que le sucre et les matières albumineuses qui se trouvent en état de dissolution, sont
imperceptibles à l'œil et ne peuvent être reconnus
qu'au moyen de leurs réactifs chimiques, les granules huileux du chyle, qui se trouvent seulement
suspendus dans le sang, en altèrent par cela même
la couleur et l'apparence, et peuvent facilement se
distinguer au microscope. Ainsi le sang de la veine
porte est riche à ce moment de granules oléagineux ;
et, lorsqu'il se coagule, ses parties aqueuses sont
troubles et de couleur blanchâtre, et une mince pel-
licule laiteuse s'élève à la surface. Dans les intervalles
de la digestion, au contraire, les parties aqueuses du

sang de la veine porte sont claires et transparentes, comme celles du sang de toute autre région du corps.

La veine porte, transportant le sang ainsi chargé de matières nutritives, se dirige en haut à travers la cavité de l'abdomen, jusqu'à la région du foie. Ici, toutefois, au lieu de se rendre directement au cœur, elle pénètre dans la substance du foie, où elle subit une distribution tout à fait singulière. C'est pour cette raison qu'elle a reçu le nom de « veine porte », parce qu'elle entre dans le foie par une espèce de fissure ou de « guichet » à sa surface inférieure. Entrée dans la substance de cet organe, elle se divise à droite et à gauche en deux grandes branches, qui pénètrent les deux côtés opposés du foie ; et ensuite, se divisant encore en de plus petites et plus nombreuses ramifications, les branches arrivent enfin aux petits lobules glandulaires dont se compose tout l'organe. Ici ces petites ramifications se subdivisent et se terminent en un réseau de mêmes vaisseaux aussi déliés que ceux qui occupaient à leur origine la substance des villosités intestinales, et qui remplissent la substance entière du foie avec un réseau vasculaire semblable.

Au delà des lobules glandulaires du foie, les vaisseaux sanguins se groupent encore en petites veines, et ceux qui viennent des lobules voisins, s'unissent en branches plus grandes, comme celles des villosités adjacentes de l'intestin. Or les veines ainsi formées se nomment « les veines hépatiques »; et par des jonctions répétées, celles qui viennent de toutes les parties du foie finissent par se réunir en une «veine hépatique commune». Cette veine, aussitôt après, décharge son sang dans le grand courant veineux qui retourne directement au cœur.

Ainsi le sang qui a circulé à travers la membrane interne de l'intestin, et qui, là, a absorbé les matières digérées de l'aliment, est obligé de passer à travers une autre suite de vaisseaux entrelacés, avant de retourner au cœur. En arrivant au foie par la veine porte, il est distribué dans tous les canaux vasculaires de l'organe, et se met partout en contact avec la substance de ses lobules. Nous verrons plus bas quels changements importants ont lieu, pendant que le sang poursuit ainsi son cours à travers les profondeurs du tissu glandulaire. Après avoir accompli ce passage, transportant avec lui les matériaux nutritifs de la digestion, il arrive au cœur par les grandes veines de l'abdomen. Là il dépose finalement sa charge dans la masse générale du sang circulant.

57. Résorption des fluides digestifs. — Mais en même temps que les éléments de l'aliment sont ainsi pris de l'intestin et portés dans le sang, les sucs intestinaux sont eux-mêmes absorbés et rendus au sang d'où ils proviennent: Car c'est le sang qui a fourni originellement tous les matériaux des fluides digestifs. La salive, le suc gastrique, le suc intestinal, le suc pancréatique, sont produits par les organes glandulaires et par la membrane interne du canal alimentaire, ainsi que nous l'avons déjà dit ; mais ils sont produits aux dépens du sang, qui nécessairement fourn.t la nourriture requise par tous les organes du corps.

Or ces fluides digestifs sont sécrétés en grande quantité. Si l'on considère leur somme total, il ne se verse pas moins, chaque jour, de vingt livres de sucs animaux dans le canal alimentaire pour la digestion de l'aliment. Si cette quantité était extraite simplement du sang, elle épuiserait entièrement la machine animale. La digestion de l'aliment nous coûterait plus, pour ainsi dire, dans la dépense des fluides digestifs, qu'elle ne rendrait à notre corps sous forme de nourriture.

Mais aucun de ces fluides n'est perdu. Ils sont tous repris par les vaisseaux de la membrane interne, en même temps que les éléments de l'aliment dont ils ont accompli la digestion. Par conséquent, ce ne sont pas seulement les éléments nutritifs de l'aliment qu'absorbent les vaisseaux sanguins, mais encore ces mêmes éléments nutritifs dissous dans les fluides digestifs. Les matières albumineuses transformées par la pepsine sont rapidement liquéfiées dans un suc gastrique abondant ; de même le sucre est dissous dans les fluides intestinaux, et le chyle, comme nous l'avons vu, est réellement une émulsion des particules grasses dans le liquide albumineux du suc pancréatique. Toutes ces substances digestives et à digérer sont finalement absorbées à leur temps par les vaisseaux sanguins du canal alimentaire.

Les fluides digestifs exécutent ainsi une sorte de mouvement circulaire, passant du sang à l'intestin et revenant de l'intestin au sang. Ils sont les messagers envoyés par le sang pour réunir les éléments nutritifs dans le canal alimentaire, et pour retourner ensuite avec eux dans le courant de la circulation.

58. **Absorption par les vaisseaux lactés.** — Mais l'absorption de l'aliment est aussi accomplie, en partie, par un autre système de vaisseaux, qui diffèrent de ceux que nous avons déjà décrits. Ces vaisseaux sont les *vaisseaux lactés*.

Les vaisseaux lactés ne sont qu'une partie d'un grand système de canaux vasculaires, distribués dans tout le corps et nommés les vaisseaux « lymphatiques ou absorbants ». Dans la peau, dans les muscles, dans les organes internes, dans les membranes d'enveloppe, ils commencent par un réseau délié, logé dans les tissus, et ensuite se réunissent en petites branches qui courent en haut et en dedans vers les grandes cavités de la poitrine et de l'abdomen, et vont se terminer dans les veines. Celles qui viennent du bras droit, du côté droit de la tête et du cou, se déversent dans les veines de cette partie du corps. Celles qui viennent des jambes et des cuisses passent dans la cavité de l'abdomen, où elles sont rejointes par d'autres qui viennent de la région lombaire, des reins, de la rate, du foie, de l'estomac et de l'intestin. Toutes se réunissent dans un seul tube ou conduit, qui n'a qu'un quart de pouce de diamètre, qui monte de l'abdomen dans la poitrine et se dirige en haut le long de la colonne spinale. Ce tube se nomme « le conduit thoracique ». Il s'élève enfin de la poitrine vers la partie inférieure du cou, et ensuite, se courbant en avant, il va se terminer dans la grande veine sous-clavière, non loin de la région du cœur (*fig.* 29).

Or ces vaisseaux sont incessamment employés dans l'absorption. Ils portent constamment de toutes les parties du corps où ils sont distribués, un liquide transparent et incolore, qu'on nomme « la lymphe ». C'est pour cette raison qu'ils ont reçu le nom de *lymphatiques*. La lymphe représente une portion de ces ingrédients des tissus qui sont restés sans usage, et qui doivent être restaurés et renouvelés, avant de pouvoir prendre part de nouveau aux fonctions de la vie. Ces ingrédients sont, par conséquent, pris par les vaisseaux lymphatiques et transportés en arrière vers le cœur, pour s'y mêler au courant du sang veineux.

Les vaisseaux lymphatiques ne sont pas facilement distingués à l'œil nu, premièrement parce qu'ils sont très-petits et qu'ils ont des parois excessivement minces et délicates; et, secondement, parce que la lymphe qu'ils contiennent est incolore et transparente. Nous pouvons voir facilement les vaisseaux sanguins, même lorsque leurs parois sont minces, à cause de la couleur rouge du sang qu'ils contiennent; mais il n'y a rien qui distingue la direction des lymphatiques, puisque leurs parois et le liquide qui y est contenu sont également incolores. Ils peuvent, par conséquent, se dérober facilement à la vue, à moins qu'on n'apporte une attention toute particulière pour les découvrir parmi les autres tissus.

Les vaisseaux lymphatiques de l'intestin ressemblent exactement à ceux des autres parties du corps. Ils commencent dans les villosités et dans la substance de la membrane interne, et passent ensuite en dedans pour se réunir à ceux qui viennent des autres organes. Ordinairement, ils sont presque invisibles, comme le reste; car ils ne contiennent que la lymphe transparente que nous avons déjà décrite. Mais lorsque la digestion de l'aliment est en pleine activité, ils commencent aussi à prendre les particules huileuses de la cavité de l'intestin. Ils se gonflent de chyle et ensuite, élargis et étendus par ce fluide laiteux, ils deviennent visibles à l'œil, comme de blancs filaments arrondis qui se montrent à travers les enveloppes transparentes de l'intestin. Ils se nomment alors « les vaisseaux lactés », à cause de leur couleur blanche et de l'apparence laiteuse du fluide qu'ils contiennent.

Les intestins, repliés sur eux-mêmes en plusieurs circonvolutions, ainsi que nous l'avons déjà dit, sont lâchement attachés à la colonne spinale par un large feuillet de membranes minces, comme une manchette qui envelopperait le bras, et qui se nomme le « mesentère ». Les vaisseaux lactés passent à travers ce feuillet de l'intestin vers la partie postérieure de l'abdomen ; et là, immédiatement avant de monter à la poitrine, ils se réunissent dans une petite cavité ou sac, qu'on nomme « le réceptacle du chyle », situé juste au commencement du conduit thoracique (*fig.* 29).

Par conséquent, les vaisseaux absorbants de l'abdomen ont une apparence bien différente en des temps différents. Dans les intervalles de la digestion, ils

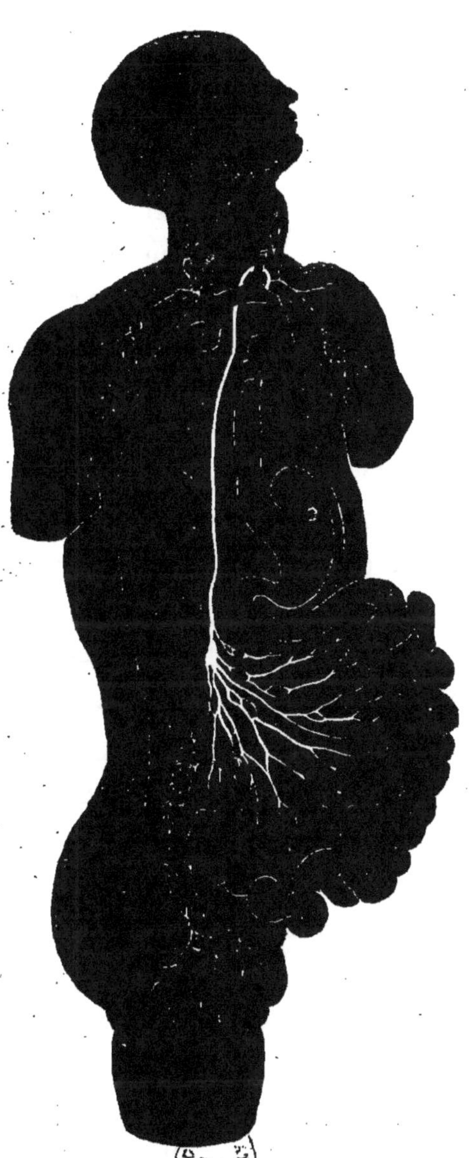

Fig. 29. — Vaisseaux lactés et lymphatiques.

9.

sont presque invisibles, parce qu'ils ne sont que purement lymphatiques et ne contiennent qu'un fluide incolore; mais, pendant la digestion, ils se présentent sous la forme d'une multitude de conduits fins, blancs et luisants, qui des plis du petit intestin convergent en tous sens, et viennent se réunir au réceptacle du chyle. De là, le chyle est transporté à travers le conduit thoracique, et versé enfin dans le sang de la veine sous-clavière. Quand la digestion est terminée et que tout le chyle a été extrait de la cavité de l'intestin, les vaisseaux lymphatiques de l'abdomen retournent à leur première condition, et redeviennent incolores et invisibles comme auparavant.

Ainsi, le chyle produit pendant la digestion est transporté dans la circulation par deux routes différentes; premièrement, par les vaisseaux sanguins de l'intestin à travers la veine porte et le foie, vers la veine hépatique; et, secondement, par les vaisseaux lactés et le conduit thoracique, vers la veine sous-clavière, et, ainsi, il est finalement mêlé en totalité avec le sang qui retourne au cœur.

59. Changement de l'aliment après son absorption. — L'histoire de l'absorption n'est pas encore terminée.

Jusqu'ici, nous avons vu comment les substances produites par la digestion sont prises du canal inteslinal, et mêlées au sang dans la circulation. Mais elles ne sont pas encore préparées pour la nutrition, puisqu'elles diffèrent encore des ingrédients naturels du sang : la matière albumineuse produite par la digestion n'est pas la même que l'albumine du sang. Le sucre aussi est une substance qui ne se trouve pas, en général, dans les vaisseaux sanguins ; et le chyle laiteux, si abondant dans la veine porte, pendant la digestion, n'est pas un ingrédient ordinaire du fluide circulant. Ces substances, par conséquent, doivent être plus amplement modifiées et transformées, avant que la nutrition du sang soit complète.

Cette transformation s'accomplit dans les vaisseaux sanguins. Aussitôt qu'elle est entrée dans les vaisseaux sanguins, l'albuminose qui a été absorbée par les veines intestinales disparaît et est remplacée par l'albumine naturelle du sang ; c'est une métamorphose ou conversion semblable à celle par laquelle l'albuminose a été elle-même produite par le suc gastrique dans la digestion. Les autres ingrédients du fluide circulant agissent sur elle par catalyse, et la changent en une substance nécessaire à la composition du sang.

Ainsi, l'albumine du sang est en définitive recrutée des éléments nutritifs de l'aliment ; mais c'est seulement lorsque ceux-ci ont subi une double transformation, d'abord en albuminose par l'influence du suc gastrique dans l'estomac, et secondement en albumine par l'influence du sang lui-même dans l'intérieur des vaisseaux.

Le sucre et les matières grasses disparaissent aussi, aussitôt qu'ils ont été reçus dans la circulation. Nous ne savons pas exactement ce qu'ils deviennent ; mais ils sont, en quelque sorte, amalgamés avec les ingrédients naturels du sang, et servent ainsi finalement à sa nutrition.

60. Excitation périodique de l'appareil digestif. — Enfin, toute l'opération de la digestion et de l'absorption est accompagnée d'une excitation et d'une congestion remarquables du canal alimentaire. Nous avons déjà vu comment la membrane interne de l'estomac se remplit de sang, lorsque l'aliment est transporté dans sa cavité. Le même phénomène se produit dans le petit intestin. Pendant l'acte de la digestion, sa membrane interne devient épaisse et plus vasculaire, au moment même où le mouvement péristaltique de ses parois est mis en activité. Pendant l'absorption, ses vaisseaux aussi se chargent de fluides nutritifs absorbés de sa cavité, et renvoient au cœur une plus grande quantité de sang qu'en un autre temps. Cela continue jusqu'à ce que l'opération de la digestion soit accomplie, et que tous les nouveaux matériaux aient été distribués dans la circulation.

Alors, l'excitation et l'activité extraordinaires du canal alimentaire se calment graduellement. Ses parois deviennent plus pâles et plus molles ; ses contractions musculaires moins fréquentes et moins actives ; et enfin, l'intestin entier est rendu à sa condition de repos ordinaire.

QUESTIONNAIRE.

1. Qu'est-ce que l'*absorption* ?
2. Quelles sont les *valvules conniventes* du petit intestin ?
3. Quelles sont les *villosités* du petit intestin ?
4. Quelle est la fonction des villosités ?
5. Qu'est-ce que l'*endosmose*, et quel est en le mécanisme ?
6. Comment la circulation du sang aide-t-elle à l'absorption ?
7. Comment les vaisseaux sanguins sont-ils disposés dans les villosités ?
8. Dans quelle veine se vident-ils ?
9. Que contient le sang de la *veine porte* pendant la digestion de l'aliment ?
10. A quel organe le sang est-il transporté par la veine porte ?
11. Après avoir traversé le foie, où le sang est-il transporté ?
12. Que deviennent les *fluides digestifs*, pendant la digestion et l'absorption de l'aliment ?
13. Quels sont les vaisseaux *lymphatiques* ou *absorbants* ?
14. Où commencent-ils et où se terminent-ils ?
15. Dans quel conduit se terminent les vaisseaux lymphatiques de l'abdomen ?
16. Où le *conduit thoracique* communique-t-il avec les veines ?
17. Quelle est l'apparence générale des vaisseaux lymphatiques et de la lymphe qu'ils contiennent ?
18. Quelle est l'apparence des vaisseaux lymphatiques de

l'intestin pendant la digestion, et pourquoi les nomme-t-on alors *lactés ?*

19. Quelles sont les deux routes par lesquelles le chyle est porté dans la circulation?

20. Quels changements se produisent dans les éléments de l'aliment après leur absorption ?

21. Comment la circulation est-elle changée dans le canal alimentaire, pendant la digestion, et quelle est sa condition, après que la digestion est terminée?

CHAPITRE VI

LE FOIE ET SES FONCTIONS.

Situation et structure du foie. — Ses lobules. — Conduits biliaires. — Sécrétion de la bile. — Vésicule biliaire. — Accumulation de la bile dans la vésicule biliaire. — Sa décharge dans les intestins. — Apparence et composition de la bile. — Sels biliaires. — Manière de les extraire de la bile. — Leur cristallisation. — Changements de la bile dans l'intestin. — Son absorption par le sang. — Fonction de la bile. — Formation du sucre dans le foie. — Son absorption par les vaisseaux sanguins. — Sucre finalement décomposé dans la circulation.

D'après ce que nous avons déjà appris, il est évident que le foie joue un rôle important dans l'opération de l'absorption. Placé dans le voisinage immédiat des organes digestifs, et uni avec eux par divers liens anatomiques, il est en quelque sorte associé avec eux dans leurs fonctions. C'est aussi le grand chemin par lequel passe le sang dans son cours de l'intestin au cœur, et où il subit certains changements d'une très-grande importance.

61. Situation et vascularité du foie. — Le foie

est un organe volumineux et solide, placé dans la partie supérieure et du côté droit de l'abdomen, un peu au-dessus du niveau de l'estomac. Si nous plaçons la main ouverte sur les côtes inférieures du côté droit du corps, elle couvrira presque exactement la place occupée par cet organe. Il reçoit, comme nous avons vu, la veine porte, qui se ramifie dans toute l'étendue de sa substance. Il est aussi pourvu d'une artère ; mais cette artère est relativement petite, et la plus grande partie du sang qui circule dans le foie lui vient des branches de la veine porte.

La première et la mieux connue des fonctions exercées par le foie est la production de la *bile*.

62. Structure et fonction sécrétoire du foie. — Si nous examinons la structure intime de cet organe, nous trouvons qu'il est composé d'un grand nombre de petites masses granulaires arrondies, étroitement serrées ensemble, qui se nomment « lobules ». C'est dans la substance de ces lobules que pénètrent les menus vaisseaux sanguins, et qu'ils y forment un fin réseau vasculaire.

Mais, outre ces vaisseaux sanguins, il y a un autre groupe de tubes également délicats, qui commencent dans la substance des lobules, et se réunissent dans les intervalles qui séparent ces lobules. Ils se groupent ensuite en branches comme celles des veines, et, continuant leur cours des parties les plus profondes de l'organe, ils émergent finalement par la grande fissure qui se trouve à sa surface inférieure. Ces petits tubes se nomment « les *conduits biliaires* ».

Le foie est, par conséquent, dégorgé dans toute sa substance par une multitude de petits conduits ou canaux semblables aux fossés qui forment le drainage d'un champ cultivé ; seulement, ces conduits sont de petite dimension et disséminés partout à travers l'organe, et finissent par se réunir à sa surface dans un tube ou écluse principale.

Or, à l'intérieur de ces conduits apparaît un fluide aqueux d'une couleur jaune brunâtre, et d'un goût amer, contenant plusieurs ingrédients d'une nature particulière. Ce fluide, c'est la *bile*. Elle se forme dans l'intérieur des lobules, et s'en écoule par de petits canaux qui se trouvent dans leur tissu. Tandis qu'elle s'accumule dans les plus petits conduits, elle remplit aussi les plus grandes branches, et est ainsi transportée dans le canal principal à la surface inférieure de l'organe.

Comment se fait-il que la bile soit formée dans la substance des lobules?

C'est un nouvel exemple de cette singulière transformation que nous avons déjà vue se produire dans plusieurs circonstances. On ne trouve dans le sang aucun des ingrédients les plus importants de la bile; et cependant le sang est la seule source d'où le foie tire sa nourriture. Mais comme les lobules prennent au sang ses éléments nutritifs, et les fixent dans leur propre substance, ils transforment ou changent quelques-uns de ces éléments en d'autres matières. Nous ne pouvons pas expliquer plus amplement la manière dont ce phénomène se produit; nous savons seulement que c'est une propriété appartenant au tissu des lobules, comme c'est la propriété du suc gastrique de changer les substances albumineuses dans la digestion. C'est ainsi que les éléments particuliers de la bile, en lui donnant son goût amer, sa couleur jaune et ses autres propriétés importantes, prennent origine et se manifestent dans l'intérieur du foie.

Le foie est, par conséquent, une espèce de fabrique dans laquelle se produit un nouveau fluide, différent du sang, qui cependant lui fournit ses éléments.

De la grande fissure qui se trouve à la surface inférieure de l'organe, le principal conduit biliaire descend vers le petit intestin, auquel il arrive à une distance de quelques pouces du pylore (*fig.* 18, *f*). Il traverse alors la paroi de l'intestin, et pénètre dans sa cavité par un petit orifice situé à la surface interne de la membrane qui le recouvre.

Ainsi la bile, d'abord produite dans le foie, est portée en bas par le conduit biliaire, et est finalement déchargée dans la partie supérieure du petit intestin.

Vers le milieu de l'intervalle qui sépare le foie de l'intestin, le conduit biliaire communique avec un sac membraneux, nommé la « vésicule biliaire ». C'est un sac arrondi, ayant la forme d'une poire, de trois pouces environ de longueur, attaché à la surface inférieure du foie. On peut la reconnaître chez l'homme, aussi bien que chez la plupart des animaux dont on se sert comme aliment, par sa forme et sa situation, et aussi par la bile liquide et de couleur foncée qui la remplit. La bile, en effet, s'accumule dans ce sac comme dans une espèce de réservoir. Une portion de cette bile descend toujours par le conduit biliaire, et se décharge de suite dans l'intestin ; mais une autre portion retourne dans le sac, surtout pendant les intervalles de la digestion, et s'y conserve pour un usage futur. Plus long est le temps qui s'est écoulé depuis la digestion, plus grande est la quantité de bile qui s'accumule dans le sac. Par conséquent, cet organe varie beaucoup de grandeur à des temps différents. Immédiatement après la digestion, il est petit et flasque ; mais si on l'examine après un, deux ou trois jours de jeûne, on le trouve rempli de bile, et ses dimensions premières sont doublées ou triplées.

En outre, la bile qui est contenue dans ce sac est un peu différente de celle qui se trouve encore dans les conduits biliaires. Dans ces conduits, pendant qu'ils parcourent la substance du foie, elle est déliée, aqueuse et jaunâtre; dans la vésicule, elle est plus épaisse, de couleur plus foncée et de consistance visqueuse. Elle subit donc un certain changement, pendant qu'elle est retenue dans le sac; et ce changement est dû principalement à la substance visqueuse ou « mucus », qui est sécrétée par le sac et mêlée avec la bile qu'il contient.

63. Apparence physique et ingrédients de la bile. — L'accumulation de la bile dans le réservoir de la vésicule biliaire nous permet de l'examiner avec facilité.

Au moment où elle sort du réservoir, la bile est plutôt un liquide visqueux d'une couleur brune jaunâtre, qui souvent présente différentes nuances de jaune et de vert. Si nous l'agitons avec de l'air dans un vase fermé, elle prend une apparence très-mousseuse et savonneuse, en se mêlant avec les globules d'air, qui s'unissent étroitement les uns aux autres à la surface du liquide.

Les ingrédients de la bile sont d'abord l'eau;

secondement, certaines substances de nature animale, combinées avec de la soude, qui sont ses éléments les plus spéciaux, et qu'on nomme en conséquence « les sels biliaires » ; troisièmement, d'une matière colorante qui donne à la bile sa nuance verdâtre ou brunâtre ; quatrièmement, de substances de nature grasse, et enfin d'ingrédients minéraux. Avec ces matières se trouve ordinairemant aussi, comme nous l'avons déjà mentionné, une petite quantité de mucus provenant de la membrane interne de la poche de la bile.

Les proportions de ces ingrédients sont les suivantes :

COMPOSITION DE LA BILE SUR 1000 PARTIES.

Eau..	880,00
Sels biliaires..............................	90,00
Matières colorantes et grasses............	13,42
Ingrédients minéraux......................	15,24
Mucus de la poche de la bile..............	1,34
	1000,00

De tous ces ingrédients ceux qu'on nomme les « sels biliaires » sont les plus importants. Ils peuvent être extraits de la bile sèche au moyen de l'alcool pur, puisqu'ils sont solubles dans ce fluide, et sont ainsi séparés des autres impuretés qui restent après. Mais si l'on ajoute ensuite de l'éther à la dissolution alcoolique, les sels biliaires se séparent du mélange et se déposent lentement en forme cristal-

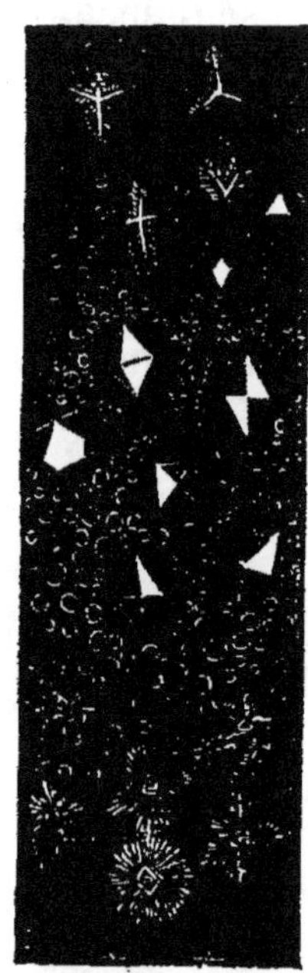

*Fig.*30.—Cristaux des sels biliaires de la bile humaine, grossis de 25 fois leur diamètre.

line : les cristaux sont d'abord très-petits, et présentent différentes formes. Ensuite ils augmentent graduellement de volume jusqu'à devenir quelquefois visibles à l'œil nu (*fig.* 30).

La *quantité entière* de bile qui est sécrétée chaque jour varie dans les différentes espèces d'animaux. En règle générale, elle est plus abondante chez ceux qui se nourrissent d'aliments végétaux que chez les carnivores. Chez l'homme, les meilleurs calculs démontrent que la quantité de bile sécrétée par jour est à peu près de deux livres et demie.

64. Fonction de la bile dans l'intestin. — A quoi sert la bile dans le canal alimentaire? Ce n'est pas une question facile à décider; car, malgré l'abondance de la bile et ses caractères remarquables, ses ingrédients si différents de ceux des autres sécrétions, et ses fonctions sont si obscures, que cette question a été regardée comme une des plus difficiles de celles qui sont relatives à la digestion et à l'absorption de l'aliment. Voici ce qu'on a appris réellement à cet égard.

D'abord la bile est sécrétée et versée dans le canal alimentaire en tout temps. Elle n'est pas comme le suc gastrique, qui ne se produit que pendant la digestion; mais elle est sans cesse formée par le foie et déchargée continuellement dans l'intestin par le conduit biliaire. Par conséquent, on la trouve toujours en quantité plus ou moins grande dans la cavité du canal alimentaire, dans lequel on peut la reconnaître facilement à sa couleur jaune, et par les réactifs chimiques employés pour la découvrir.

Cependant elle est versée dans l'intestin plus abondamment, au commencement de la digestion. Au moment et quelques minutes après que l'aliment a été reçu dans l'estomac, l'excitation de tout l'appareil digestif, qui commence, est communiquée à la poche de la bile. Les fibres musculaires de celle-ci se contractent, et elle verse ainsi la bile, qui y était accumulée, dans la partie supérieure du petit intestin. C'est pour cette raison que la poche de la bile reste vide aussitôt après la digestion, et se remplit de nouveau après un long intervalle.

Mais, après que la poche de la bile s'est vidée, le foie continue encore son active sécrétion, et la bile qu'il produit ne cesse d'être transportée dans la cavité intestinale.

Ici, cependant, elle disparaît graduellement. Abondante dans la partie supérieure du petit intestin, elle l'est moins dans les parties moyennes et inférieures, et, à la fin, on ne peut plus la reconnaître ni à sa couleur ni par ses réactifs chimiques. Ces réactifs démontrent aussi qu'elle n'a pas été expulsée du corps; elle est, par conséquent, retirée du canal alimentaire et transportée par les vaisseaux sanguins, en même temps que les éléments digérés de l'aliment. Mais, avant d'être absorbée dans la cavité de l'intestin, elle subit un changement. Ses ingrédients particuliers, les sels biliaires, sont transformés en d'autres matériaux par l'influence des fluides intestinaux, et sont ainsi entraînés dans le courant de la circulation.

Nous ne savons pas ce que sont ces nouveaux matériaux, mais nous savons qu'ils sont nécessaires à la vie ; car si la bile n'est pas sécrétée, et si, par suite de quelque obstacle, elle ne peut entrer dans l'intestin, les animaux, dans ces conditions, périssent débilités et amaigris.

Ainsi la bile traverse le canal alimentaire, non pas dans le but d'aider à la digestion de l'aliment, mais pour que ses propres ingrédients soient changés et convertis en d'autres substances. Le sang a besoin de ces substances pour sa nutrition, et elles sont par conséquent produites par le moyen de la sécrétion biliaire.

Cela s'accomplit encore par une double transformation. Comme la chair musculaire de nos aliments est convertie d'abord en albuminose par l'estomac, et ensuite en albumine par les vaisseaux sanguins, de même certains éléments du sang sont transformés par le foie en des sels biliaires, et ceux-ci sont à leur tour transformés dans l'intestin en de nouveaux matériaux, qui sont finalement absorbés par les vaisseaux sanguins de sa membrane interne.

65. Formation du sucre dans le foie. — Outre la formation de la bile, le foie remplit une autre tâche très-importante, la production du *sucre*.

Nous avons vu que, lorsque l'amidon est pris avec l'aliment, il est changé en sucre par la digestion; et ce sucre est absorbé par les vaisseaux sanguins et transporté dans la circulation. Mais il y a beaucoup d'animaux qui ne prennent jamais ni amidon ni sucre dans leur aliment. Tels sont les carnivores, c'est-à-dire ceux qui vivent entièrement de la chair des autres animaux. Leur aliment ne contient aucune substance végétale, et par conséquent aucun élément amylacé.

Or, c'est un fait très-curieux, que chez ces animaux la substance du foie contient toujours du sucre. Même lorsqu'ils ne se sont nourris, pendant plusieurs semaines ou même plusieurs mois, que de chair animale, on trouve encore du sucre dans le tissu de leur foie. Bien plus, aucun autre organe du corps ne contient cette substance, et même le sang qui est fourni au foie, en est également dépourvu.

Par conséquent, dans ces cas, c'est le foie lui-même qui forme le sucre avec d'autres matériaux. Il serait trop long de décrire toutes les expériences ingénieuses et précises, par lesquelles les physiologistes sont arrivés à cette conclusion; mais on ne doute plus aujourd'hui que, chez les animaux carnivores, le sucre ne se forme réellement dans le foie, quoique cette substance n'ait été prise nullement avec l'aliment.

Il en est de même chez l'homme et chez les animaux herbivores ou qui se nourrissent de végétaux; car, chez eux aussi, le foie contient une certaine proportion de sucre, quelle que soit la nature de l'aliment consommé; et cette proportion est souvent plus grande que celle que pourrait produire le procédé digestif.

Le sucre ainsi produit est formé dans le tissu solide de l'organe lui-même. Ce tissu absorbe du sang lés éléments nutritifs, et ensuite en transforme une partie en un ingrédient saccharin. Le même tissu, comme nous l'avons déjà vu, contient aussi les éléments de la bile : et c'est pour cette raison que les foies de certains animaux, lorsqu'on les cuit comme aliments, ont un goût doux et amer à la fois.

66. Absorption et décomposition du sucré du foie. — Mais le sucre, une fois formé, ne reste pas dans le foie. Il est aussitôt absorbé par les vaisseaux sanguins de l'organe ; et ainsi, entrant dans la circulation, il s'avance avec le sang des veines hépatiques vers le cœur. C'est pour cela que, dans plusieurs cas, le sang de la veine porte, qui vient vers le foie, ne contient aucun sucre ; tandis que le sang des veines hépatiques qui sort du foie, est chargé de cette substance qu'elles absorbent dans le tissu de l'organe, au moment de leur passage.

Aussitôt après, le sucre disparaît entièrement. Nous avons déjà vu comment celui qui est produit par la digestion, est finalement décomposé dans la circulation ; la même chose arrive à celui qui est absorbé du foie. Aucune partie n'en peut être retrouvée dans le sang de la circulation générale.

Il se produit, par conséquent, dans le foie deux substances différentes, qui en sortent dans deux directions opposées : premièrement, la *bile*, qui est absorbée par les conduits biliaires et portée en bas dans l'intestin ; et secondement, le *sucre*, qui est absorbé par les vaisseaux sanguins et transporté en haut au cœur. Dans l'un et l'autre cas, ces sécrétions sont ensuite décomposées en de nouvelles substances, qui finalement prennent leur place comme ingrédients du sang circulant.

QUESTIONNAIRE.

1. Quelle est la situation du *foie?*
2. Quel est le principal vaisseau qui lui fournit le sang?
3. Quelle est la principale sécrétion produite par le foie ?
4. Qu'est-ce que les *lobules* du foie ?
5. Quels conduits prennent leur origine dans la substance des lobules ?
6. Où la bile fait-elle sa première apparition dans le foie ?
7. Comment les lobules produisent-ils les ingrédients de la bile?
8. Où la bile est-elle transportée par le principal conduit biliaire ?
9. Quelle est la situation et la forme de la *vésicule-biliaire?*
10. Quel en est l'usage ?
11. A quel moment la bile s'accumule-t-elle dans la vésicule biliaire ?
12. Comment est-elle changée pendant son séjour dans ce sac ?
13. Quelle est la consistance de la bile ? sa couleur ?
14. Quels sont ses ingrédients? Quels sont les plus importants d'entre eux ?
15. Comment les sels biliaires peuvent-ils s'extraire de la bile ?

16. La bile est-elle plus abondante chez les animaux carnivores que chez les herbivores?

17. Combien s'en produit-il dans l'homme pendant vingt-quatre heures?

18. La bile est-elle produite *par intervalles* ou *continuellement*?

19. A quel moment est-elle versée dans l'intestin avec plus d'abondance?

20. Que devient la bile, après qu'elle a été versée dans l'intestin?

21. Quelle autre substance est produite dans le foie, outre la bile?

22. Comment savons-nous que le *sucre* se forme dans le foie?

23. Que devient le sucre produit par le foie?

CHAPITRE VII

LE SANG.

Ingrédients du sang. — Eau. — Sels. — Chaux. — Albumine. — Propriétés de l'albumine. — Fibrine, ses propriétés. — Globules du sang. — Leur forme. — Volume. — Couleur. — Consistance. — Globules blancs. — Quantités des différents ingrédients du sang. — Coagulation du sang. — Caillot. — Sérosité. — Coagulation dépendant de la fibrine. — Utilité de la coagulation pour arrêter l'hémorrhagie. — Pourquoi le sang ne se coagule pas dans les vaisseaux. — Production et décomposition journalière de la fibrine. — Quantité totale du sang dans le corps. — Sa variation. — Variations dans la composition du sang. — Deux espèces différentes de sang dans le corps.

Nous arrivons maintenant à l'étude de ce fluide remarquable qui contient tous les matériaux nécessaires à la nutrition, et qui pourvoit à l'entretien ordinaire de tout le corps. Nourri lui-même par les éléments de l'aliment digéré, qu'il a absorbés de l'intestin, il leur fait prendre une nouvelle forme, lorsqu'ils entrent dans les vaisseaux sanguins, et les convertit en ses propres ingrédients. Ainsi le sang est constamment maintenu dans une saine condition par la provision incessante de nouveaux matériaux. Par conséquent, tous les procédés de la digestion et de l'absorption ont pour but la nutrition du sang.

67. Apparence physique et composition du sang. — Le sang est un fluide épais et opaque, d'une riche couleur rouge foncé, qui lui est si particulière, qu'elle seule suffit ordinairement pour la faire reconnaître. Il contient plusieurs ingrédients différents, dont les plus importants sont : 1° *l'eau* ; 2° des *substances minérales*, et 3° des *matières albumineuses*.

C'est l'eau qu'il contient, qui donne au sang sa fluidité. Car si l'eau en est chassée par l'évaporation, les autres ingrédients restent, après, sous la forme d'une masse sèche, qui serait entièrement inutile pour l'objet de la nutrition. Mais, dans sa condition naturelle, l'eau du sang réunit tous ses autres ingrédients dans un liquide uniforme, qui se meut facilement à travers les vaisseaux sanguins, et qui dissout les substances nouvelles absorbées du dehors. Dans son ensemble, l'eau forme plus des trois quarts de toute la masse du sang.

Les ingrédients minéraux sont en bien plus petite proportion. Le plus abondant est le *sel commun* qui, nous le savons, est pris avec l'aliment, et est un ingrédient nécessaire de tous les tissus. Il ne forme cependant que 4 parties, à peu près, sur 1000 de la substance du sang. Les combinaisons de *chaux* que les os et les dents requièrent pour leur nourriture, se trouvent dissoutes en plus petite quantité encore dans les fluides animaux du sang. On trouve aussi présentes dans le sang, d'autres substances minérales de plusieurs espèces dans des proportions nécessaires.

Mais, de tous les ingrédients du sang les plus remarquables sont les *matières albumineuses*. Ce sont ces substances qui lui donnent sa consistance épaisse et l'aspect d'un fluide animal, et qui ont aussi le rôle le plus important dans la nutrition du corps. Elles sont de deux espèces différentes, qui sont naturellement unies ensemble dans le sang sous une forme liquide.

La première de ces substances, c'est l'*albumine*. Nous pouvons nous former une idée assez exacte des caractères de l'albumine par le blanc d'œuf frais, qui porte le même nom. Toutefois, celui-ci n'est pas exactement la même chose que l'albumine du sang; mais pourtant ces deux substances ont entre elles une étroite ressemblance. On peut, en les faisant bouillir, les coaguler toutes les deux, et elles deviennent ainsi solides, blanches et opaques. La principale différence entre elles est, que le blanc d'œuf frais est en partie gélatineux dans sa consistance, tandis que l'albumine du sang est parfaitement fluide, et, pour cette raison, elle peut facilement circuler dans les veines, ou couler d'une veine dans une autre.

L'albumine forme environ 40 parties sur 1000 du sang, ou $\frac{1}{25}$ de toute sa masse. Elle représente en grande partie la nourriture concentrée provenant de l'aliment; car, c'est probablement en cette substance que la majeure partie de l'albuminose est convertie, après avoir été absorbée de l'intestin pendant la digestion. C'est l'élément dont se forment ensuite les tissus du corps.

L'autre matière animale du sang, c'est la *fibrine*. Bien que celle-ci soit en très-petite quantité et qu'elle forme seulement deux parties sur mille, elle constitue un ingrédient excessivement curieux et important. Car elle possède une propriété qui n'appartient à aucune autre substance animale, la propriété de la coagulation spontanée, c'est-à-dire qu'elle se coagule par elle-même sans être bouillie ou mise en contact avec un acide, ou traitée par quelque autre substance chimique que ce soit. Nous verrons plus loin quel caractère important cette propriété donne au sang.

Mais ces substances ne sont que les portions liquides du sang. Elles sont toutes dissoutes l'une dans l'autre, et forment un fluide tout à fait transparent et presque incolore. En outre, la mixture liquide contient une multitude de petits corps arrondis, qui rendent le sang opaque et lui donnent sa couleur rouge. Ces corps sont si abondants, qu'ils sont groupés ensemble par milliers, dans chaque goutte de sang, et sont si petits qu'ils ne sont visibles qu'à l'aide du microscope. On les appelle les *globules du sang*.

68. Globules du sang. — Si nous examinons une goutte de sang au microscope, nous voyons les globules flotter en abondance dans les parties fluides : chacun d'eux se présente sous la forme d'un petit corps circulaire et plat ou d'un disque mince, à peu près semblable à une pièce de monnaie : seulement les bords sont

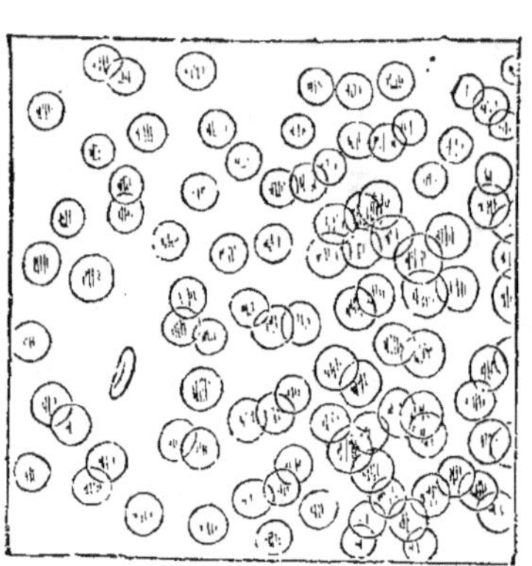

Fig. 31.—Globules du sang fort grossis.

arrondis et un peu plus épais que la partie centrale. Dans le sang humain ils ont environ $\frac{1}{3000}$ de pouce de diamètre, mesurés sur leur surface plate, et environ $\frac{1}{16000}$ de pouce d'épaisseur (*fig.* 31).

Les globules du sang sont d'une consistance excessivement molle et flexible. En effet, ils sont presque fluides, comme des gouttes d'huile très-épaisses ou de miel; seulement ils ne se dissolvent pas dans les autres parties du sang, mais conservent leur forme et leur substance propre. Aussi, lorsqu'ils se meuvent dans le fluide, comme on l'observe souvent au microscope, en suivant des courants accidentels dans le sang, en passant à travers d'étroits canaux, en se roulant au milieu des autres globules, on les voit s'entrelacer les uns avec les autres, se courber, s'allonger de plusieurs manières, et ensuite reprendre leur forme naturelle. Cette consistance particulière, demi-fluide et flexible, est un de leurs caractères les plus remarquables.

Lorsqu'on les examine au microscope dans une couche mince traversée par la lumière, ils présentent une couleur d'ambre très-pâle et sont presque transparents. Malgré cela, ils constituent toute la couleur rouge du sang, et lorsqu'on les voit superposés en cinq ou six couches seulement, ils montrent distinctement la couleur rouge-vermeil qui leur est propre. En outre, s'ils sont séparés par filtration, ou par tout autre moyen, ou si le sang ne les contient pas dans leur quantité naturelle, celui-ci devient plus pâle en proportion exacte du nombre des globules qui font défaut.

Ces globules communiquent aussi au sang leur opacité. Quoique chaque globule soit par lui-même transparent, cependant, quand ils sont groupés ensemble et mêlés aux parties fluides du sang, le tout devient opaque et en apparence impénétrable à la lumière. Cela arrive, parce que les globules du sang et ses parties fluides sont d'une nature et d'une composition différentes. C'est aussi ce qui arrive, quand l'huile est émulsionnée par une solution aqueuse alcaline. L'huile est transparente par elle-même, et il en est de même du liquide alcalin. Mais, si on les mêle ensemble, le tout devient blanc et opaque comme le lait. De même les globules du sang et ses parties fluides, mêlés ensemble, produisent un liquide épais, rouge et opaque.

Les globules rouges sont les éléments vivifiants du sang. Ils lui communiquent des propriétés vivifiantes et stimulantes, par lesquelles tous les organes sont maintenus dans une condition d'activité vitale. Nous comprendrons plus amplement leur action, quand nous viendrons à étudier dans tous leurs détails les fonctions de la respiration et de la circulation. Nous verrons alors quelle est la fonction précise de ces globules, etquel rôle important ils remplissent.

Outre les globules rouges, le sang contient d'autres petits corps de forme et d'aspect différents, ce sont les *globules blancs*. Ceux-ci sont beaucoup moins nombreux que les rouges; car ils sont seulement au nombre de trois ou quatre pour chaque mille des autres. Ils sont un peu plus gros, mesurant $\frac{1}{2500}$ de pouce de diamètre, d'une forme arrondie et d'une texture finement granulée. Ils sont d'ordinaire cachés, pour la plupart, au milieu de la grande quantité des globules rouges.

Si l'on cherche à reconnaître par l'analyse les ingrédients du sang, on trouve qu'ils sont mêlés ensemble dans les proportions suivantes :

COMPOSITION DU SANG SUR 1000 PARTIES.

Eau	795
Globules	150
Albumine	40
Fibrine	2
Autres matières animales	5
Substances minérales	8
	1000

69. Coagulation du sang. — Telles sont les propriétés et la constitution du sang, pendant qu'il circule dans l'intérieur du corps. Mais, s'il est retiré des vaisseaux, un changement très-remarquable a lieu, qui altère son apparence entière. Ce changement, c'est la *coagulation*.

Quand un individu est saigné au bras ou blessé accidentellement, le sang coule de la veine ouverte sous la forme d'un jet parfaitement liquide; mais, aussitôt après sa sortie, il commence à paraître plus épais qu'auparavant. Il ne pourra plus s'écouler en gouttes, ni mouiller aussi aisément les doigts qui le touchent. Quand cette altération a une fois commencé, elle va en augmentant rapidement : le sang devient de plus en plus épais, jusqu'à ce qu'il se fige en une masse uniforme, ferme, élastique et semblable à une gelée. On dit alors qu'il est « coagulé » ou « caillé ». Ce changement est ordinairement complet, vingt minutes environ après que le sang a été tiré des veines.

Or, cette coagulation du sang dépend entièrement de sa *fibrine*. Cette substance a seule la propriété de se coaguler spontanément. Aucun des autres ingrédients ne peut se solidifier de cette manière ; et, si la fibrine est retirée, le sang perd entièrement son pouvoir de coagulation.

Mais comment se fait-il que tout le sang se coagule en une seule masse, si ce pouvoir appartient exclusivement à la fibrine ?

C'est parce que la fibrine, quoiqu'en très-petite quantité, si on la compare aux autres substances du sang, est répandue uniformément dans toute la masse ; et, par conséquent, lorsqu'elle se coagule, étant retirée des vaisseaux, elle entraîne avec elle tous les autres ingrédients, et les tient emprisonnés dans sa propre substance. Par conséquent, l'eau du sang, l'albumine, les globules, etc. sont tous mécaniquement retenus par la fibrine coagulante.

Mais, peu après, une séparation partielle a lieu entre ces ingrédients. La fibrine devient encore plus solide ; et, en se contractant sur elle-même, elle exprime de sa substance les portions liquides du sang, et les expulse de l'intérieur de ses mailles. Des gouttes d'un fluide clair et de couleur d'ambre commencent à exsuder de sa surface, et ces gouttes, s'élargissant de plus en plus, se réunissent en petits amas liquides, qui s'étendent encore, jusqu'à ce que la surface entière soit recouverte par le liquide transparent. Le reste du caillot devient en même temps plus petit et plus ferme, jusqu'à ce que la totalité de la masse soit séparée d'une manière permanente en deux parties, l'une solide et l'autre liquide. La partie solide se nomme *caillot*, la partie liquide se nomme le *sérum* ou la *sérosité*.

Si, par conséquent, on examine une coupe pleine

de sang, douze heures après qu'il a été extrait des veines, on verra qu'il ne présente plus une masse uniforme, mais qu'il se présente comme un caillot solide, flottant dans le sérum transparent.

Pendant ce temps, le caillot reste encore ferme, rouge et opaque, parce qu'il contient tous les globules du sang ainsi que la fibrine. Car ces globules ne peuvent pas s'échapper du caillot à cause de leur forme et de leur volume, et sont, par conséquent, retenus par les mailles de la fibrine coagulée. D'un autre côté, le sérum est transparent et presque incolore : il contient toute l'albumine, l'eau et les autres substances qui y sont dissoutes.

70. Importance de la coagulation. — Or, cette coagulation du sang est une propriété de la plus grande importance ; car c'est elle seule qui nous empêche de saigner jusqu'à la mort, après la plus légère incision ou lésion subie par les vaisseaux sanguins. Toutes les fois que ces vaisseaux sont ouverts par une coupure accidentelle dans la peau ou dans les muscles, le sang coule d'abord avec une grande liberté, selon la grandeur de la blessure ; mais, si nous pressons fortement la partie blessée à l'aide d'un bandage ou des doigts, et qu'après de courts instants, nous fassions cesser la pression, nous voyons que l'écoulement s'est arrêté complétement.

Cela est dû à ce que la légère couche de sang qui se trouve entre les bords des vaisseaux ouverts s'est coagulée et a bouché l'ouverture. Peu importe l'épaisseur ou la finesse de cette couche, elle se coagule toujours ; car chaque particule du sang, quelque petite qu'elle soit, contient sa proportion requise de fibrine, et, en conséquence, se solidifie en un temps convenable. Le caillot ainsi formé adhère aux bords de la partie blessée, et fait la fonction d'un bandage ou d'un tampon permanent, jusqu'à ce que les tissus se rejoignent et s'unissent d'une manière définitive.

C'est ainsi que tout saignement causé par des blessures ordinaires s'arrête, en général, naturellement. Il n'importe que le sang coule librement d'abord ; si l'on tient les parties constamment comprimées, pendant vingt ou trente minutes, la fibrine se coagulera et le saignement sera arrêté.

Mais, lorsque la blessure est très-profonde ou qu'une des artères principales a été coupée, ce moyen ne réussit pas ; car le sang vient avec une telle force de ces grands vaisseaux, qu'il ne peut pas être arrêté par une pression ordinaire ; ce qui ne lui laisse pas le temps suffisant pour la coagulation permanente. Alors il faut demander l'assistance du chirurgien, qui est souvent obligé de rechercher les vaisseaux sanguins dans les parties les plus profondes de la blessure, et d'en lier les extrémités béantes avec un fil ou un cordon fin. Il est nécessaire d'expliquer ici plus amplement la cause du succès de cette opération.

71. Coagulation dans l'intérieur du corps. C'est un fait digne de remarque, que le sang se coagule non-seulement en dehors du corps, mais encore dans son intérieur, *toutes les fois qu'il est détourné du cours ordinaire de la circulation.* Ainsi, si nous recevons une contusion et que les petits vaisseaux qui se trouvent sous la peau, soient déchirés, le sang qui en sort, se coagule dans le voisinage de la blessure. Tout saignement interne produit dans un certain temps un caillot à l'endroit où le sang s'est épanché. Après la mort aussi, la coagulation a lieu dans les cavités du cœur et dans les grandes veines qui les avoisinent ; et, toutes les fois qu'une partie quelconque du corps est lésée de manière à arrêter la circulation, le sang se coagule nécessairement dans ses vaisseaux.

Par conséquent, lorsque le chirurgien place une ligature sur un vaisseau blessé, il y arrête la circulation. Le sang est emprisonné dans le voisinage de la ligature, et, aussitôt après, se coagule et bouche la cavité du vaisseau avec sa fibrine solidifiée. Après un certain temps, la ligature se sépare et est rejetée, et les parties blessées se réunissent par la cicatrisation des tissus.

Nous voyons, par conséquent, que la coagulation du sang est une propriété qui appartient à la fibrine, et qui est spontanée. Aussitôt que la fibrine est formée, elle possède cette propriété, qui la distingue de toutes les autres substances. Cette propriété ne se manifeste pas immédiatement ; car le phénomène a besoin d'un certain temps pour son accomplissement ; mais la fibrine, par sa nature même, quelque part qu'elle soit, très-peu de temps après avoir été retirée de la circulation, présente ce caractère particulier et se coagule inévitablement.

Pourquoi donc ne se coagule-t-elle pas dans les vaisseaux, et n'arrête-t-elle pas ainsi la circulation du sang ?

Pour comprendre cela, il faut se rappeler que l'histoire de toutes les substances animales dans le corps vivant est une histoire de changements incessants. Aucune d'elles ne reste la même, mais toutes subissent des transformations successives. L'albuminose formée dans la digestion n'est pas plutôt prise par les vaisseaux sanguins qu'elle est convertie en albumine. Les matières grasses absorbées avec le chyle et le sucre produit dans le foie sont aussi rapidement décomposés, comme nous l'avons vu, et disparaissent dans la circulation. Ce qui est détruit de cette manière pour servir à la nutrition est constamment remplacé par une nouvelle quantité formée dans les mêmes organes.

Cela est vrai aussi de la fibrine. Celle qui circule aujourd'hui dans les vaisseaux sanguins n'est pas la même que celle qui y circulait hier, mais une nouvelle provision fraîchement produite dans les procédés de la digestion quotidienne. Les physiologistes estiment que toute la fibrine qui existe dans le sang est détruite et reproduite au moins trois fois dans le cours d'une seule journée. On ne connaît pas encore quelles sont les nouvelles substances qui sont formées par sa décomposition; car nous ne pouvons pas encore suivre tous les détails de ces changements, qui s'opèrent si rapidement dans le corps vivant. Mais il y a toute raison de croire que le renouvellement de la fibrine dans le sang se fait aussi constamment et aussi rapidement que celui des autres ingrédients.

Le sang, par conséquent, ne se coagule pas pendant que la circulation a lieu, parce que sa fibrine est sans cesse modifiée et convertie en de nouvelles substances. On a reconnu que dans quelques-uns des organes internes, surtout dans le foie et dans les reins, la fibrine disparaît, et que le sang qui en revient, n'en contient que peu ou point. Quand nous en serons à étudier avec quelle rapidité se fait la circulation, nous comprendrons facilement comment la coagulation peut être ainsi empêchée. Mais si on enlève entièrement le sang de la circulation, ou qu'on le confine dans quelque partie par une ligature, alors sa fibrine ne peut plus éprouver les changements naturels de sa décomposition; et, par conséquent, elle se coagule, comme nous l'avons exposé plus haut.

72. Quantité du sang. — La quantité totale du sang dans les vaisseaux est environ la huitième partie du poids du corps entier. Ainsi, dans un homme qui pèse 190 livres, la quantité du sang est très-approximativement de bien près de 18 livres. Cependant la quantité du sang, de même que sa composition, varie quelque peu selon les circonstances. Aussitôt après la digestion, elle est considérablement augmentée, parce que l'homme a absorbé tous les éléments nutritifs de l'aliment qu'il a pris, et ces éléments doivent nécessairement s'incorporer au sang pour arriver jusqu'aux tissus. Après une longue abstinence, la quantité du sang se trouve diminuée à un degré correspondant. Pour la même raison, sa composition subit aussi une certaine variation, puisque ses différents ingrédients diminuent ou augmentent, selon qu'ils ont été déchargés ou absorbés en plus ou moins grande abondance.

73. Effets produits par la perte du sang. — Pour que le système n'éprouve pas un trouble sérieux, il faut que le corps ne perde qu'une petite quantité de sang. En général, la perte d'une livre de sang amène le défaillance, et celle d'une livre et demie ou de deux livres fait perdre complétement connaissance. Si l'hémorrhagie est alors arrêtée, le patient se remet ordinairement; mais, s'il perd une plus grande quantité de sang, son rétablissement devient impossible.

Cependant, lorsque les forces ont été considérablement affaiblies par une hémorrhagie excessive, elles peuvent être quelquefois réparées par l'injection dans les vaisseaux sanguins d'un sang sain tiré d'une autre personne. C'est ce qu'on appelle « la transfusion du sang ». Dans quelques cas où les forces vitales étaient presque entièrement épuisées, on est parvenu par cette opération à rétablir la vie.

74. Deux différentes espèces de sang dans le corps. — Enfin l'apparence du sang offre une différence très - remarquable dans diverses parties du corps. Dans une moitié de la circulation, c'est-à-dire, dans tous les vaisseaux qu'on appelle « artères », il est d'une nuance brillante, écarlate, tandis que dans les « veines », il est d'une couleur bleu pourpre foncé, presque noir. Ces deux espèces de sang se suivent l'une l'autre dans la circulation, changeant alternativement d'une couleur à l'autre; de sorte que, quoiqu'il y ait toujours du sang rouge dans les artères et toujours du sang bleu dans les veines, le même sang est pourtant alternativement écarlate et pourpre, selon qu'il passe d'un système de vaisseaux dans l'autre. Ceci nous amène à la respiration, qui est le sujet du chapitre suivant.

QUESTIONNAIRE.

1. Quel fluide pourvoit à la nourriture de tout le corps?
2. Quelle est l'apparence physique du sang?
3. Quels sont les ingrédients du sang?
4. Quel est l'usage de l'*eau* du sang?
5. Quelle est la proportion de l'eau dans le sang?
6. Quels sont les ingrédients *minéraux* les plus importants du sang?
7. Quelles sont les propriétés de l'*albumine* du sang, et en quoi diffère-t-elle du blanc d'œuf?
8. Quelle est la proportion de l'albumine dans le sang?
9. Quel en est l'usage?
10. Quelle est la propriété caractéristique de la *fibrine*?
11. Quelle est l'apparence des *globules du sang*? Quelle est leur consistance?
12. La *couleur* du sang réside-t-elle dans ses parties liquides ou dans ses globules?

13. Quel changement a lieu dans le sang, lorsqu'il est retiré des vaisseaux?

14. Quel est celui des ingrédients du sang qui est la cause de sa coagulation?

15. Décrivez la séparation du sang en *caillot* et en *sérum.*

16. Que contient le caillot? Que contient le sérum?

17. Comment la coagulation du sang arrête-t-elle l'hémorrhagie?

18. Que doit-on faire pour arrêter l'hémorrhagie d'une blessure ordinaire?

19. Que doit-on faire quand une grande artère est blessée?

20. Pourquoi le sang ne se coagule-t-il pas, pendant qu'il circule dans les vaisseaux?

21. Avec quelle rapidité la fibrine du sang est-elle détruite et reproduite?

22. Dans lequel des organes internes disparaît-elle?

23. Pourquoi se coagule-t-elle, quand elle est retirée de la circulation?

24. Quelle est la *quantité de sang* contenue dans le corps entier?

25. Quel est l'effet produit par une perte excessive de sang?

26. Quelle est l'opération de la *transfusion?*

27. Quelles sont les *deux espèces de sang qui se trouvent dans le corps?*

CHAPITRE VIII

LA RESPIRATION.

L'oxygène de l'air. — Il est nécessaire pour la vie. — Nature de la respiration. — Les poumons. — Leur structure. — Larynx. — Trachée. — Tubes bronchiques. — Lobules. — Vésicules aériennes. — Mouvement d'inspiration. — Le diaphragme. — Contraction du diaphragme. — Entrée de l'air. — Muscles intercostaux. — Mouvement des côtes. — Mouvement d'expiration. — Élasticité des poumons. — Quantité d'air employée dans la respiration. — Mouvements de respiration involontaires. — Effet de la respiration sur le sang. — Changement de couleur du sang. — Sang veineux et sang artériel. — Absorption de l'oxygène dans les poumons. — Perte d'oxygène dans les tissus. — Acide carbonique. — Où se forme-t-il ? — Expulsion de l'acide carbonique par l'expiration. — Vapeur animale. — Vapeur aqueuse. — Ventilation. — Ventilation par les portes et par les fenêtres, par les feux et par les cheminées. — Par d'autres moyens. — Nécessité d'une ventilation complète.

75. Oxygène. — L'air qui nous entoure, qui pénètre dans les crevasses les plus menues, qui est distribué sur toute la surface du globe, dissous dans l'eau, répandu dans l'atmosphère, invisible, mais présent partout, renferme une substance d'une singulière activité, et qui a une part considérable dans les opérations de la nature. Cette substance forme et détruit les vapeurs odoriférantes ; elle ronge les métaux; elle fait tomber en morceaux la texture ligneuse des arbres, décompose tous les matériaux qui sont morts ou qui dépérissent, et dévore la substance des corps qui brûlent. Elle est partout active et partout prête à produire quelques nouveaux changements dans les matières du monde inorganique : cette substance, c'est l'*oxygène.*

L'oxygène est également important dans le monde organique. Aucun animal ne peut vivre sans lui ; ce principe est incessamment en action, s'unissant aux tissus, et formant une multitude de combinaisons internes, nécessaires à l'existence. En outre, l'activité de la vie dans diverses espèces d'animaux est en proportion exacte de l'intensité avec laquelle ils reçoivent l'influence de l'oxygène. Les plus paresseux d'entre eux, tels que les vers, les coquillages et les reptiles, n'exigent que très-peu d'oxigène, et vivent encore, quoiqu'ils s'en trouvent privés, pendant un court espace de temps. Mais plus parfaite est l'organisation de l'animal et plus actif son tempérament, plus impérieux et plus constant est son besoin d'oxygène. Dans les quadrupèdes, dans les oiseaux et dans l'espèce humaine, où la circulation est rapide et les mouvements énergiques, et où toutes les fonctions de la vie sont très-actives, cette substance est la première et la plus indispensable à l'existence. Chez eux l'oxygène est un aliment qui doit être incessamment fourni, car, s'il leur est retiré seulement pendant quelques minutes, la vie cesse inévitablement.

76. L'atmosphère et la respiration. — Or, le grand réservoir de l'oxygène et la source où il est constamment puisé pour notre usage, c'est l'atmosphère.

L'oxygène, cependant, n'existe pas seul dans l'atmosphère ; au contraire, il y est mêlé avec une autre substance, plus abondante que lui, mais qui ne possède pas ses propriétés actives. Cette substance se nomme « azote ». La quantité de ces deux substances est dans la proportion suivante : il y a une partie d'oxygène et environ quatre parties d'azote. L'atmosphère est donc un mélange de ces deux gaz, dans lequel l'oxygène, qui est actif et puissant, est délayé dans l'azote, qui est doux et inerte.

En conséquence, nous dépendons directement de l'atmosphère pour la conservation de la vie. Si nous en sommes privés de quelque manière que ce soit, nous mourons en très-peu de temps ; parce que nous manquons de l'oxygène, qui est essentiel à notre existence.

C'est en pénétrant dans l'intérieur du corps, dans certains organes disposés pour le recevoir, que l'air sert à entretenir la vie. Ces organes sont appelés les « poumons ». L'air est attiré dans ces poumons avec l'haleine et, immédiatement après, exhalé pour faire place à une nouvelle provision. Cette action par laquelle l'air est introduit dans les poumons, et y est employé pour l'entretien de la vie, constitue la fonction de la *respiration*.

Voyons d'abord comment s'accomplissent les mouvements de la respiration, et nous verrons ensuite quels sont les changements produits par ces mouvements, dans l'intérieur du corps.

77. Les organes de la respiration. — Les poumons sont deux grands organes excessivement vasculaires, situés dans la cavité de la poitrine, un de chaque côté, et s'étendant à peu près du niveau de la clavicule jusqu'au-dessous de la région du cœur exactement. Ils sont « spongieux » dans leur texture, c'est-à-dire, qu'ils sont remplis partout de petites cavités, imparfaitement séparées les unes des autres par de minces compartiments, comme le tissu de l'éponge. Chacune de ces cavités est remplie d'air, et elles sont si menues et tellement serrées les unes contre les autres, que toute la substance du poumon est ainsi remplie de petites bulles d'air disséminées dans son tissu. Ainsi, si l'on presse entre les doigts un morceau du poumon d'un bœuf ou d'un mouton, par exemple, on sent une légère sensation de craquement, qui est due au déplacement partiel de ces menues bulles d'air.

Pour la même raison, le tissu du poumon, contrairement à ce qui arrive à tous les autres organes, flotte sur l'eau. La substance des autres organes, étant solide et plus pesante que l'eau, plonge immédiatement au fond, mais celle des poumons, partout infiltrée d'air, est soutenue par lui, et flotte légèrement à la surface de l'eau.

Ces petites cavités contenant les bulles d'air, et qui viennent d'être décrites, sont nommées « les vésicules aériennes » des poumons.

Or, l'air qui est ainsi disséminé dans le poumon a été pris à l'atmosphère extérieure ; car les cavités des poumons communiquent à l'extérieur au moyen de certains canaux ou passages aériens, nommés le *larynx*, la *trachée*, et les *tubes bronchiques*.

Le larynx est une boîte ou charpente ferme et cartilagineuse, située directement au devant de la partie supérieure du cou, où il forme une proéminence angulaire aisément sentie au toucher. Dans sa partie intérieure, le larynx est creux et communique avec la partie postérieure du gosier par une étroite fente ou crevasse, qu'on nomme « la glotte ». L'air passe des narines et de la partie postérieure du gosier dans le larynx à travers cette fente.

Du larynx il descend dans la trachée. Celle-ci est un tube droit et arrondi, d'environ un pouce de diamètre, qui s'étend de l'extrémité inférieure du larynx, descendant en ligne droite, le long du milieu du cou, vers la partie supérieure de la poitrine. Il est formé de parois membraneuses; mais celles-ci sont séparées, comme pour assurer un li bre passage à l'air, par une suite d'anneaux élastiques cartilagineux contenus dans leur substance.

Quand la trachée entre dans la cavité de la poitrine, elle se divise, à droite et à gauche, en deux tubes ou « bronches », qui se rendent chacune dans un poumon. Arrivées dans les poumons, les bronches elles-mêmes se divisent en tubes plus petits, qui sont « les tubes bronchiques », et ces tubes continuent à se subdiviser encore en branches et ramifications plus petites. Chaque ramification des tubes bronchiques se termine enfin dans un sac ou poche ovale, dont l'intérieur comprend plusieurs divisions ou compartiments, dans lesquels l'air pénètre de l'extrémité du tube bronchique. Ces sacs de forme ovale sont appelés « les lobules » du poumon; et,

unis ensemble, ils forment sa substance entière
(*fig.* 32).

Enfin, chaque lobule est lui-même composé d'un

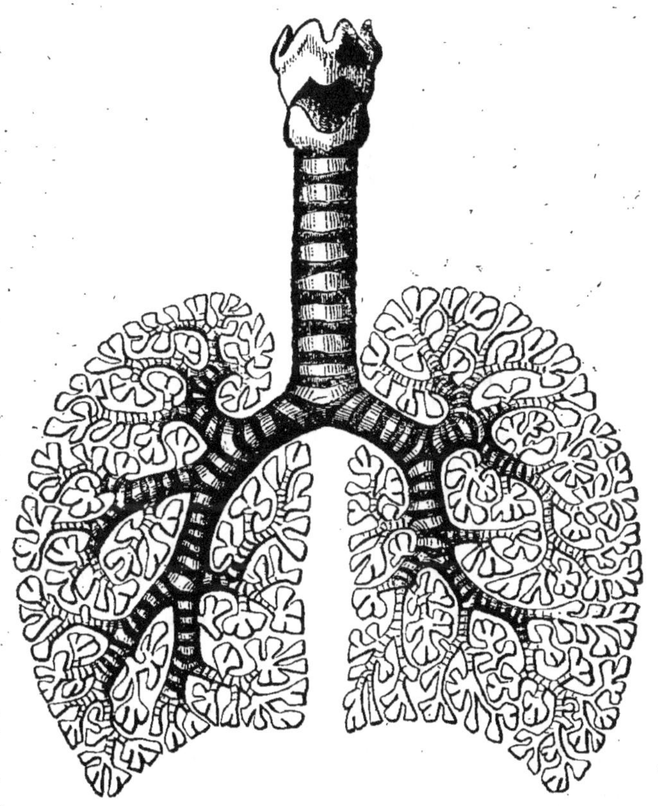

Fig. 32. — Larynx de l'homme, trachée, bronches et poumons, avec la
ramification des bronches et la division des poumons en lobules.

groupe de petites cavités arrondies, nommées « les
vésicules aériennes », formées par les divisions ou
compartiments qui font saillie sur la surface inté-

rieure du lobule. Ainsi, toutes les vésicules aériennes contenues dans un lobule communiquent avec la cavité centrale du lobule lui-même, et, par lui, avec l'extrémité du tube bronchique (*fig.* 33).

Or, ces divisions et ramifications de l'intérieur du poumon produisent une surface d'une très-grande étendue, sur laquelle l'air se met en contact avec son tissu. Chaque vésicule aérienne n'a que $\frac{1}{175}$ de pouce

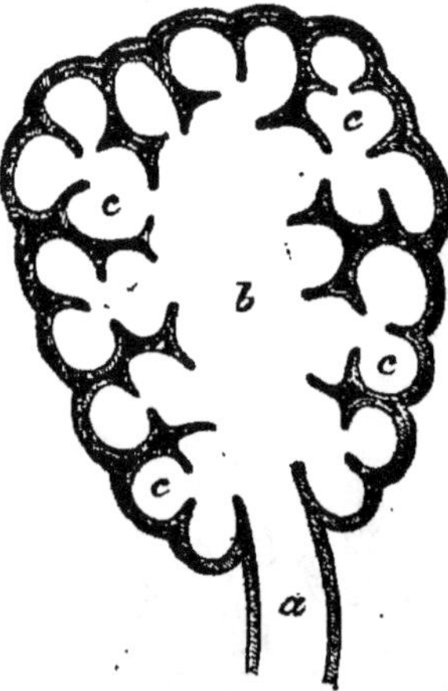

Fig. 33. — Lobule du poumon de l'homme (*).

environ de diamètre, et nous pouvons, par conséquent, comprendre facilement combien de vésicules peuvent être contenues dans un organe de la grandeur du poumon. Mais chacune de ces vésicules aériennes est en contact avec l'air sur toute sa surface interne, et toutes ces surfaces combinées doivent être d'une très-grande étendue. Les anatomistes estiment que la surface entière interne des poumons, si on la déployait, serait plusieurs fois égale à la surface externe de la peau.

(*) *a*, Terminaison du tube bronchique ; *b*, cavité du lobule ; *cccc*, vésicules aériennes.

Cela est vrai, sans aucun doute. La page d'un livre in-8° ordinaire représente environ $\frac{1}{3}$ de pied carré. Ce livre, d'un pouce d'épaisseur, contiendra au moins 400 pages, et, par conséquent, représentera une surface de 133 pieds carrés. Si on détache de ce livre une page sur deux, de manière à laisser une couche d'air de la même épaisseur entre toutes celles qui restent, il y aura encore en contact avec l'air une surface composée de 66 $\frac{1}{2}$ pieds carrés, ce qui égale presque quatre fois toute la surface externe du corps humain.

Pourtant, le tissu du poumon est beaucoup plus délicat et plus compliqué que les pages d'un livre; il est capable d'une bien plus grande extension dans les limites d'un même espace.

Ainsi, du dehors l'air passe à travers le larynx, la trachée et les bronches; et, en suivant les ramifications successives des tubes bronchiques, il arrive enfin dans les cavités des lobules et des vésicules aériennes. Il pénètre ainsi dans tout le tissu du poumon, et est disséminé sur l'immense étendue de sa surface interne.

78. Mouvement de la respiration. — Mais quel est le mécanisme de la respiration, et comment l'air est-il constamment renouvelé dans l'intérieur de la poitrine?

C'est par un double mouvement à l'aide duquel l'air est alternativement attiré vers les poumons, et ensuite expulsé. Ces deux actes s'appellent les *mouvements d'inspiration* et les *mouvements d'expiration*.

Premièrement, les mouvements d'inspiration.

Les poumons, comme nous l'avons vu, sont renfermés dans la cavité de la poitrine, et ne communiquent avec l'extérieur que par le moyen des tubes bronchiques et de la trachée. Or, la poitrine est séparée de l'abdomen par une forte cloison musculaire, qui est attachée aux bords des côtes inférieures, au devant et sur les côtés du corps, et par derrière à la colonne spinale. Cette cloison, c'est le *diaphragme*. Il a la forme d'un arc ou voûte, de sorte que sa partie moyenne est plus élevée que sa circonférence, et s'élève comme un dôme dans la poitrine. Les poumons se trouvent placés dans la poitrine, sur chaque côté convexe de ce dôme ; au-dessous, dans l'abdomen, se trouvent l'estomac et le foie. Lorsque le diaphragme est en repos, ces organes restent immobiles.

Mais le diaphragme est un muscle. Ses fibres rayonnent de tous côtés de sa partie centrale, se dirigeant en dehors et en bas pour aller s'insérer sur les rebords fermes des côtes et de la colonne spinale.

Par conséquent, lorsque ces fibres se contractent, elles abaissent la partie centrale du diaphragme, et la cloison voûtée descend vers l'abdomen. En descendant, le diaphragme pousse devant lui le foie et l'estomac, et, au même instant, les poumons suivent ses mouvements et sont dilatés par l'air qui les pénètre à travers la trachée. Tel est le mouvement d'inspiration.

Par conséquent, au moment de l'inspiration, nous sentons l'abdomen se gonfler, pendant que l'air entre par la bouche et les narines.

L'air est attiré en même temps dans les poumons par la force de la succion. Cependant, ce n'est pas une action violente, car elle s'accomplit par un mouvement aisé et doux, dû à l'élasticité de l'atmosphère, qui rend l'air capable de pénétrer partout où il y a un espace ouvert pour le recevoir. Une courte explication rendra ce phénomène évident.

Si l'on transporte un livre d'un bout à l'autre d'une table, il déplace l'air de l'endroit où on le dépose ; mais, d'autre part, l'air occupe en même temps l'espace que le livre a laissé. Si on fait quelques pas dans une direction quelconque, l'air déplacé par les mouvements du corps remplit aussitôt la place laissée vide par ce même corps. L'air est si mobile et si élastique, qu'il prend indifféremment l'une ou l'autre place, dès qu'un espace libre lui est offert.

De même, si on prend une seringue vide et qu'on la tienne droite, la pointe en l'air; si ensuite on abaisse le piston, à mesure que celui-ci descend, l'air le suit en passant par la canule, dans l'intérieur de la seringue; c'est exactement ainsi que l'air entre dans les poumons, à travers la trachée, pendant la descente du diaphragme.

Mais, pour cela, il faut que l'air ait un espace libre, où il pourra se mouvoir facilement, tant en dedans qu'en dehors de la cavité qu'il doit remplir; car, si cet espace ne lui est pas ouvert, sa résistance sera renforcée par la pression et par l'élasticité de l'atmosphère entière. Quand les poumons sont remplis, fermez fortement la bouche et les narines avec une main, et tâchez alors de comprimer la poitrine par la force des muscles : vous ne le pouvez pas, parce que l'air qui est dans la poitrine ne trouve pas d'issue et résiste, par conséquent, de toute la force de sa pression élastique. Lorsque, d'autre part, les poumons sont vides, fermez, comme avant, la bouche et les narines, et tâchez d'étendre la poitrine : vous ne le pouvez pas, parce que l'air qui est au dehors, et qui ne peut trouver une entrée dans la poitrine, résiste avec une pression plus forte que toute la puissance des muscles.

Mais, quand il n'y a pas d'obstacle au libre mouvement de l'air, aucune résistance n'est produite par sa pression. Les muscles n'ont qu'à vaincre le poids et l'élasticité des organes mis en mouvement, et alors l'air suit les mouvements du diaphragme aussi doucement et aussi aisément qu'une porte se balance sur ses gonds.

L'action du diaphragme dans l'inspiration est aidée, en même temps, par les mouvements des côtes. Les côtes ont une forme courbe, et entourent la poitrine d'une sorte de cuirasse ou charpente osseuse (*fig.* 34). Elles obliquent en dehors et en bas, et sont placées,

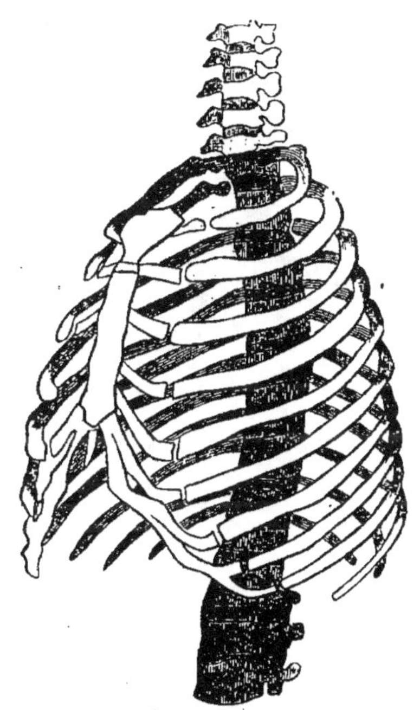

Fig. 34. — Partie de la colonne spinale avec les côtes qui y sont attachées et qui forment la cavité de la poitrine.

les unes au-dessous des autres, de haut en bas, à peu près comme les tuiles sur le toit d'une maison ; seulement les côtes voisines ne se touchent pas ; mais elles sont séparées par un étroit espace rempli

DALTON.   12

par autant de muscles placés entre elles. Ces
muscles, situés entre les côtes, s'appellent « les mus-

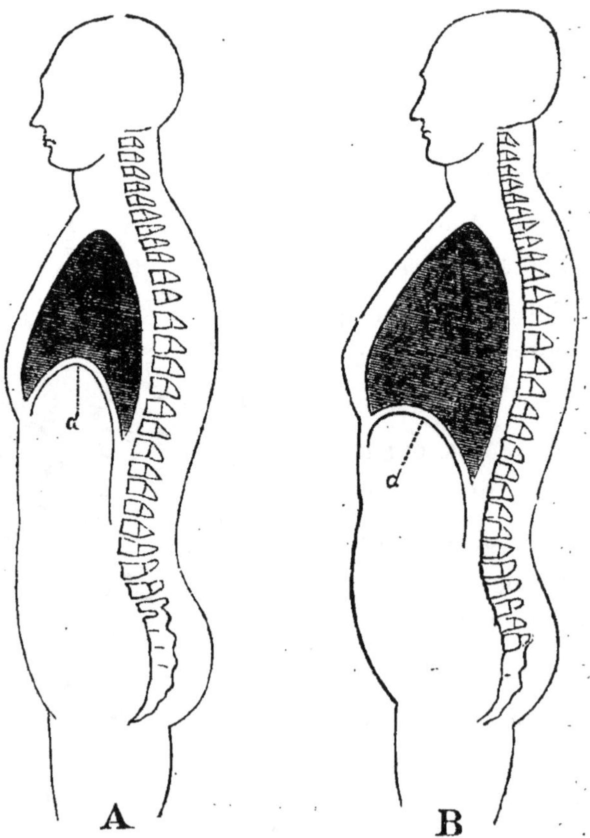

Fig. 35. — Poitrine en repos et en mouvement (*).

cles intercostaux ». Ils se contractent en même
temps que le diaphragme, et, en raccourcissant leurs

(*) A, la poitrine en repos ; B, la poitrine dilatée ; c, cavité de la poitrine ; d, diaphragme.

fibres, ils soulèvent les côtes et élargissent la cavité de la poitrine d'un côté et de l'autre. Ainsi on peut sentir, pendant l'acte de la respiration, la poitrine s'élever et descendre, selon que l'air se meut, en dedans et en dehors, à travers le passage qui conduit aux poumons (*fig.* 35).

Le mouvement d'inspiration est suivi immédiatement du mouvement d'expiration.

Aussitôt que les poumons sont remplis d'air par l'action des muscles intercostaux et du diaphragme, ces muscles se relâchent, et l'air est de nouveau expulsé à travers les mêmes canaux par lesquels il est entré.

Ce mouvement s'accomplit principalement par la réaction élastique des poumons ; car, partout dans le tissu de ces organes, il y a un grand nombre de minces fibres disséminées, lesquelles sont douées à un haut degré de la propriété d'élasticité, et qui, par conséquent, communiquent cette propriété aux poumons eux-mêmes. Les vésicules aériennes et les lobules sont, à cet égard, comme autant de petits sacs de gomme élastique, et, après avoir été remplis d'air, ils réagissent sur celui-ci au moment de l'expiration, et le chassent par leur propre élasticité.

Outre cela, les parois de l'abdomen, poussées en

avant par l'abaissement du diaphragme, retournent à leur place, quand ce muscle se relâche, et le foie et l'estomac se relèvent et reprennent leurs premières situations.

Ainsi le mouvement de l'inspiration est un mouvement *actif*, produit par la contraction du diaphragme et des muscles intercostaux; celui de l'expiration est un mouvement *passif*, causé par la réaction élastique des poumons et des parois de l'abdomen. Ces deux mouvements se suivent l'un l'autre alternativement, avec la contraction et le relâchement successifs des muscles respiratoires.

Les mouvements de la respiration s'exécutent lentement, mais constamment. Dans les conditions ordinaires, un homme respire environ vingt fois par minute. Ces mouvements deviennent plus fréquents à la suite de tout effort musculaire; mais ils reprennent ensuite leur première régularité.

79. Quantité d'air employé dans la respiration. — A chaque respiration, vingt pouces cubiques d'air (1/3 de pinte) pénètrent dans les poumons. Si l'on compte le nombre entier de respirations dans un jour, y compris celles qui sont causées par l'exercice musculaire, on trouvera environ 600,000 pouces cubiques ou 350 pieds cubiques d'air qui passent et repassent à travers les poumons, toutes les vingt-quatre heures. C'est à peu près quatre-vingts fois le volume du corps entier.

80. Caractère des mouvements respiratoires. — Les mouvements de la respiration sont *involontaires*. Le diaphragme descend, et la poitrine se gonfle sans aucune influence de la volonté, et même à notre insu. Depuis le moment de notre naissance, jusqu'au dernier instant de notre existence, pendant l'activité des heures de veille, et pendant le repos inconscient du sommeil, ces mouvements continuent sans relâche et sans fatigue; car la nécessité de la respiration n'est pas accidentelle, mais incessante, et l'exercice de cette fonction n'est pas, par conséquent, confié à la volonté; il provient d'une action involontaire, qui n'exige aucune attention et ne produit aucune fatigue.

Il est vrai que nous pouvons exercer un contrôle partiel sur les mouvements de la respiration, c'est-à-dire, que nous pouvons les hâter ou les retarder à volonté; mais ce n'est que pour très-peu de temps. Si nous essayons de respirer beaucoup plus rapidement qu'il n'est naturel, par exemple, cent fois en une minute, nous sentirons bientôt combien ces mouvements deviennent pénibles et épuisants. D'autre part, si nous arrêtons entièrement la respiration,

12.

nous en sentons aussitôt un besoin interne qui commande le renouvellement, et qui devient rapidement plus fort, plus impérieux, et bientôt même irrésistible. Il y a peu de personnes qui puissent suspendre volontairement la respiration pendant plus de trente ou quarante secondes consécutives.

Telle est la manière dont s'exécutent les mouvements de la respiration. Voyons maintenant ce qui se produit, pendant que l'air se trouve dans la cavité de la poitrine.

81. Changement de l'air pendant la respiration. — En premier lieu, lorsque l'air pénètre dans les poumons, une partie de son oxygène lui est enlevée. Celui-ci disparaît ; de sorte que l'air qui a été une fois introduit dans la poitrine et ensuite expulsé avec l'haleine ne contient plus l'oxygène dans sa proportion naturelle.

Qu'est devenu cet oxygène, qui disparaît ainsi de l'air respiré ?

Il est absorbé par le sang. Car les vaisseaux sanguins, qui aboutissent aux poumons, sont distribués partout dans les mêmes espaces laissés entre les vésicules aériennes, et recouvrent leurs parois d'un réseau vasculaire abondant. Si nous nous rappelons la grande étendue de surface que représente le tissu des poumons, nous verrons que le sang qui circule dans leurs vaisseaux, est répandu sur une surface correspondante, et qu'il se meut en mille menus courants, à travers les poumons, presque en contact avec l'air contenu dans les vésicules. C'est comme si le sang était dispersé dans l'air en pluie fine, de manière que chaque particule de sang et chaque particule d'air se trouvent extrêmement rapprochées l'une de l'autre. A ce moment l'oxygène abandonne l'air, et entre dans le sang sur toute la surface interne du tissu pulmonaire.

82. Changement du sang pendant la respiration. — En même temps un changement très-remarquable se produit dans le sang lui-même.

Le sang, distribué dans les poumons, est un sang veineux. C'est celui qui a déjà circulé à travers les organes et les tissus du corps, et a servi à leur nutrition. De là, il est recueilli par les veines, ramené en arrière au cœur, et du cœur distribué dans les poumons. Il est alors d'un bleu foncé ou d'une couleur de poupre qui approche du noir.

Lorsque ce sang veineux entre dans les poumons et prend possession de l'oxygène contenu dans les vésicules aériennes, il change sa couleur bleu foncé en une brillante couleur écarlate. Ce changement est instantané et complet; de sorte que le sang qui quitte les poumons est en apparence entièrement différent de celui qui y entre (*fig.* 36).

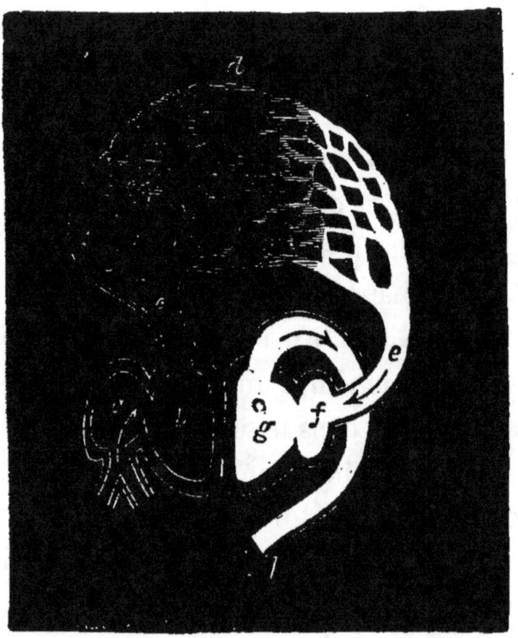

Fig. 36. — Circulation à travers les poumons (*).

Après que le sang a traversé les poumons et changé sa couleur bleue en rouge, il retourne au cœur, et est de nouveau distribué dans tout le corps par une autre série de vaisseaux appelés « artères ».

a, b, côté droit du cœur contenant du sang veineux ; *g, f,* côté gauche du cœur contenant du sang artériel ; *c,* vaisseau sanguins qui transporte le sang vers les poumons ; *e,* vaisseau sanguin qui ramène le sang des poumons au cœur ; *d,* vaisseaux sanguins distribués dans les poumons ; *h,* grande artère qui sort du cœur.

Par conséquent, il y a toujours dans la circulation générale deux espèces de sang de couleur différente et occupant deux séries différentes de vaisseaux. Le sang qui est dans les veines est bleu et s'appelle sang *veineux*; celui qui est dans les artères est rouge et se nomme sang *artériel*. Le sang est ainsi constamment changé de veineux en artériel, pendant qu'il traverse les vaisseaux des poumons.

C'est pour cela que les lèvres deviennent couleur de pourpre et que le visage prend une couleur sombre cendrée, toutes les fois que la respiration est sérieusement embarrassée; car le sang, ne devenant plus artériel, conserve sa nuance veinéuse, et communique une couleur sombre à tous les tissus transparents et vasculaires.

Mais le changement de couleur n'est pas la seule différence qui existe entre ces deux espèces de sang. Le sang veineux, qui a déjà circulé à travers le corps, a perdu ses propriétés vitales. Il a dépensé une partie de sa substance dans la nutrition des tissus, et n'est plus propre à l'entretien de la vie.

Quelle est la partie nécessaire à sa vitalité que le sang a perdue en passant à travers les tissus?

C'est son oxygène.

Car le sang artériel, sortant du cœur pour être distribué par tout le corps, transporte avec lui l'oxygène qu'il a absorbé dans les poumons. Il arrive aux tissus chargé de ce principe vivifiant, et les tissus s'en saisissent immédiatement et se l'approprient. Ainsi le sang, en passant dans la circulation, abandonne son oxygène et reprend sa condition veineuse. Il y a, par conséquent, un double changement qui s'opère incessamment dans le sang, dans les différentes parties du corps. Dans les tissus, il perd de l'oxygène et se change de rouge en bleu ; dans les poumons, il absorbe de l'oxygène et se change de bleu en rouge.

83. Action des globules du sang dans la respiration. — Les ingrédients du sang les plus actifs dans la production de ce changement sont les *globules du sang*. Ce sont ces petits corps qui prennent à l'air de l'oxygène, et qui le fixent dans leur propre substance pour le renouvellement du sang. Ce sont les porteurs qui se chargent d'oxygène dans les poumons, pour le transporter ensuite aux parties les plus éloignées dans le courant de la circulation. Comme toute la couleur du sang réside en eux, nous comprenons facilement pourquoi cette couleur doit changer avec la constitution des globules eux-mêmes.

C'est, par conséquent, par le procédé de la respiration que le sang est constamment renouvelé et ramené à la condition artérielle.

84. Quantité d'oxygène consumé. — L'importance de l'oxygène dans le corps vivant est démontrée par la quantité qui y est consumée. A chaque inspiration un pouce cubique d'oxygène est retiré de l'air et absorbé par le sang. Cette quantité s'élève, dans le cours d'une journée entière, à environ 17 ½ pieds cubiques ou, en poids, à un peu plus d'une livre.

85. Évolution de l'acide carbonique. — Mais en même temps que l'oxygène de l'air est absorbé dans la respiration, une autre substance se présente dans les poumons, et en est expulsée avec l'haleine ; c'est l'*acide carbonique*. C'est un gaz comme l'oxygène, mais qui en diffère par ses propriétés. C'est le même gaz qui se produit dans la fermentation du pain, du vin, de la bière et de toutes les substances qui contiennent du sucre. Il est produit par la combustion du charbon et des chandelles allumées et par plusieurs autres corps combustibles. Il s'exhale quelquefois de la surface des étangs marécageux, et souvent s'amasse au fond des vieux puits. Il n'est pas propre à la respiration ; et, quand un homme se trouve accidentellement dans une atmosphère chargée d'acide carbonique, comme il arrive souvent, lorsqu'on nettoie des cuves de bière ou qu'on répare de vieux puits, il devient tout d'un coup insensible et meurt promptement asphyxié.

Ce gaz, comme nous l'avons dit, se trouve dans l'haleine. La vingt-cinquième partie environ de l'air qui sort des poumons est constituée par l'acide carbonique. Il se répand immédiatement dans l'atmosphère, qui l'emporte dans ses mouvements; et le nouvel air, repris ensuite par les poumons, est de nouveau chargé d'acide carbonique et expulsé à son tour. Ce procédé se reproduit dans chaque respiration successive, de sorte que, dans un jour entier, la somme du gaz dégagé avec l'haleine est d'environ 15 $\frac{1}{2}$ pieds cubiques, ou, en poids, 1 $\frac{1}{2}$ livre à peu près.

L'acide carbonique ainsi dégagé se forme dans les tissus; il y est absorbé par le sang, transporté par lui aux poumons, exhalé là dans les vésicules pulmonaires et finalement expulsé avec l'haleine. C'est un élément inutile que les tissus ont rejeté, et qui est, par conséquent, expulsé du corps dans le procédé de la respiration.

86. Exhalation de l'eau et des vapeurs animales avec l'haleine. — Outre l'acide carbonique, l'haleine contient aussi une vapeur animale particulière, produite dans l'intérieur du corps. Quoique cette vapeur soit en très-petite quantité, elle est suffisante pour donner à l'haleine une odeur faible, mais pourtant perceptible. Il y a aussi un peu d'eau que déchargent les poumons, en forme gazeuse.

L'haleine par conséquent est humide ; et, si nous respirons sur un miroir, la surface polie de celui-ci se ternit par le dépôt des parties aqueuses de l'air expiré. Par un temps chaud, l'humidité ainsi exhalée avec l'haleine est imperceptible, parce qu'elle est tout à fait gazeuse et transparente ; mais si l'air du dehors est froid, elle se condense immédiatement et devient visible. Ainsi, dans un jour d'hiver, lorsque la température de l'air est basse, on peut voir l'haleine sortir de la bouche et des narines, comme une vapeur blanche et nuageuse et se répandre dans l'atmosphère.

87. Nécessité d'air frais et de ventilation. — De tout ce que nous venons de dire il résulte que la première et la plus indispensable condition de la santé et même de l'existence est une provision constante d'air frais. La nature a pourvu à cette condition, autant qu'il est nécessaire à l'organisation du corps, par le jeu incessant des mouvements de la respiration, dont chacun renouvelle l'air dans la poitrine. Si l'air n'était pas ainsi renouvelé, il s'altérerait aussitôt, se vicierait, et par conséquent serait incapable d'entretenir la vie.

Le même renouvellement de l'air doit nécessairement avoir lieu en dehors de la poitrine. Si nous restons enfermés dans un appartement clos, respirant sans cesse le même air, celui-ci perd à chaque respiration une partie de son oxygène, et il est vicié par l'acide carbonique. Comme nous connaissons la quantité d'oxygène consumé dans chaque respiration, nous pouvons facilement calculer le temps qu'il faudra pour épuiser toute la quantité contenue dans l'atmosphère. En même temps l'acide carbonique continue à s'accumuler, et ainsi l'air confiné dans l'appartement s'altère continuellement, jusqu'à devenir complétement impropre à la respiration.

Nous devons par conséquent renouveler l'air dans nos maisons et nos appartements, aussi soigneusement et aussi complétement qu'il est renouvelé dans les poumons par les mouvements de la respiration.

Le moyen par lequel ce renouvellement s'accomplit, s'appelle la *ventilation*.

La ventilation d'un appartement ou d'une maison consiste, comme les mouvements respiratoires, en un double procédé; c'est-à-dire, l'introduction d'un air nouveau du dehors et l'expulsion de l'air vicié du dedans; cela s'obtient au moyen des portes, des fenêtres et des cheminées.

Pour que cette ventilation soit effective, chaque appartement doit avoir des portes et des fenêtres sur deux côtés opposés, afin que l'air nouveau puisse passer complétement d'un côté à l'autre, et ainsi chasser tout ce qui peut rendre l'atmosphère impure. Pendant les chaleurs de l'été et dans les appartements ordinaires, cela est presque toujours suffisant, puisque portes et fenêtres sont en général souvent ouvertes pour assurer une abondante provision d'air. Mais, en hiver, quand les portes et les fenêtres sont fermées, pendant une grande partie du temps, pour éviter le froid, d'autres moyens sont nécessaires. Alors la ventilation est favorisée par les feux et les cheminées.

Voici comment les cheminées produisent la ventilation. L'air, réchauffé par le combustible qui brûle dans le foyer, s'élève dans la cheminée, et la cheminée elle-même devient plus chaude que le reste de l'appartement. Il s'établit un courant permanent d'air chaud, qui s'élève constamment à travers la cheminée et est expulsé par son extrémité supérieure. C'est ce qu'on appelle le « tirage » de la cheminée. Plus la cheminée est grande, plus le tirage est rapide et puissant, et plus complète est la ventilation ; parce que, en même temps, un air nouveau s'ouvre un chemin dans l'appartement à travers toutes les petites ouvertures que présentent les fentes des portes et des fenêtres. Nous ne pouvons boucher suffisamment ces ouvertures, pour empêcher l'entrée de l'air, tant qu'un courant d'air chaud est entraîné à travers le foyer et la cheminée.

Par conséquent, un feu brûlant dans un foyer ouvert est le moyen le meilleur et le plus efficace de ventilation. Les autres systèmes de chauffage, tel que les étuves fermées ou des tuyaux de fer remplis d'eau chaude ou de vapeur, ne produisent pas un aussi bon effet, parce qu'ils n'établissent pas de courant. L'atmosphère est échauffée par eux, mais elle n'est pas mise en mouvement, et par conséquent l'air reste dans l'appartement, imparfaitement renouvelé et ainsi vicié par la respiration. De telles inventions économisent souvent le combustible ; mais aux dépens d'une chose qui a beaucoup plus de valeur, c'est-à-dire de l'air et de son oxygène, qui sont nécessaires à la vie.

Mais, outre cela, dans chaque maison habitée, la ventilation devrait être encore assurée en ouvrant tout à fait les portes et les fenêtres, et en introduisant abondamment l'air extérieur au moins une fois par jour. Car, dans chacune de ces maisons, il y a, outre la respiration, d'autres sources de corruption pour l'atmosphère. La préparation des aliments par la cuisson, le nettoyage des appartements, et l'accumulation journalière et inévitable de toutes sortes de rebuts, produisent des émanations qui ne sont pas dangereuses, lorsqu'elles sont nouvelles, mais qui deviennent infectes et nuisibles, si on les laisse séjourner dans les habitations. *Il est certain qu'aucune atmosphère n'est saine là où des odeurs stagnantes se font sentir*. Par conséquent, une maison doit être chaque jour traversée en tout sens par un courant d'air nouveau, suffisant pour maintenir la pureté et la salubrité de son atmosphère.

D'autres moyens encore sont nécessaires dans les appartements où des personnes sont réunies en grand nombre, tels que les écoles, les cabinets de lecture, les théâtres et les manufactures. Ici la corruption de l'atmosphère est plus rapide, puisqu'elle est en proportion du nombre des personnes présentes. Car la respiration de dix hommes épuisera l'atmosphère dix fois aussi rapidement que celle d'un seul ; et la quantité d'air qui suffirait pendant cinq heures à un seul homme, serait épuisée exactement en une minute dans une réunion de trois cents personnes. Par conséquent, les moyens de ventilation, dans ces cas, doivent être beaucoup plus puissants, et plus en rapport avec la grandeur des appartements, que dans ceux qui servent à l'habitation ordinaire. On y pratique habituellement, dans les murailles ou dans le plafond, de larges ouvertures qui aboutissent au toit par des tuyaux. Ces passages doivent être dirigés le long des cheminées dans les murailles du bâtiment, de sorte que, échauffés par leur contact, ils puissent servir, comme autant de cheminées additionnelles, à emporter au dehors l'air vicié de l'appartement. Outre cela, un éventail tournant sur lui-même, mis en mouvement par une machine, est souvent employé pour attirer du dehors une provision d'air nouveau.

Quelques moyens qu'on emploie pour la ventilation, nous pouvons juger de leur efficacité par un très-simple *criterium* : *Après qu'un appartement a été occupé pendant une heure, son atmosphère devrait être aussi pure qu'elle l'était auparavant.* Toute ventilation moindre que celle-ci est insuffisante ; car toute impureté qui est recueillie dans l'air doit nécessairement être respirée par les occupants, et doit par conséquent vicier leur respiration à un degré correspondant.

La fonction de la respiration, comme nous l'avons vu, est un double procédé d'absorption et d'expulsion. Elle fournit incessamment au corps l'oxygène qui est nécessaire à la vie, et en expulse en même temps l'acide carbonique produit dans les tissus. C'est par ce procédé que le sang artériel est constamment renouvelé et mis en état de remplir son rôle naturel dans la circulation.

QUESTIONNAIRE.

1. Quelle est la substance naturelle la plus indispensable à la vie?

2. De quelle source l'*oxygène* est-il obtenu en plus grande abondance ?

3. Quelle autre substance, outre l'oxygène, l'atmosphère contient-elle ?

4. Lequel de ces deux gaz est le plus abondant dans l'atmosphère, l'*oxygène* ou l'*azote?*

5. Lequel des deux est l'ingrédient actif, et lequel est comparativement inerte?

6. Pourquoi la privation d'air atmosphérique est-elle funeste à l'animal?

7. Quelle est la fonction de la *respiration?*

8. Quels sont les organes de la respiration?

9. Quelle est la structure des *poumons?*

10. Qu'est-ce qui est contenu dans les mêmes cavités des poumons?

11. A travers quels passages l'air est-il introduit dans les poumons?

12. Qu'est-ce que le *larynx* et où est-il situé?

13. Comment s'appelle l'étroite ouverture par laquelle l'air pénètre dans le larynx?

14. Quelle est la forme et la structure de la *trachée?*

15. Quel est l'usage des anneaux cartilagineux de la trachée ?

16. Qu'est-ce que les *bronches?* les *tubes bronchiques?* les *lobules* et les *vésicules aériennes* des poumons?

17. Quel est l'objet de la division et de la multiplication des tubes bronchiques et des vésicules aériennes?

18. Quels sont les deux mouvements par lesquels l'air est attiré dans les poumons et en est expulsé ?

19. Quel muscle forme la cloison inférieure de la cavité de la poitrine?

20. Quelle est la forme du *diaphragme ?*

21. Quand le diaphragme se contracte, comment sa forme est-elle altérée?

22. Quel effet cela produit-il sur les poumons? quel effet sur les organes de l'abdomen?

23. Par quelle force l'air est-il attiré dans les poumons, lorsque le diaphragme descend?

24. L'action est-elle violente ou douce?

25. Comment se meuvent les *côtes* au moment de l'inspiration?

26. Quels muscles servent à soulever les côtes dans l'*inspiration?*

27. Qu'arrive-t-il, quand le mouvement de l'inspiration est accompli?

28. Par quelle force l'air est-il expulsé de la cavité des poumons?

29. Lequel des mouvements de la respiration est *actif*, et quel en est le mouvement *passif?*

30. Combien de respirations s'accomplissent ordinairement par minute?

31. Par quoi sont accélérés les mouvements de la respiration?

32. Quelle quantité d'air est introduite et expulsée à chaque respiration?

33. Quelle est la quantité moyenne d'air employé en vingt-quatre heures?

34. Les mouvements de la respiration sont-ils *volontaires* ou *involontaires?*

35. Quelle substance disparaît de l'air dans la respiration?

36. Que devient l'oxygène qui disparait dans les poumons?

37. Quel effet cela produit-il sur la *couleur du sang?*

38. Qu'est-ce que le sang *veineux*, et qu'est-ce que le sang *artériel?*

39. Pourquoi les lèvres deviennent-elles pourpres, lorsque la respiration est obstruée?

40. Quel changement s'opère dans le sang, quand il circule dans les tissus? Quelle est la fonction des *globules du sang?*

41. Quelle quantité d'oxygène est consumée par la respiration en vingt-quatre heures?

42. Quelle substance est *exhalée* des poumons dans la respiration ?

43. De quelles autres sources provient l'*acide carbonique ?*

44. L'acide carbonique est-il capable d'entretenir la vie ?

45. Quelle proportion d'acide carbonique est contenue dans l'haleine à chaque *expiration ?*

46. Combien en est expulsé du corps en vingt-quatre heures ?

47. D'où vient l'acide carbonique qui est exhalé avec l'haleine ?

48. Quelles autres substances sont exhalées avec l'haleine, outre l'acide carbonique ?

49. Qu'est-ce qui donne à l'haleine son *odeur ?*

50. Qu'est-ce qui la rend *nuageuse* dans un jour froid ?

51. Quel effet est produit sur l'air par une respiration continue dans un espace clos ?

52. Qu'est-ce que la *ventilation ?*

53. Quels sont les moyens de ventilation les plus efficaces ?

54. Pourquoi les étuves fermées, l'eau chaude ou les tuyaux de vapeur sont-ils de mauvais moyens pour chauffer un appartement ?

55. Pourquoi une maison doit-elle être ventilée *chaque jour,* en ouvrant les portes et les fenêtres ?

56. Pourquoi les moyens de ventilation doivent-ils être augmentés dans les écoles, les cabinets de lecture, etc.

57. Quelle est la règle nécessaire, ou le criterium d'une ventilation suffisante ?

CHAPITRE IX

Les organes de la circulation. — Le cœur, ses fibres musculaires. — Oreillettes. — Ventricules. — Artère pulmonaire. — Aorte. — Mouvement du sang à travers le cœur. — Contraction du cœur, son relâchement. — Valvules du cœur. — Valvules ventriculaires. — Valvules semi-lunaires. — Action involontaire du cœur. — Les artères. — La crosse de l'aorte. — Distribution des artères, leur élasticité. — Le pouls, comment on le sent. — Rapidité du pouls. — Pression sur le sang dans les artères. — Les capillaires. — Le réseau capillaire. — Circulation du sang dans les capillaires. — Les veines, leurs valvules. — Mouvement du sang dans les veines. — Obstruction de la circulation par la compression des veines. — Rapidité de la circulation. — Les variations locales.

88. Circulation du sang. — Le sang, enrichi par les produits de la digestion et rendu artériel par l'influence de l'air, est le médium par lequel la nutrition du corps entier s'accomplit. Il est destiné à visiter chaque partie du système, et à fournir les matériaux nécessaires à la vie, qu'il transporte avec lui dans le courant de la circulation. En conséquence, par circulation, nous entendons cette révolution circulaire continuelle, ou circuit du sang, par lequel il sort du cœur pour fournir à la nutrition des tissus, et des tissus retourne au cœur pour être renouvelé par la respiration dans les poumons.

Les organes de la circulation sont : première- ment, le *cœur*, et en second lieu, les *vaisseaux san- guins*. Les vaisseaux sanguins sont les tubes qui transportent le sang dans son mouvement à toutes les parties du corps ; le cœur est l'organe qui le pousse en avant dans son cours.

89. **Le cœur.** — Le cœur est un muscle. Comme l'estomac, c'est un organe creux avec deux ouver- tures, l'une pour l'entrée, et l'autre pour la sortie ; il est pourvu de parois musculaires, de sorte que ses contractions forcent tout ce qui y entre par une extrémité d'en sortir par l'autre. Seulement, dans le cœur, ces couches musculaires sont excessivement abondantes et puissantes, et, par conséquent, ses contractions sont rapides et énergiques. Ainsi, tandis que l'aliment, pendant la digestion, passe lentement et graduellement à travers l'estomac, le sang est poussé par les contractions du cœur dans un cou- rant énergique et impétueux.

Le cœur est situé au milieu de la poitrine, entre les deux poumons et presque directement derrière le sternum. Il est un peu plus gros que le poing fermé. Il a une forme légèrement conique, large à sa partie supérieure, et plus étroite et même pointue à sa partie inférieure. La partie supérieure, plus large, est placée exactement au milieu de la poitrine, mais sa partie inférieure est tournée obliquement vers le côté gauche. Si on place les doigts dans l'espace qui sépare la cinquième côte de la sixième, un peu à gauche du sternum, on peut sentir la pointe du cœur, à chaque contraction musculaire, frappant de l'intérieur au côté de la poitrine.

Le cœur comprend quatre cavités différentes, deux sur chaque côté, et que l'on nomme respectivement *oreillettes* et *ventricules*. « L'oreillette » reçoit toujours le sang qui entre dans le cœur par les veines, et le ventricule le lance dehors par l'autre extrémité dans les artères. Comme cela se fait en même temps des deux côtés de l'organe, à droite et à gauche, il y a donc premièrement une *oreillette droite* et une *oreillette gauche ;* et en second lieu, un *ventricule droit* et un *ventricule gauche.* Nous commencerons par la description de l'oreillette et du ventricule du côté droit.

L'oreillette droite est un réceptale de tout le sang veineux qui arrive des différentes parties du corps. Ce sang est recueilli des différentes veines dans deux grands troncs veineux, qui se rencontrent sur le côté droit du cœur et s'ouvrent séparément dans la ca-

vité de l'oreillette. L'oreillette elle-même est une espèce de sac musculaire, qui reçoit le sang par ces
ouvertures des veines, et ensuite le pousse en avant
à travers une autre ouverture arrondie, située tout
auprès. Ce second orifice conduit dans le ventricule; et, comme il forme l'entrée de cette cavité, on
le nomme « l'orifice ventriculaire ».

Le ventricule est beaucoup plus grand que l'o-
reillette, et ses parois musculaires sont plus épaisses
et plus fortes. Lorsqu'il se contracte, il envoie le
sang à travers une ouverture située en haut et en
avant de sa cavité, dans une grande artère qu'on
nomme « artère pulmonaire ». Cette artère conduit
aux poumons. En y arrivant, elle se divise en un
grand nombre de branches et de ramifications, qui
pénètrent, comme nous l'avons dit, dans tous les
mêmes espaces qui se trouvent entre les vésicules
aériennes et tout autour d'elles; c'est en passant à
travers ces canaux que le sang devient artériel par l'influence de l'air. Le sang artériel, d'un rouge éclatant,
est alors recueilli des poumons et retourne au cœur
par les veines correspondantes, appelées « veines
pulmonaires », qui s'ouvrent dans l'oreillette gauche.

L'oreillette gauche est semblable dans sa structure à l'oreillette droite. Elle s'ouvre par un orifice
correspondant dans le ventricule gauche.

Le ventricule gauche est la partie de beaucoup la

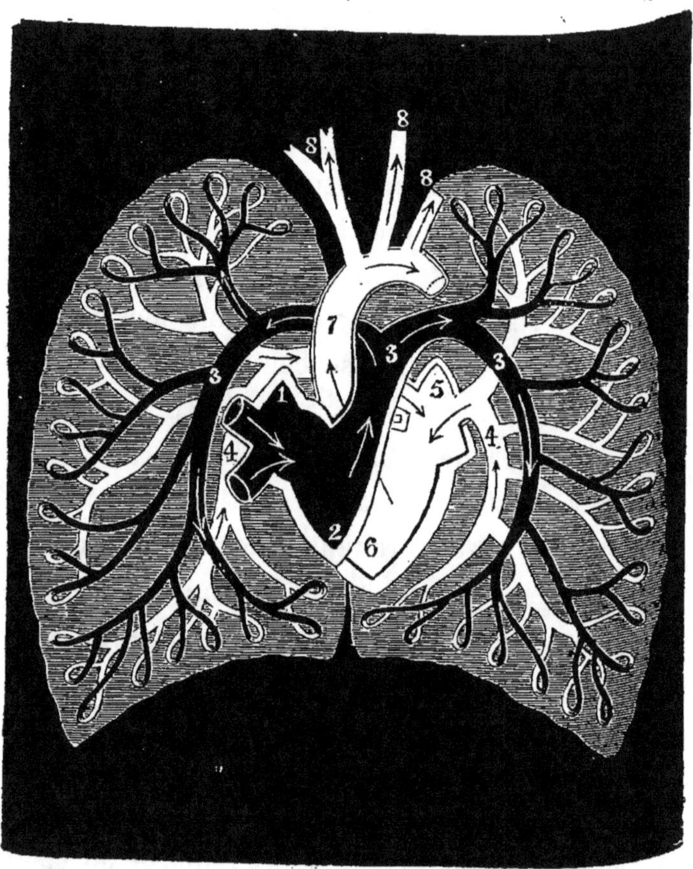

Fig. 37. — Circulation à travers le cœur et les poumons (*).

plus épaisse et la plus forte du cœur. Ses parois

(*) 1. Oreillette droite. 2. Ventricule droit. 3. Artère pulmonaire et ses branches. 4. Veines pulmonaires. 5. Oreillette gauche. 6. Ventricule gauche. 7. Arc de l'aorte. 8. Branches de l'aorte.

musculaires ont trois quarts de pouce d'épaisseur ; et elles ont besoin de ce supplément de force, parce qu'elles sont destinées à pousser par leurs contractions musculaires le sang dans tout le corps. Le ventricule gauche s'ouvre en haut, et en arrière de la naissance de l'artère pulmonaire, dans une autre artère large et forte, qui reçoit tout le sang provenant de sa cavité. Cette dernière artère se nomme l'*aorte*. En partant du cœur, elle s'élève à une petite hauteur, et ensuite, se courbant en forme d'arc, elle redescend au long de la poitrine et de l'abdomen, renvoyant à droite et à gauche toutes les branches qui distribuent le sang aux différentes régions du corps.

La figure 37 montre les deux côtés du cœur en même temps que le cours du sang des cavités droites, à travers l'artère pulmonaire, vers les poumons, de ceux-ci par les veines pulmonaires à l'oreillette gauche, et finalement du ventricule gauche à travers l'arc de l'aorte, ou la naissance du système artériel général.

En étudiant cette partie de la circulation, deux choses réclament particulièrement notre attention : premièrement, les mouvements du cœur ; et, secondement, l'action de ses valves.

90. **Mouvement du cœur.** — Dans les mouvements du cœur, les deux oreillettes se contractent

d'abord ensemble, et ensuite les deux ventricules aussi simultanément. La contraction des ventricules est beaucoup plus puissante que celle des oreillettes, ce qui est dû à la plus grande épaisseur de leurs parois. Les deux côtés du cœur, par conséquent, se meuvent exactement ensemble, la contraction commençant par les oreillettes, et finissant par les ventricules. Le tout pris ensemble forme un acte entier du mouvement du cœur qu'on nomme « sa pulsation ». C'est ce mouvement qu'on peut sentir, ainsi que nous l'avons dit, immédiatement au-dessous de la cinquième côte, sur le côté gauche de la poitrine.

La contraction du cœur est immédiatement suivie de son relâchement. En cela il ressemble à tous les autres muscles qui exigent que des intervalles de repos alternent avec leurs périodes d'activité. Mais dans le cœur ces contractions et relâchements alternatifs se succèdent avec une rapidité continuelle et presque uniforme.

91. Action des valves. — Mais comment se fait-il que ces mouvements poussent le sang en avant dans sa direction naturelle? Pourquoi ne l'expulsent-ils pas tout à fait du cœur? Pourquoi ne le rejettent-ils pas en arrière dans les veines? Ces questions nous amènent à l'étude des *valves*. Une valve est simplement une cloison ou obstacle mobile qui, en se balançant, s'ouvre dans une direction et se ferme dans l'autre. Une porte est une valve. On peut l'ouvrir librement de dehors en dedans; mais, quand on la ferme, elle s'appuie fortement sur l'encadrement, et ne peut pas aller plus avant. Le même travail est fait par les soupapes de la pompe et par celles de la machine à vapeur. Elles sont composées de matières différentes, mais elles agissent toutes de la même manière. Avant qu'aucune

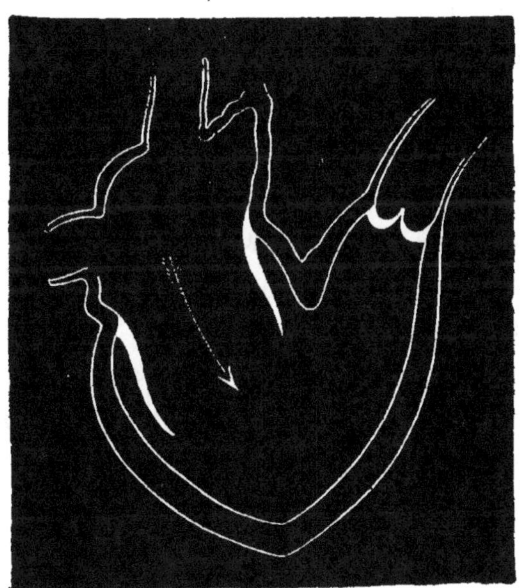

Fig. 38. — Oreillette et ventricule droits. — Valvules ventriculaires ouvertes; valvules semi-lunaires fermées.

d'elles fût construite, il y avait des valves dans l'intérieur du cœur.

Sur les bords de l'étroite ouverture qui se trouve entre les oreillettes et les ventricules, il y a, sur chaque côté du cœur, de larges bandes de membranes fibreuses, minces, mais fortes, qu'on nomme les « valves ou valvules ventriculaires ». Ces valves molles et lâches flottent dans la cavité du ventricule et sont facilement rejetées de côté par le courant du sang qui entre de l'oreillette (*fig.* 38). Par conséquent, elles n'offrent aucun obstacle au mouvement du sang dans cette direction.

Mais, quand le ventricule se contracte pour expulser le sang de sa cavité, les valves sont soulevées par l'impulsion du sang; leurs bords se rapprochent et elles ferment entièrement l'orifice ventriculaire.

Elles seraient alors poussées en arrière dans l'oreillette à travers cet orifice, si plusieurs fortes cordes fibreuses ne les retenaient à leur place. Ces cordons sont attachés aux bords et à la surface inférieure des valves, puis, descendant, elles vont s'attacher aux petites éminences ou colonnes musculaires sur les côtés du ventricule. Ces colonnes musculaires se contractent en même temps que les parois du ventricule, et, au moyen de leurs cordons tendineux, maintiennent les valves dans leur position et empêchent la régurgitation du sang (*fig.* 39).

Par conséquent, le sang, ne pouvant retourner

dans l'oreillette, est forcé de trouver une issue dans une direction opposée, et se jette dans l'orifice de l'artère correspondante.

Il y a aussi des valves à l'entrée des grandes artères. Elles sont en forme de sacs ou festons semi-

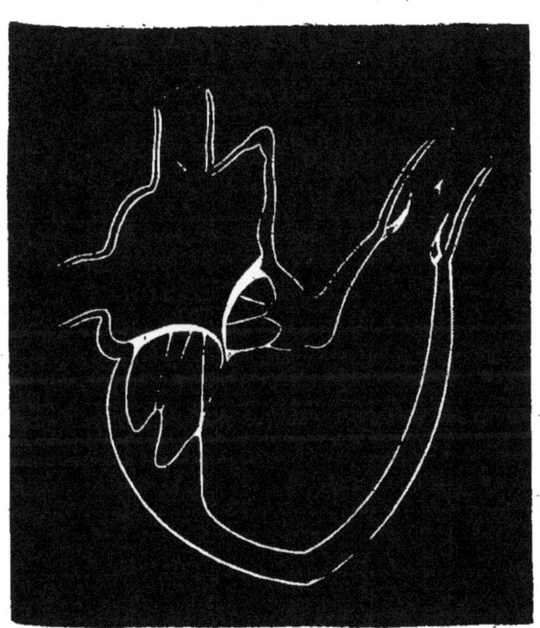

Fig. 39. — Oreillette et ventricule droits. — Valvules ventriculaires fermées; valvules semi-lunaires ouvertes.

circulaires, ce qui leur a fait donner le nom de valves « semi-lunaires ». Elles s'ouvrent vers l'artère pour y laisser entrer le courant du sang (*fig.* 39), et ensuite elles se meuvent en arrière pour fermer l'orifice, quand le ventricule est relâché (*fig.* 38).

Ainsi ces valves se meuvent en arrière et en avant, et s'ouvrent et se ferment alternativement à chaque pulsation du cœur. Le sang, par conséquent, ne peut jamais retourner en arrière, mais il est transporté dans un circuit continuel du côté droit au côté gauche du cœur à travers les canaux successifs de la circulation.

92. Caractère de l'action du cœur. — Enfin le mouvement du cœur est *involontaire*. Il est encore plus indépendant de notre contrôle que les mouvements de la respiration ; et nous ne pouvons d'aucune manière le hâter ou le retarder, et bien moins encore en arrêter une seule pulsation. Il est maintenu par l'influence d'un stimulant interne, entièrement indépendant de la volonté.

Cependant le cœur peut être affecté par plusieurs émotions. La joie ou le chagrin, la colère ou l'excitation troublent la régularité de ses mouvements, et en augmentent ou en diminuent la rapidité. Certains spectacles, la vue d'objets désagréables, ou certains sons et diverses émotions morales affectent quelquefois son action, jusqu'à produire l'évanouissement ; mais, lorsque la cause du trouble est passée, le cœur recouvre sa force et reprend la régularité naturelle de ses mouvements

Nous passons maintenant de l'étude du cœur à celle des vaisseaux sanguins.

93. **Disposition et distribution des artères.** — La première série de vaisseaux dans lesquels passe le sang en quittant le cœur, ce sont les *artères*. Les artères commencent, comme nous l'avons déjà dit, par l'aorte. Ce vaisseau s'élève du ventricule gauche à une petite hauteur derrière l'os de la poitrine, et ensuite se recourbe en arrière et en bas, formant, vers le haut de la poitrine, une courbe semi-circulaire, qu'on nomme « l'arc ou la crosse de l'aorte ». De cet arc de l'aorte partent plusieurs grosses branches (*fig.* 37 [8]), qui fournissent le sang aux deux bras et aux deux côtés de la tête. Ensuite l'aorte descend parallèlement à la colonne spinale, à travers la poitrine et l'abdomen, distribuant partout ses branches aux différents organes internes. Dans la partie inférieure de l'abdomen elle se sépare finalement en deux troncs d'égal diamètre, dont l'un fournit des branches à l'extrémité inférieure droite, et l'autre à l'extrémité inférieure gauche. Ainsi toutes les différentes parties du corps sont pourvues de branches qui viennent de l'aorte.

Lorsque les branches artérielles arrivent aux organes auxquels elles appartiennent, elles se partagent en subdivisions sans nombre. Ces divisions deviennent de plus en plus petites à mesure qu'elles sont plus nombreuses, jusqu'à ce que toute la substance de l'organe soit pénétrée par leurs ramifications, et que chaque partie de cet organe soit pourvue d'une provision convenable de sang artériel.

Ainsi le système artériel est comme un grand arbre, dont l'aorte est le tronc, et dont les divisions successives de celle-ci sont les branches et les ramifications ; seulement cet arbre artériel est creux partout et forme une série non interrompue de canaux vasculaires.

94. Élasticité des artères. — Les artères sont *élastiques.* Si nous prenons un morceau de l'aorte d'un bœuf ou d'un mouton, nous voyons qu'on peut l'étendre, et qu'ensuite elle se rétrécit et reprend sa forme, comme un morceau de gomme élastique. La même propriété appartient aux artères du corps humain presque au même degré. Cette qualité est due à la présence de fibres élastiques dans les parois des artères, semblables à celles des poumons, que nous avons déjà indiquées. Seulement dans les artères ces fibres sont beaucoup plus abondantes que dans les poumons, et leur réaction élastique est par conséquent plus rapide et plus puissante.

L'élasticité des artères remplit un rôle très-important dans la circulation du sang.

95. Pulsation des artères. — A chaque mouvement du cœur, le ventricule gauche lance le sang dans l'aorte avec toute la puissance de sa contraction musculaire. Ce mouvement dilate l'aorte et ses branches avec une impulsion qui se fait sentir dans tout le système artériel. Le cœur est comme une pompe foulante rejetant le sang dans les tubes artériels élastiques ; et ceux-ci s'ouvrent pour le recevoir, parce que la force du cœur est plus grande que leur résistance. Cette expansion des artères produite à chaque impulsion du cœur, se nomme le *pouls*.

On peut sentir le pouls partout où une artère peut être explorée. Si nous appliquons fortement les doigts sur la partie supérieure et antérieure du cou, juste le long de la place occupée par le larynx, nous sentirons la pulsation des grandes artères qui fournissent le sang à la tête, et qu'on nomme les « artères carotides ». On le sent encore mieux, quand l'artère croise un os, près de la surface interne de la peau. Juste en avant de la partie moyenne de l'oreille, il y a une petite artère qui se dirige vers les tempes et la partie extérieure de la tête, et qu'on appelle « l'artère temporale », qu'on peut facilement sentir en pressant légèrement sur la peau en cet endroit. Juste au-dessus du poignet, sur le devant de l'os extérieur du bras, il y a une autre artère qui fournit le sang à la main et aux doigts, et qu'on nomme « l'artère radiale ». C'est cette artère que les médecins choisissent pour sentir le pouls, parce que la situation est plus convenable pour cela.

Le pouls est un excellent guide pour étudier la condition du cœur. Comme chaque battement du pouls représente une contraction du cœur, en comptant l'un, nous connaissons la rapidité de l'autre. Chez l'adulte, dans l'état de santé, le pouls bat environ soixante-quinze fois par minute. Dans les fièvres et les inflammations, quand l'irritabilité du cœur est excitée, il s'élève à quatre-vingt, quatre-vingt-dix, cent et même davantage. Plusieurs autres particularités du pouls, telles que sa force, sa plénitude, sa régularité ou son irrégularité, montrent des variations correspondantes dans l'action du cœur, et indiquent la condition du système circulatoire.

96. Mouvement du sang dans les artères. — Mais au moment où le cœur se relâche, les artères exercent encore leur force élastique. Le sang est empêché de retourner dans le ventricule par la clôture des valves semi-lunaires; il est ainsi poussé en avant dans le système artériel.

Le sang est donc dans les artères soumis à une pression incessante. Il est toujours comprimé par la réaction élastique des parois artérielles, et, à chaque battement du cœur, il est poussé par une nouvelle pression venant de la contraction musculaire. Il se meut ainsi, à travers les artères, en ondées ou impulsions successives, passant rapidement du cœur vers les ramifications du système artériel.

97. Vaisseaux sanguins capillaires. — Les artères se terminent en un autre groupe de vaisseaux sanguins, plus déliés et plus minutieusement subdivisés, qu'on nomme les *capillaires*.

Les capillaires sont invisibles à l'œil nu. Ils sont si petits qu'il faut recourir au microcospe pour les examiner ; et pourtant ils sont la partie la plus importante de tout le système circulatoire ; car c'est par eux que le sang se met en contact intime avec la substance des tissus.

Ces vaisseaux sont formés d'une membrane excessivement mince et délicate. Ils pénètrent partout parmi les cellules et les fibres des différents organes, et forment autant de petits canaux par lesquels le sang pénètre dans les tissus. Leur grande particularité est qu'ils s'unissent constamment et communiquent entre eux dans toutes les directions, comme les mailles d'un filet, de sorte qu'ils forment ce qu'on nomme le « réseau capillaire (*fig.* 40) ». Les mailles de ce réseau ont des formes différentes dans les différents organes ; mais elles présentent partout les caractères essentiels que nous venons de décrire.

Fig. 40. — Vue grossie du réseau capillaire de la membrane de la patte de la grenouille.

Il y a des cas où l'on peut voir la circulation du sang dans les capillaires. Dans les membranes transparentes de la patte de la grenouille, vues au microscope, on peut apercevoir les globules du sang parcourant les plus petites artères, et pénétrant dans le réseau capillaire (*fig.* 41). Ici, souvent les courants tournent et retournent dans plusieurs directions, passant par diverses communications qui se trouvent entre les vaisseaux capillaires, et pénétrant, de cette manière, dans une multitude de courants différents, les divers tissus de cette partie. Comme les globules rouges de la grenouille sont plus gros que ceux du sang humain et d'une forme ovale, on peut facilement les voir, lorsqu'ils sont emportés avec le courant du sang.

Le mouvement du sang dans les capillaires est uniforme et incessant. Il n'y a pas ici de pulsations

Fig. 41. — Circulation capillaire dans la membrane de la patte de la grenouille.

semblables à celles qui ont lieu dans les artères. Car la division et la multiplication successive de ces vaisseaux plus petits, et l'influence combinée de leurs parois élastiques, égalisent les pulsations artérielles, et les convertissent en une pression continuelle, et, sous cette pression, le sang se meut à travers les capillaires dans un courant uniforme et non interrompu. C'est dans cette partie de la circulation que le sang perd son oxygène, et passe de la condition artérielle à la condition veineuse.

98. **Les veines et la circulation veineuse.** — Des

capillaires, le sang est recueilli dans des canaux plus larges, et ainsi retourne au cœur par le moyen des *veines*.

Nous avons déjà étudié la structure des veines dans les différents organes. Nous savons comment elles sont formées par la réunion des plus petites branches en des troncs de plus en plus gros. La disposition des veines est, par conséquent, tout l'opposé de celle des artères. Les artères se divisent et se séparent en sortant du cœur; les veines se réunissent et se joignent ensemble, lorsque des capilaires elles viennent au cœur. C'est ainsi que le circuit continu du sang s'opère des artères aux veines, à travers les capillaires qui servent de canaux de communication entre elles ; de sorte que le même sang qui passe du côté gauche du cœur dans les artères, retourne à la fin au côté droit par les veines.

Nous pouvons facilement nous convaincre que le sang se meut dans les veines de dehors en dedans. Si nous étreignons fortement la partie inférieure du bras, un peu au-dessus du poignet, nous verrons aussitôt les veines, sur la partie postérieure de la main, s'élargir et se gonfler, jusqu'à pouvoir presque laisser voir la couleur bleue de leur sang, à travers la peau à demi transparente. Cela est dû à ce que le sang, qui s'accumule derrière la pression, ne peut plus trouver son chemin pour aller au cœur, et, par conséquent, gonfle les veines au-dessous de l'endroit où a lieu cette pression; mais ausssitôt que celle-ci cesse, les veines se vident, laissant couler le sang vers le cœur, et disparaissent ensuite sous la peau.

Comme plusieurs de ces veines sont situées très-près de la surface, elles sont souvent comprimées et obstruées en partie, comme dans l'expérience rapportée ci-dessus, par la pression des vêtements et par le contact accidentel de corps étrangers; mais cela n'arrête pas la circulation du sang : d'abord, parce que les veines communiquent entre elles par de nombreuses branches latérales, et qu'ensuite elles sont pourvues, sur plusieurs points, de valvules qui ressemblent aux valves semi-lunaires du cœur, lesquelles empêchent que le sang soit repoussé en arrière vers les capillaires. Lorsque, par conséquent, la circulation est obstruée dans une seule veine, le sang se dirige par un canal latéral, et ainsi retrouve son chemin pour retourner au cœur. Pour arrêter d'une manière efficace le mouvement veineux, il faut étreindre par une pression simultanée tout le contour du membre, comme nous l'avons dit plus haut dans l'expérience sur les veines du bras. Mais nous devons prendre le plus grand soin pour que cette pression ne s'exerce sur aucune partie du corps, de manière à troubler la circulation veineuse; car une ligature qui comprime tout le contour d'un membre, quelque légèrement que ce soit, est sujette à obstruer le mouvement du sang dans les veines, et à empêcher ainsi une circulation complète dans cette région. Cet effet nuisible est indiqué par le gonflement qui se produit au-dessous de la ligature; et, s'il persiste, il arrivera à causer au membre une lésion permanente, en privant ses tissus de la nourriture qui leur est nécessaire. Chez les jeunes enfants, dans lesquels la croissance et le développement sont toujours en progrès, ces mauvais effets sont tout particulièrement nuisibles. On ne doit donc jamais laisser subsister sur aucune partie du corps une pression telle qu'elle puisse troubler la circulation veineuse; mais on doit laisser partout le sang suivre son chemin en liberté vers le cœur, par les passages naturels du système vasculaire.

99. Rapidité de la circulation. — En premier lieu, la circulation du sang est *excessivement rapide.* Cette rapidité est si grande qu'elle serait incroyable, si de nombreuses expériences ne l'avaient établie et mise hors de doute. Le temps requis pour que le sang circule dans tout le corps, et retourne au cœur, n'est pas de plus de vingt-cinq à trente secondes.

Durant cette période, il passe à travers les artères, traverse le réseau capillaire, retourne par les veines, et est de nouveau transporté à travers les poumons au côté gauche du cœur. Nous pouvons donc comprendre avec quelle rapidité les changements s'effectuent dans les tissus, et avec quelle promptitude une impureté dans le sang, provenant d'une respiration insuffisante, ou de toute autre cause, sera sentie dans les parties les plus reculées de la circulation.

100. **Variations de la circulation.** — En second lieu, la circulation offre de temps en temps des *variations locales* d'un caractère important. Quelquefois ces variations sont accidentelles et irrégulières, comme lorsque la face rougit sous l'influence d'une émotion mentale, ou que quelque partie de la peau est rougie par une irritation accidentelle causée, par exemple, par un vésicatoire, ou une brûlure. Mais la plupart de ces variations sont régulières et périodiques. Ainsi l'estomac et les intestins se colorent et se gonflent pendant la digestion de l'aliment, et cette surexcitation disparaît, quand la digestion est achevée. Le sang rougit les glandes salivaires, lorsque la sécrétion de la salive s'opère, et ces glandes reprennent leur pâleur ordinaire, aussitôt que l'acte de la sécrétion est terminé. Presque tous les organes internes ont leurs périodes de repos et

leurs périodes d'activité; leurs périodes d'activité sont accompagnées d'une excitation locale des vaisseaux, qui leur apporte au même instant une surabondance de sang. Ces variations temporaires dans le sang dépendent de l'action involontaire du système nerveux, qui transporte le stimulant nécessaire aux différents organes.

QUESTIONNAIRE.

1. Qu'est-ce que la *circulation du sang?*
2. Quels sont les *organes* de la circulation?
3. De quoi est composé le tissu du *cœur?*
4. Quelle est la situation du cœur? sa grandeur? sa forme?
5. Où peut-on sentir la pointe du cœur?
6. Combien y a-t-il de cavités dans le cœur? Quels en sont les noms?
7. D'où l'*oreillette droite* reçoit-elle son sang?
8. Où va le sang qui sort de l'oreillette droite?
9. En quoi le *ventricule droit* diffère-t-il de l'oreillette?
10. Dans quel vaisseau le sang va-t-il en sortant du ventricule droit?
11. Où le sang est-il transporté par l'*artère pulmonaire?*
12. Quels vaisseaux transportent en arrière le sang des poumons? et dans quelle moitié se vide-t-il?
13. Où passe le sang en sortant de l'oreillette gauche?
14. Pourquoi le *ventricule gauche* est-il plus fort que les autres parties du cœur?
15. Dans quel vaisseau le sang passe-t-il après avoir quitté le ventricule gauche? et où ce vaisseau l'emporte-t-il?
16. Quelle est celle des cavités du cœur qui se contracte *simultanément* avec l'autre?

17. Comment se nomme le mouvement du cœur pendant la contraction ?

18. Qu'arrive-t-il après chaque contraction du cœur ?

19. Qu'est-ce qu'une *valve* ou *valvule?*

20. Quelle est la situation des *valves ventriculaires?*

21. Quelle en est la structure?

22. De quel côté s'ouvrent-elles? et de quel côté se ferment-elles ?

23. Qu'est-ce qui empêche les valves d'être poussées en arrière dans l'intérieur de l'oreillette au moment de la pulsation du cœur?

24. Quelle est la situation des *valves semi-lunaires?* Quelle en est la forme ?

25. De quel côté s'ouvrent-elles? et de quel côté se ferment-elles?

26. Quel effet ont les valves sur le mouvement du sang

27. L'action du cœur est-elle *volontaire* ou *involontaire?*

28. Comment peut-elle être accélérée ou retardée ?

29. Quelle est la première série des vaisseaux sanguins qui transportent le sang en dehors du cœur?

30. Décrivez l'*aorte* et ses branches.

31. Que deviennent les artères, lorsqu'elles arrivent aux différents organes ?

32. Quelle est la principale propriété *physique* des artères?

33. Qu'est-ce que le *pouls artériel ?*

34. A quels endroits peut-on sentir le pouls artériel ?

35. Quelle est la rapidité moyenne du pouls dans l'état de santé ?

36. Par quoi peut-il être accéléré ou troublé?

37. Dans le relâchement du cœur, quel effet est produit sur le sang par la pression élastique des artères?

38. Comment le sang se meut-il dans le système artériel ? avec uniformité ou par ondulations ?

39. Quelle est l'autre série des vaisseaux sanguins où viennent se terminer les artères ?

40. Quelle est la grosseur et la structure des vaisseaux capillaires ?

41. Qu'est-ce que le *réseau capillaire?*

42. Comment peut-on voir la circulation du sang dans les capillaires?

43. En quoi le mouvement du sang dans les capillaires diffère-t-il de son mouvement dans les artères ?

44. Dans quels vaisseaux passe le sang en quittant les capillaires ?

45. Quelle est la disposition générale des veines, et quel est dans ces veines le cours du sang ?

46. Quel est l'effet de la *compression* des veines par des bandages ou par d'autres moyens?

47. Quelle lésion permanente peut produire l'obstruction de la circulation veineuse ?

48. *Combien de temps* le sang met-il à parcourir le corps entier?

49. Quelles sont les *variations locales* de la circulation dans les différentes parties du corps?

CHAPITRE X

LA CHALEUR ANIMALE

Température des corps vivants. — Comment la conserve-t-on ?
— Production de la chaleur animale. — Animaux à sang
chaud. — Animaux à sang froid. — Température du corps
humain. — Source de la chaleur animale. — Différence de
température des organes internes. — Chaleur animale nécessaire à la vie. — Effets du refroidissement du sang et des
organes internes. — Régularisation de la chaleur par la transpiration. — Glandes de la transpiration. — Composition de
la transpiration. — Transpiration insensible. — Augmentation
de la transpiration par la chaleur. — Effet de son évaporation. — Effet de l'élévation de la température du sang au-
dessus de 100° Farenheit. — Ingrédients solides de la transpiration. — Sécrétion sébacée. — Nécessité de se baigner
souvent.

101. **Chaleur animale**. — Un des caractères les
plus remarquables des corps animaux, c'est la chaleur. Placez la main sur une partie quelconque de la
peau, et vous sentirez qu'elle est chaude au toucher,
c'est-à-dire qu'elle est plus chaude que l'atmosphère
ou que les corps environnants à des températures
ordinaires. Les animaux, quand ils sont exposés au
froid, se groupent ensemble pour se protéger contre

son influence, et s'efforcent de conserver leur chaleur par leur contact mutuel. Même l'haleine expulsée des poumons est plus chaude que l'air frais qui
y est entré une minute auparavant. Cette propriété
est si générale et si caractéristique dans les animaux
vivants, que nous regardons instinctivement leur
chaleur comme un indice de vitalité, et son absence
comme un signe de mort.

De plus, si nous voulons mesurer la chaleur du
corps vivant avec le thermomètre, nous trouverons
qu'elle est toujours presqu'au même degré. Si l'on
serre entre les doigts de la main fermée le réservoir
du thermomètre, il s'élèvera aussitôt à 90 ou 95
degrés Fahrenheit. Mais si on le place dans l'intérieur de la bouche, au-dessous de la langue, et
qu'on l'y tienne quelques instants à l'abri de l'air, il
restera stable à 100 degrés Fahrenheit. C'est là, par
conséquent, la température des parties internes.

Or, cette température interne est presque inva-
riable. En été comme en hiver, dans les régions arc-
tiques, comme sous la zone torride, quand même les
parties externes seraient froides ou gelées, la empé-
rature interne du corps est toujours à 100 degrés
Fahrenheit, ou à peu près. Mais comme la température de l'air est presque toujours bien au-dessous de
ce degré, le corps vivant doit constamment perdre

de sa chaleur par son contact avec l'atmosphère plus froide. Comment donc conserve-t-il sa température propre à un degré si élevé, malgré une perte continuelle de chaleur à sa surface externe?

102. Production de la chaleur à l'intérieur du corps. — Il n'y a qu'un moyen par lequel cette production soit possible. Le corps vivant produit ou crée lui-même la chaleur dans son intérieur, et remplace ainsi constamment celle qu'il perd au dehors. La chaleur interne ainsi produite est connue sous le nom de *chaleur vitale* ou *animale*.

Tous les animaux produisent de a chaleur avec plus ou moins de rapidité. Chez les oiseaux et chez les quadrupèdes, ainsi que dans l'espèce humaine, cette production est si active que leur sang et leurs organes internes sont presque toujours considérablement au-dessus de la température extérieure; c'est pour cela qu'on les appelle animaux « à sang chaud ». Chez les reptiles et les poissons, au contraire, la production de la chaleur, de même que la plupart des fonctions internes, est lente et faible, et leur température diffère très-peu de celle de l'air ou de l'eau dans laquelle ils vivent. Leur température est si fort au-dessous de la nôtre, que nous les appelons animaux « à sang froid ».

Par conséquent, c'est par sa propre chaleur interne

que le corps vivant est échauffé. Lorsque nous nous couvrons d'un vêtement, pour nous protéger contre le froid, ce n'est pas que ce vêtement possède quelque chaleur en lui-même; il empêche seulement une déperdition trop grande de la chaleur interne du corps. Même lorsque nous chauffons nos maisons avec des fourneaux et des feux, nous ne faisons qu'empêcher, de la même manière, que le corps ne se refroidisse trop rapidement. Car l'atmosphère, même dans l'appartement le plus chaud, ne s'élève jamais à la chaleur du corps vivant, qui reste encore la seule source de sa propre température vitale.

103. La chaleur animale nécessaire à la vie. — Cette température élevée du corps animal est essentielle à la vie. Les parties externes de la machine, et principalement celles qui sont plus minces et plus exposées, telles que les oreilles et les doigts, peuvent être glacées par le froid extérieur et revenir ensuite à leur premier état; mais si les organes internes et le sang se refroidissent de quelques degrés au-dessous de leur condition naturelle, la mort s'ensuit inévitablement. La puissance musculaire diminue, les sensations s'émoussent, la circulation du sang s'affaiblit, et la torpeur du système augmente graduellement jusqu'à ce que la vie finisse par s'éteindre.

104. Source de la chaleur animale. — La source de la chaleur animale se trouve dans les changements nutritifs qui s'opèrent en dedans du corps. Nous savons que la chaleur peut être produite de plusieurs manières différentes : par les rayons du soleil, par le frottement de substances solides, par la compression de l'air, par le passage de courants électriques, et en brûlant des corps combustibles. Elle est aussi produite par un grand nombre de changements chimiques, c'est-à-dire par les solutions, les combinaisons et les décompositions de plusieurs espèces. Tout le monde sait quelle grande chaleur développe une combinaison d'eau et de chaux, ou un mélange d'eau et d'acide sulfurique. Or, dans l'intérieur de la machine animale, il s'opère continuellement une variété infinie de ces changements chimiques. Ils ne sont pas tous semblables à ceux qui s'effectuent au dehors du corps, et les détails de plusieurs d'entre eux nous sont encore inconnus ; mais ils sont en activité incessante, et sont suffisants pour produire, en dernier résultat, la température élevée du corps vivant.

105. Variations et égalisation de la chaleur animale dans les différents organes. — Par conséquent, la température des différents organes internes n'est pas exactement la même, puisque les changements chimiques qui s'opèrent dans leurs tissus sont différents. Des expériences faites avec soin ont prouvé que cette différence de température s'élève quelquefois à presque $1° \frac{1}{2}$ Fahrenheit. C'est ainsi que le foie a été reconnu le plus chaud de tous les organes internes; mais le sang, qui aussi, sans doute, engendre la chaleur par lui-même, passe si rapidement dans la circulation, qu'il distribue la chaleur aux organes internes, et ainsi tend à égaliser la température de l'ensemble. La surface externe, par conséquent, qui est en contact avec l'atmosphère, est maintenue constamment chaude par le sang qui vient de l'intérieur; et les différentes parties du corps, lorsqu'on les examine attentivement, ne font voir qu'une légère variation de la température normale.

106. Régularisation de la chaleur animale par la transpiration. — Mais c'est aussi un phénomène remarquable que non-seulement la température du corps se conserve ainsi dans son état naturel, mais encore qu'elle ne s'élève jamais au-dessus de cette condition, à un degré appréciable. Si la même somme de chaleur se produisait en été comme en hiver, nous verrions le corps devenir plus chaud dans cette saison, puisqu'il perd moins de chaleur par son contact avec l'atmosphère. Mais cette variation n'a pas lieu. Comme la température interne du corps, en hiver, ne descend jamais au-dessous de 100°, de même, en été, elle ne s'élève jamais au-dessus de ce chiffre. Comment la chaleur du corps est-elle ainsi réglée?

C'est par le moyen de la *transpiration*.

Immédiatement au-dessous de la peau, sur toute la surface du corps, mais plus abondamment sur les paumes des mains, sur les plantes des pieds, et généralement sur les parties antérieures, il y a une multitude de petits corps glandulaires, appelés « glandes de la transpiration ». Chacune d'elles consiste en un tube mince, d'environ $\frac{1}{400}$ de pouce de diamètre, qui pénètre de la surface à travers toute l'epaisseur de la peau, et s'y termine en un rouleau globulaire, très-semblable à une masse enroulée de petits intestins en miniature. Les vaisseaux sanguins capillaires distribués dans ces glandes s'entrelacent avec leurs replis, et couvrent leur surface d'un fin réseau vasculaire.

Quoique ces glandes soient très-petites, elles sont cependant si nombreuses que, réunies ensemble, elles forment un système glandulaire important. Chacune d'elles, quand son enroulement est soigneusement démêlé, est d'environ $\frac{1}{15}$ de pouce en longueur. Selon les meilleurs calculs, le nombre entier des glandes de la transpiration dans le corps est d'environ 2,300,000. La longueur combinée de leurs tubes glandulaires n'est pas, par conséquent, moindre de 153,000 pouces, ou environ deux milles et demie.

Dans toute l'étendue de ces tubes glandulaires, le sang des vaisseaux capillaires se met en contact avec leur tissu. Là, il fournit un fluide aqueux qui se déverse dans leurs cavités, et vient enfin se décharger à la surface de la peau. Ce fluide, c'est la *transpiration*.

Lorsqu'on soumet la transpiration à l'analyse chimique, on y trouve la composition suivante :

COMPOSITION DE LA TRANSPIRATION.

Eau..................................	995,00
Matières animales, avec de la chaux.....	10
Sulfates et substances solubles dans l'eau.	1,05
Chlorures de sodium et de potassium et extrait d'esprit................	2,40
Acide acétique, acétates, lactates et extrait d'alcool............	1,45
	1000,00

Nous voyons, par conséquent, que la transpiration est principalement composée d'eau. Les matières animales qu'elle contient produisent en elle une odeur faible et particulière, et son acide acétique lui donne une réaction légèrement acide ; mais plus de 0,99 de ces matériaux consistent en eau.

La transpiration est sécrétée sans interruption. Les

menus vaisseaux sanguins versent ces ingrédients dans les cavités étroites des tubes glandulaires ; et, lorsque celles-ci en sont remplies, elles déchargent leur contenu par leurs ouvertures externes sur la peau ; ainsi, la peau distille constamment un fluide aqueux à sa surface. Cependant, nous ne voyons pas ce fluide ; il est vrai que, en général, il ne reste pas un seul instant sur la peau, car il est aussitôt enlevé par l'atmosphère, et dissipé par l'évaporation. C'est ce que nous appelons la « transpiration insensible de la peau ».

Par conséquent, la surface du corps, quoique constamment pourvue d'humidité par ces glandes, est constamment sèche, parce que toute l'humidité est aussitôt enlevée par l'évaporation. L'effet de cette évaporation est de refroidir la surface.

L'évaporation est un des moyens les plus efficaces de produire le froid. Si on humecte la main avec un fluide qui s'évapore rapidement, on éprouve tout à coup la sensation du froid que produit l'évaporation. Si on agite vivement la main dans l'air, de manière à hâter cette évaporation, la sensation du froid sera augmentée en proportion. Plus l'évaporation est rapide, plus grande est la sensation du froid qu'elle cause ; et les chimistes emploient souvent ce moyen pour obtenir la congélation de l'eau ou d'autres liquides.

La surface de la peau se refroidit donc constamment, d'abord par son contact avec l'atmosphère, et ensuite par l'évaporation de ses propres fluides. Dans les temps froids cependant la transpiration est en quantité excessivement petite. Son évaporation n'est pas suffisante pour refroidir la surface, et la température du corps est ainsi maintenue dans son état naturel.

Mais, dans les temps chauds, la transpiration est plus abondante. La peau devient active sous le stimulant de la chaleur; le sang circule plus librement dans les glandes de la transpiration, et une plus grande quantité de fluide est exsudée sur la peau. Alors, la transpiration devient souvent visible, parce qu'elle est sécrétée plus rapidement qu'elle ne peut être emportée par l'évaporation. L'évaporation de cette surabondance de fluide produit naturellement un refroidissement plus intense. En conséquence, le corps possède dans la sensibilité de la peau et dans les glandes de la transpiration un appareil pour régler sa propre température, malgré les variations de l'atmosphère extérieure.

La régularisation de la chaleur du corps par la peau est presque aussi importante que sa production. Car si le sang s'échauffe réellement beaucoup au-dessus de sa température naturelle, la mort s'ensuit aussi certainement que s'il s'était refroidi au-dessous. Il y a peu de degrés de variation au-dessus et au-dessous de 100° Fahrenheit, où la vie puisse être conservée. Chaque fois que nous nous livrons à un exercice musculaire extraordinaire, le corps s'échauffe d'avantage, probablement parce que tous les changements vitaux qui produisent la chaleur s'opèrent alors avec une plus grande rapidité. Mais en même temps la circulation est excitée dans la peau, et un flux abondant de transpiration empêche ainsi la chaleur de devenir excessive.

107. Quantité de la transpiration. — La peau, par conséquent, est en constante activité, et chaque fois que la température s'élève au-dessus d'un certain degré, cette activité s'accroît, et l'exhalation cutanée devient plus abondante. La quantité moyenne d'eau expulsée avec la transpiration est bien près de deux livres par jour.

108. Matière solide sécrétée par la peau. — Les parties aqueuses de la transpiration, comme nous l'avons vu, sont emportées par l'évaporation. Mais ses ingrédients solides restent en arrière et déposés sur la surface de la peau. Il y a une autre sécrétion cutanée, moins abondante que la transpiration, et qui sert à tenir la peau molle et souple. Elle se nomme « matière sébacée ». Elle est d'une nature en grande partie oléagineuse ; et ses ingrédients solides, comme ceux de la transpiration, restent déposés à la surface.

109. Nécessité d'ablutions générales. — Par conséquent, il est de la plus grande importance que la peau soit débarrassée de ces accumulations de matières solides par de fréquentes ablutions. Non-seulement les parties du corps qui sont exposées au contact des impuretés extérieures, mais encore toute sa surface, doivent être souvent lavées, pour enlever les débris de ses propres sécrétions. Le contact de l'eau froide agit, en outre, comme un stimulant salutaire à la peau, et tend à la conserver dans une condition vigoureuse, et prête en tout temps à accomplir ses fonctions naturelles.

QUESTIONNAIRE

1. Quelle est la *température* des parties internes du corps ?

2. Cette température varie-t-elle dans des climats différents ? ou reste-t-elle la même ?

3. Comment cette température est elle maintenue indépendante de l'air extérieur ?

4. Tous les animaux produisent-ils de la chaleur plus ou moins ?

5. Quels sont ceux qui sont nommés « à sang chaud », et quels sont ceux qui sont nommés « à sang froid », et quelle est la différence entre eux ?

6. Le corps est-il maintenu chaud par la température extérieure ou par sa propre chaleur interne?

7. Comment les vêtements, etc., servent-ils à maintenir la chaleur du corps?

8. La *chaleur animale* est-elle nécessaire à la vie?

9. Qu'arrive-t-il, lorsque le sang et les organes internes se refroidissent au-dessous de leur température naturelle?

10. Comment se produit la chaleur interne du corps?

11. Est-elle exactement la même dans les différents organes internes?

12. Sinon, jusqu'à quel point varie-t-elle?

13. Comment la chaleur animale est-elle distribuée et égalisée dans tout le corps?

14. L'intérieur du corps est-il plus chaud en été qu'en hiver?

15. Pourquoi la chaleur du corps est-elle modérée en temps chaud?

16. Quelles sont les glandes qui produisent la transpiration, et quelle en est la structure?

17. Quelle est la longueur de chaque tube glandulaire?

18. Quelle est la longueur combinée de toutes les glandes de la transpiration?

19. Quels sont les *ingrédients* de la transpiration?

20. La transpiration est-elle sécrétée accidentellement ou constamment?

21. Que devient-elle, lorsqu'elle est exsudée sur la peau?

22. Quel est l'effet de *l'évaporation* sur la chaleur de la peau?

23. Quand la transpiration est-elle invisible, et quand devient-elle visible?

24. Que deviennent les parties *solides* de la transpiration, lorsque ses parties aqueuses sont évaporées?

25. Qu'est-ce que la *matière sébacée* de la peau, et quel en est l'usage.

26. Pourquoi est-il nécessaire à la santé de se laver souvent le corps?

CHAPITRE XI

Par le mot *nutrition*, nous entendons plus spécialement tous les changements secrets et variés des substances, qui s'opèrent constamment dans l'intérieur du corps, et qui sont essentiels à sa vie et à son organisation. Nous trouverons que ces changements sont de trois différentes espèces; chacune d'elles nécessaire d'une manière différente à la fonction générale et continue de la *nutrition*. Ce sont : 1° l'assimilation ; 2° la sécrétion, et 3° l'excrétion.

110. Assimilation. — L'assimilation est la formation des tissus par les éléments de l'aliment. Car les tissus du corps diffèrent tous, dans leur composition, des substances que nous prenons comme aliments, et ne peuvent se former que lorsque les éléments de l'aliment sont devenus pareils ou leur sont « assimilés ». C'est cette opération que nous allons d'abord étudier.

Nous avons déjà vu comment les ingrédients de l'aliment se changent dans le procédé de la digestion, et comment ces substances sont ensuite converties en éléments du sang. Nous pouvons dire alors qu'elles ont été assimilées au sang ; car ce fluide a maintenant ses ingrédients particuliers, produits par l'absorption et la transformation de l'aliment digéré.

Mais cet aliment n'est pas encore converti en tissus. Aucun de ces tissus n'a la même composition que le sang, et ils diffèrent tous les uns des autres ; cependant ils dépendent tous exclusivement, pour leurs matériaux, du sang, qui doit leur fournir tout ce qui est nécessaire à leur accroissement et à leur organisation. Comment s'accomplit donc leur nutrition ?

Les parties fluides du sang se composent, comme

nous le rappelons, d'abord d'eau avec des substances minérales en dissolution, qui forment ses ingrédients inorganiques ; et secondement d'albumine et de fibrine, qui sont ses éléments organiques. Or, toutes les substances inorganiques proviennent de l'aliment. Elles ont été absorbées du dehors, et maintenant elles forment une partie du sang. Elles existent aussi dans tous les tissus solides. Quelques-unes d'entre elles, comme le chlorure de sodium ou le sel commun, se trouvent partout dans le corps ; aucun tissu n'en est privé. D'autres, comme le phosphate de chaux, s'y trouvent quelquefois en grande abondance, par exemple, dans les os et les dents, où cette substance forme plus de la moitié du tissu entier. Par conséquent, lorsque le sang chargé de ces éléments inorganiques arrive à la circulation capillaire, pénétrant partout dans les interstices des tissus, il leur abandonne les substances nécessaires à leur croissance, en les exsudant à travers les parois des vaisseaux sanguins.

Mais ici se rencontre un phénomène singulier.

111. Dépôt des ingrédients en différentes proportions. — Ces substances inorganiques sont présentes dans tous les tissus en proportions différentes. La chaux, par exemple, qui, dans les os, constitue plus de 500 parties sur 1000 de leur tissu, ne forme dans les cartilages que 40 parties, et, dans les muscles, seulement 2 parties et demie. L'eau qui, dans les dents, ne forme que 10 pour 100 de leur substance, est de plus de 78 pour 100 dans le cerveau. Chaque tissu doit contenir aussi ces substances dans la proportion qui lui est propre. Si la chaux, par exemple, faisait défaut dans les os, ceux-ci céderaient et se courberaient sous le poids du corps; et si elle était en excès dans la substance du cœur, cet organe ne pourrait pas accomplir sa fonction, et la circulation finirait par s'arrêter.

Chaque tissu par conséquent choisit, dans le sang, la proportion convenable de matières inorganiques et se les approprie. C'est comme si chacun d'eux était doué d'une espèce d'instinct, par lequel il ne prendrait ni plus ni moins de ce qui est utile à son organisation. Cette propriété réside dans la substance des tissus eux-mêmes. Nous avons trouvé, en étudiant dans le chapitre précédent, le sujet de « l'absorption et de l'endosmose », que chaque tissu animal absorbe certains fluides et certaines dissolutions plus rapidement que d'autres, et que la même substance est absorbée en plus grande quantité par une membrane que par toute autre différente. La même chose arrive pendant la circulation dans le corps vivant. Ainsi, chaque tissu absorbe du sang la quantité de matière qui lui est nécessaire, et conserve constamment sa composition spéciale.

Bien plus, plusieurs de ces ingrédients sont en plus grande proportion dans les tissus que dans le sang. Ainsi la chaux, qui forme plus de 500 parties sur 1000 dans les os, dans le sang ne forme que 3 parties sur 10,000. Comment, par conséquent, le sang, dans lequel elle est en si petite quantité, peut-il en fournir aux os, dans lesquels elle est si abondante ?

Cela est dû à la rapidité de la circulation. Le sang qui a passé à travers les capillaires d'un organe et lui a fourni ses ingrédients, est à l'instant suivi d'une nouvelle provision fraîche et inépuisée ; et comme il se meut dans le cours rapide de la circulation, il revisite incessamment les différentes parties du corps, et continue à leur fournir petit à petit les ingrédients nécessaires à leur entretien.

112. Transformation de la matière albumineuse. — Nous arrivons maintenant aux éléments organiques ou « albumineux » du corps.

Ces éléments sont du caractère le plus varié. Dans les fibres musculaires, l'ingrédient albumineux, nommé « musculine », possède des qualités chimiques spéciales. Dans les os, il se nomme « ostéine », dans les cartilages « chondrine », dans les cheveux et les ongles « kératine », et dans la lentille transparente des yeux « cristalline ». Toutes ces substances sont d'une consistance solide, et presque chaque tissu en contient une qui lui est particulière; et cependant elles sont toutes fournies par le sang, qui n'en contient que deux : l'*albumine* et la *fibrine;* et aucune d'elles ne forme la substance d'aucun des tissus.

Nous avons donc ici un phénomène de *transformation*. L'albumine du sang, en passant à travers les capillaires de chaque tissu, est transsudée et absorbée comme les matières inorganiques. Mais ce qui n'arrive pas pour celles-ci, elle change en même temps de caractère : dans un tissu elle devient ostéine, dans un autre musculine, dans un autre chondrine, et ainsi de suite. Cette transformation est effectuée par la catalyse, c'est-à-dire que l'élément constitutif de chaque tissu a le pouvoir, par son simple contact, de convertir l'albumine du sang en sa propre substance et de fournir ainsi à sa propre régénération.

C'est de cette manière que les divers tissus conservent leur constitution naturelle. C'est par cette merveilleuse transformation, qui tous les jours s'opère dans l'intérieur de notre machine, que le gluten du pain, la caséine du lait et l'albumine des œufs, sont à la fin convertis en chair, en os, en membranes et en tissus nerveux dans le corps humain. Par conséquent, par le moyen de l'action intermédiaire de la digestion du sang, tous les ingrédients de l'aliment sont finalement assimilés à la substance des divers tissus.

113. Sécrétion. — La seconde partie du procédé nutritif est la *sécrétion*. — Une sécrétion est un fluide préparé par divers organes et dont les éléments sont fournis par le sang, pour accomplir un certain objet dans l'économie animale. Nous avons eu déjà occasion de parler de plusieurs de ces sécrétions et de décrire le rôle qu'elles remplissent. Ainsi le suc gastrique sécrété dans l'estomac aide à la digestion de l'aliment : la bile formée par le foie subit certains changements dans l'intestin, pour la production d'autres matériaux : la transpiration s'exhale de la peau pour régler sa température par l'évaporation. Il y a plusieurs autres sécrétions qui n'ont pas encore été mentionnées, telles que les larmes, qui humectent et protégent la surface transparente de l'œil ; le lait, qui sert d'aliment au jeune enfant ; et le mucus, qui lubrifie les passages internes du corps. Chacun de ces fluides a un but utile et défini dans les opérations vitales.

114. Structure et action des organes sécréteurs. — Les sécrétions sont formées, dans certains organes composés, de petites cavités ou « follicules », dont

chacune s'ouvre par un orifice externe. Plusieurs
follicules sont ordinairement groupés ensemble avec
toutes leurs branches ouvertes dans un petit tube,
formant ainsi un « lobule », et un certain nombre
de lobules sont aussi unis en une masse compacte,
avec leurs divers tubes se réunissant tous dans un

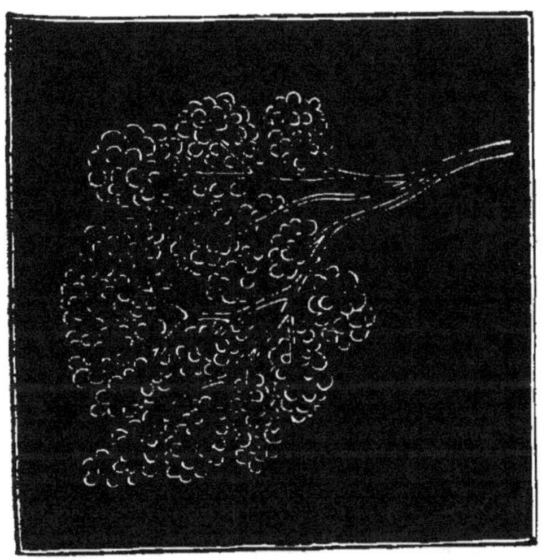

Fig. 42. — Structure d'une glande.

tube ou « conduit » commun (*fig.* 42). Cet organe se
nomme une *glande*.

Quelquefois les petites cavités ou follicules ont la
forme de tubes minces qui ont chacun une ouverture séparée, tels que les tubules de l'estomac, les
follicules de l'intestin et les glandes de la transpiration de la peau ; mais tous les organes glandulaires

plus grands, tels que la glande parotide, le pancréas et les glandes du lait, ont une structure plus complexe, qui a été décrite plus haut.

Les vaisseaux sanguins capillaires pénètrent entre ces follicules et mettent le sang en contact étroit avec chaque partie de la glande.

Alors un changement a lieu dans l'organe glandulaire, pareil en quelque sorte à celui que nous avons décrit dans les tissus. Le sang, sous la pression de la circulation, se débarrasse de son eau et de ses ingrédients inorganiques, qui s'infiltrent à travers les vaisseaux sanguins dans les cavités des follicules glandulaires. Ainsi des ingrédients du sang se produit un fluide qui est retiré de la circulation, et se nomme, par conséquent, *une sécrétion.*

Mais chaque glande sépare les ingrédients du sang en proportions spéciales, différentes pour chaque sécrétion. Ainsi quelques-unes de ces sécrétions possèdent une grande quantité d'eau, comme la transpiration; d'autres, une grande quantité de matières solides, comme le suc pancréatique. La glande, jouissant du pouvoir de s'approprier les matériaux de sa sécrétion dans une proportion convenable, donne à celle-ci sa constitution particulière.

Mais, dans chaque sécrétion, il y a aussi une substance animale spéciale qui n'existe pas dans le sang, et c'est en genéral de cette substance que dépend le caractère particulier de la sécrétion. Ainsi, dans le suc gastrique, il y a de la pepsine, qui sert à dissoudre l'aliment ; dans la salive, la substance visqueuse qui aide à la mastication ; dans le lait, la caséine qui lui donne sa qualité nutritive.. Or, toutes ces substacnes sont produites par la glande elle-même. C'est encore une transformation par laquelle l'albumine du sang prend une nouvelle forme dans les cavités de l'organe glandulaire. La sécrétion, par conséquent, se compose de cette nouvelle substance, qui est produite dans la glande, et, en plus, d'eau et des ingrédients minéraux qui ont été fournis directement par le sang.

Le fluide particulier ainsi produit est versé dans les follicules glandulaires et remplit leurs cavités. Il apparaît ensuite dans les tubes qui partent des follicules, et, s'accumulant ainsi constamment, se décharge finalement par le conduit ou sortie principale de la glande.

Nous voyons donc comment il se fait que ces sécrétions sont produites plus abondamment à de certains moments. Quand la circulation de la glande est excitée, le sang arrive en plus grande abondance dans les capillaires, et les matériaux qu'il renferme sont fournis en plus grande quantité. Ils peuvent s'infiltrer rapidement dans les follicules glandulaires, et passer outre par les tubes et conduits en un flux abondant. Quand l'excitation de la circulation cesse, la production du fluide est de nouveau arrêtée, et la glande reprend son état de repos.

115. Excrétion. — Enfin il nous reste à étudier le procédé de l'*excrétion*.

Dans toutes nos machines et inventions mécaniques, nous ne pouvons nous servir de leur puissance que par une dépense de matériel. Chaque moulin doit avoir non-seulement un canal supérieur qui lui fournisse de l'eau, mais encore un canal inférieur où cette eau se déverse. Le combustible d'un fourneau est constamment consumé, et ensuite rejeté en fumée et en cendre. Le piston d'une machine à vapeur est mû par la force expansive de la vapeur; mais, lorsque celle-ci a rempli sa fonction, elle a perdu de sa puissance par son expansion, elle change de forme et alors elle doit être expulsée des cylindres pour faire place à une nouvelle provision.

La même chose arrive dans le corps vivant. Chaque organe et tissu animal est altéré et décomposé en vertu de sa propre activité. A chaque pulsation du cœur une partie de son pouvoir vital est dépensée, et la substance de ses fibres est changée. Chaque fois que les nerfs éprouvent une sensation, au même instant, leur tissu perd de sa substance, et leur sensibilité est plus ou moins altérée. Cette action cependant n'est ni destructive ni nuisible ; c'est une opération naturelle et salutaire des organes vivants. Car, c'est par cette même altération de leur substance, qu'ils accomplissent leur travail ; et, au même instant, de nouveaux matériaux sont constamment fournis pour leur renouvellement. C'est comme si la nature était sans cesse occupée à défaire et à refaire le tissu du corps ; de manière à ce que ce tissu soit toujours neuf et toujours doué d'une vitalité uniforme.

116. Substances produites par l'excrétion. — Mais, dans ce procédé, de nouvelles substances font leur apparition dans le corps. Pendant que ces changements s'opèrent dans les profondeurs des tissus, leurs ingrédients se décomposent et se présentent sous d'autres formes. Ces substances représentent les éléments usés ou épuisés de la machine, et, par conséquent, dès le premier moment de leur production, elles sont destinées à être expulsées. Leur évacuation ou élimination du corps n'est pas moins importante que les autres changements de la nutrition ; car, en restant, elles troubleraient les pouvoirs vitaux, et empêcheraient l'activité du système. Il serait peu avantageux de mettre dans un fourneau de nouveau combustible, s'il devait s'y trouver mêlé avec les cendres et les débris du combustible consumé.

L'excrétion est le procédé par lequel ces matériaux usés sont éliminés, et les substances ainsi éliminées se nomment « les excrétions ».

La plus importante et la plus abondante de ces matières est l'*acide carbonique*. Nous avons déjà vu comment cette substance est constamment formée dans le corps, et comment elle est rapidement déchargée par les poumons. Elle passe aux poumons avec les ingrédients liquides du sang, et de là elle est exhalée sous la forme gazeuse par la respiration.

En même temps, il y a une petite quantité de *vapeur animale* qui se dégage par la respiration. Cette vapeur n'a pas de nom, mais c'est elle qui donne à l'haleine une odeur particulière. Aussi longtemps que la respiration n'est pas confinée et que la ventilation est libre, nous ne la sentons presque pas; mais dans l'atmosphère renfermée d'une chambre remplie de monde et mal ventilée, elle devient aussitôt perceptible par son odeur suffocante et désagréable. Quoique cette vapeur animale soit comparativement en petite quantité, il y a des raisons de croire cependant qu'elle est encore plus nuisible à la santé que l'acide carbonique, qui s'accumule en même temps. C'est sans doute par cette vapeur de la respiration que quelques maladies contagieuses se communiquent, quoique les deux personnes qui en sont affectées, n'aient jamais été en contact réel, mais ont seulement respiré l'air du même appartement. Une matière odorante de même nature s'exhale aussi par la *transpiration*; comme la première, elle est en petite quantité; et elle n'est nuisible que lorsqu'on la laisse s'accumuler et rester stagnante dans l'atmosphère. Si on la chasse par la ventilation, elle est aussitôt détruite par l'oxygène de l'air, ou décomposée par les végétaux pour leur propre nutrition.

117. Urée. — Une autre matière très-abondante et très-importante de l'excrétion, c'est l'*urée*.

L'urée est une substance cristallisable, produite ordinairement dans le corps en quantité d'un peu plus d'une once par jour. Nous ne savons pas encore dans quelles parties spéciales du système elle se forme; mais elle se présente partout dans le sang, dissoute dans ses ingrédients liquides. La quantité d'urée produite varie en quelque sorte avec l'activité du corps; car des expériences ont démontré qu'elle augmente par l'exercice musculaire, et diminue durant les périodes de repos; la seule occupation mentale, même sans aucun effort corporel, est signalée

par une plus grande somme de cette substance formée dans le système.

Dans quelques maladies, l'urée s'accumule dans
le sang au delà de ses proportions naturelles. Elle
produit alors des effets très-nuisibles et agit sur le
système comme un poison ; les sens s'altèrent, et la
circulation est troublée, et, si l'accumulation continue, elle finit par produire des convulsions, l'insensibilité et la mort.

Mais, dans la santé, l'urée est constamment éliminée du sang par les reins. Pendant que le sang passe
à travers les capillaires de ces organes, il y perd son
urée par une sorte de filtration et retourne dégagé et
purifié dans la circulation. Ainsi, de même que l'a-
cide carbonique produit dans le corps est expulsé
par les poumons, de même l'urée est expulsée par
les reins. Elle se mêle avec d'autres ingrédients
aqueux et inorganiques du sang dans leur passage,
et finit par être éliminée du système avec eux.

Il y a diverses autres substances de nature semblable qui sortent du sang par les mêmes canaux
que l'urée : deux d'entre elles se nomment l'une,
créatine et l'autre, *créatinine*. Elles se forment d'abord
dans les muscles et en sont absorbées par le sang.
Une autre est nommée *urate de soude*, parce que son
ingrédient animal particulier se combine avec la

soude au moment de sa formation. Toutes ces sub-stances sont expulsées du corps, pendant la santé, presque aussi rapidement qu'elles y sont formées.

Ainsi, après les poumons, les reins sont les grands organes de la purification du sang. Par eux les matières usées et épuisées sont sans cesse rejetées, tandis que les autres ingrédients sont conservés dans leur proportion convenable.

118. Renouvellement des matériaux du corps. — Nous voyons, par conséquent, que la nutrition du corps est accompagnée d'*un double mouvement d'approvisionnement et de décharge*, et aucun de ces deux mouvements ne peut s'opérer sans l'autre. Il y a entre les deux un troisième mouvement intermédiaire, c'est celui de la sécrétion ; mais la plupart des fluides sécrétés, après avoir été séparés du sang, sont de nouveau absorbés par les vaisseaux sanguins, et ainsi entrent de nouveau dans la circulation.

Maintenant, si on examine la quantité entière de matériaux ainsi absorbés et déchargés toutes les vingt-quatre heures, on peut se former une idée de la rapidité avec laquelle s'accomplissent les opérations vitales. Nous avons déjà donné les quantités journalières de plusieurs de ces substances, nous donnons dans la liste suivante celles des autres. Tous les chiffres sont donnés pour un homme de taille ordinaire, pesant 140 livres. Dans la première colonne est placée la quantité de matière absorbée, et dans la seconde celle de la matière excrétée.

ABSORPTION PENDANT 24 HEURES		EXCRÉTION PENDANT 24 HEURES	
Oxygène.	1 liv., 02	Acide carbonique...	1 liv., 53
Eau.	4 , 73	Vapeur des poumons.	1 , 15
Matière albumineuse.	0 , 40	Transpiration.	1 , 93
Amidon.	0 , 66	Eau de l'urine.	2 , 02
Graisse.	0 , 22	Urée et autres excrét.	0 , 40
Sels minéraux.	0 , 04	Sels minéraux.	0 , 04
	7 liv., 07		7 liv., 07

Ainsi un homme bien constitué et en bonne santé absorbe et expulse chaque jour un peu plus de 7 livres de matière ; et un homme du poids moyen de 140 livres reçoit et rejette, dans le courant de vingt jours, une quantité de matière égale au poids de son corps entier.

Il est clair aussi que ces matières ne passent pas simplement à travers le système, comme l'eau à travers un tamis. Au contraire, elles se combinent, à leur passage, avec les ingrédients des tissus et forment pendant ce temps une partie de leur substance. Une grande partie aussi de ces matières subit deux ou trois fois des transformations chimiques successives sous l'influence des actions vitales, passant successivement par des formes différentes, jusqu'à ce qu'elles soient enfin déchargées par le procédé de l'excrétion.

Ainsi l'histoire de la nutrition est une histoire de changements incessants, par lesquels les divers ingrédients du corps sont continuellement détruits et renouvelés, tandis que le corps lui-même reste toujours vigoureux et sans altération.

QUESTIONNAIRE

1. Quels sont les trois procédés de la *nutrition* ?

2. Qu'est-ce que l'*assimilation* ?

3. De quel fluide dépendent les tissus pour leur nutrition ?

4. Le sang contient-il tous les ingrédients aqueux et minéraux des tissus ?

5. Les contient-il dans *les mêmes proportions* où ils sont dans les tissus ?

6. Ces substances existent-elles dans les divers tissus dans la même proportion ou dans des proportions différentes ?

7. Donnez quelques exemples de la variation des proportions des ingrédients inorganiques dans les différents tissus.

8. Comment ces substances sont-elles déposées dans chaque tissu dans la proportion qui leur est propre ?

9. Comment le sang peut-il fournir à un tissu plus d'eau ou de chaux qu'il n'en contient lui-même ?

10. Le sang contient-il aucun des ingrédients « albumineux » des tissus ?

11. Quels sont les ingrédients albumineux du sang ?

12. Nommez quelques-uns des ingrédients albumineux des tissus ?

13. Comment les ingrédients albumineux du sang sont-ils convertis en ceux des tissus ?

16.

14. Qu'est-ce que la *sécrétion?*

15. Nommez quelques-unes des sécrétions et leurs usages.

16. Décrivez la structure d'une *glande.*

17. Que sont ses *follicules,* ses *lobules,* ses *conduits?*

18. Quel est la disposition des vaisseaux sanguins capillaires dans une glande ?

19. Quelle source fournit les ingrédients aqueux et minéraux d'une sécrétion?

20. Comment se produit sa substance animale spéciale?

21. Comment les sécrétions se produisent-elles plus abondamment à certains moments ?

22. Quel est le dernier des procédés de la nutrition?

23. Les organes du corps restent-ils les mêmes ou sont-ils changés par l'accomplissement de leurs fonctions ?

24. Ce changement est-il un procédé destructif ou salutaire?

25. Comment les organes sont-ils maintenus dans une saine condition ?

26. Qu'est-ce qu'une *excrétion?*

27. Pourquoi les excrétions doivent-elles être déchargées du système?

28. Quelle est la plus abondante et la plus importante de toutes les excrétions ?

29. Comment se décharge-t-elle ?

30. Quelle autre excrétion, outre l'acide carbonique, est déchargée avec l'haleine?

31. Quand les matières odorantes de l'haleine et de la transpiration deviennent-elles délétères?

32. Qu'est ce que l'*urée ?*

33. Quelle quantité d'urée est produite chaque jour dans le corps?

34. Quand l'urée s'accumule dans le sang par une maladie, quel effet produit-elle?

35. Par quels organes est-elle déchargée du système pendant la santé? .

36. Quelles autres excrétions sont déchargées par les reins?

37. Quelle est la quantité entière des matières *absorbées* et *déchargées* par le corps en vingt-quatre heures ?

38. Cette matière passe-t-elle simplement à travers le corps, ou est-elle combinée avec les tissus et de nouveau décomposée ?

39. Combien faudrait-il de temps à toute la substance du corps pour être renouvelée par la nutrition ?

SECTION III

LE SYSTÈME NERVEUX

CHAPITRE XII

STRUCTURE GÉNÉRALE ET FONCTIONS DU SYSTÈME NERVEUX.

Action d'ensemble des organes. — Système des télégraphes. — Filaments nerveux — Nerfs. — Moelle épinière. — Nerfs spinaux. — Encéphale. — Cerveau. — Cervelet. — Moelle allongée. — Nerfs crâniens. — Les fibres nerveuses sont des organes de communication. — Irritabilité des nerfs. — Fibres sensitives. — Fibres motrices. — Cellules nerveuses. — Centres nerveux. — Action réflexe du système nerveux.

119. Objet et usage du système nerveux. — Dans les précédents chapitres, nous avons étudié la manière dont les différents organes du corps accomplissent chacun leur fonction. Nous allons maintenant voir comment ils sont amenés à agir en harmonie les uns avec les autres, pour l'avantage et la conservation du tout.

Car ce n'est pas assez qu'un organe soit apte à remplir une certaine fonction ; il doit aussi agir dans un *temps spécial* et d'une *manière spéciale*. Comment se fait-il que le diaphragme se meuve de haut en bas et réciproquement, et cela assez souvent pour fournir aux poumons l'air nécessaire à la respiration? L'estomac, comme nous l'avons vu, sécrète son suc gastrique, précisément lorsqu'il en est requis pour la digestion de l'aliment et non dans un autre moment. Les courants variables de la circulation, l'action des organes glandulaires, et même le mouvement des membres doivent tous s'opérer ensemble ou alternativement, de manière à ne pas se contrarier les uns les autres, mais à s'entre-aider harmonieusement dans les fonctions générales de la machine animale.

Cette harmonie dans l'action des différents organes est assurée au moyen du *système nerveux*. Quelle est la structure du système nerveux, et comment accomplit-il ses fonctions?

120. Disposition générale du système nerveux. — Imaginez une série de fils télégraphiques partant de toutes les stations de la police d'une grande ville et se rendant au bureau central, au quartier général de l'administration. Ces fils forment une communication entre toutes les rues, impasses, avenues de chaque district et le bureau central; et ensuite, entre le bureau central et toutes les parties de la ville. Tout événement qui arrive dans un district, peut être télégraphié au quartier général, et la réponse rendue de suite, pour donner les ordres nécessaires ou envoyer l'assistance requise. Si un homme se trouve malade ou blessé, on expédie à son secours un médecin. Si on requiert un renfort de police pour réprimer un désordre, ou pour accomplir quelque acte inattendu, les hommes de la police reçoivent l'ordre des autres districts et se rendent au lieu indiqué par les mêmes moyens de communication. Ainsi tout le mécanisme administratif agit ensemble ou séparément, selon que l'exigent les circonstances, et ses différentes parties se meuvent constamment en harmonie les unes avecles autres.

Le système nerveux est ce moyen de communication entre les différentes parties de la machine animale.

121. Fibres nerveuses ou filaments. — Il y a une multitude de cordons ou filaments tenus et blancs, distribués dans tout le corps et qui se dirigent dans tous les sens, s'entrelaçant dans les divers tissus, et qui aboutissent à toutes les parties de la peau, des muscles et des organes glandulaires. Ces filaments sont d'une extrême ténuité, le plus petit ne mesurant que $\frac{1}{10000}$ de pouce de diamètre, et le plus gros $\frac{1}{2000}$ au plus. Chacun d'eux est composé au centre d'un fil mince, aplati comme un ruban, de couleur grise, lequel est entouré d'une matière blanche et

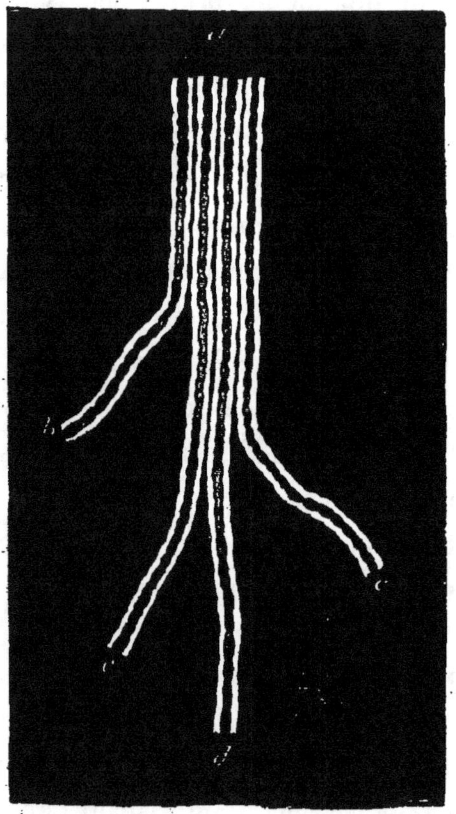

Fig. 43. — Différents filaments nerveux s'unissant pour former un nerf. Fort grossissement (*).

molle, très-semblable dans sa consistance à de la crème épaissie (*fig.* 43), le tout renfermé dans une

(*) *a*, portion du nerf; *bcde*, filaments nerveux.

enveloppe mince et transparente ou membrane tubulaire. Les filaments ainsi formés se nomment *filaments nerveux*.

A leur origine, comme nous l'avons dit, les filaments nerveux sont disséminés dans les tissus des divers organes. De ces points ils s'approchent les uns des autres, et s'unissent côte à côte en petits faisceaux. Ces faisceaux, partant des différentes parties d'un organe, s'unissent aussi les uns aux autres, et forment des cordons plus gros par l'adjonction continuelle d'autres filaments. Quand une de ces collections est devenue assez grosse pour être vue à l'œil nu, elle se nomme un *nerf*.

Chaque nerf, par conséquent, est un faisceau formé de ces filaments provenant de différentes parties et tous suivant une même direction. Ces filaments ne s'unissent pas ou ne se confondent pas les uns avec les autres dans la substance du nerf, mais ils restent distincts comme les fils séparés d'un écheveau de soie (*fig.* 43).

Quand un nerf s'est ainsi dégagé de la profondeur des tissus, et commence à pénétrer dans les interstices des parties adjacentes, il se revêt d'une enveloppe mince mais forte de tissus fibreux blancs, qui lient ensemble et protégent ces filaments séparés. Car ces filaments, composés de la matière molle et délicate que nous avons décrite, seraient sujets à être lésés ou lacérés par les mouvements des membres et par la pression d'organes plus solides, s'ils n'étaient pas protégés par cette enveloppe. Cette enveloppe fibreuse du nerf s'appelle « son névrilemme » ou *gaîne*. Elle donne aux nerfs cette couleur blanche et brillante, qui les fait reconnaître par le chirurgien dans la dissection des diverses parties du corps.

Les nerfs qui naissent dans la peau et les muscles des différentes régions du corps et des membres supérieurs et inférieurs, passent en dedans, du côté droit et du côté gauche, vers la ligne médiane et la colonne spinale. Arrivés à ces régions, ils forment trente et une paires distinctes, chaque paire étant composée de deux nerfs symétriques, un droit et un gauche, tenant aux côtés correspondants du corps. Ils passent ensuite à travers certaines ouvertures situées sur les côtés et la partie postérieure de la colonne spinale, et pénètrent ainsi dans la cavité du canal spinal. Là, ils s'unissent en une longue masse nerveuse, blanche et cylindrique, qui court de bas en haut directement le long de la ligne médiane du dos, dans la cavité du canal spinal. Cette masse nerveuse, c'est le *cordon spinal*.

Par conséquent, le cordon spinal contient en lui-

même les filaments dérivés de tous les nerfs des
parties externes du corps et des membres. Comme

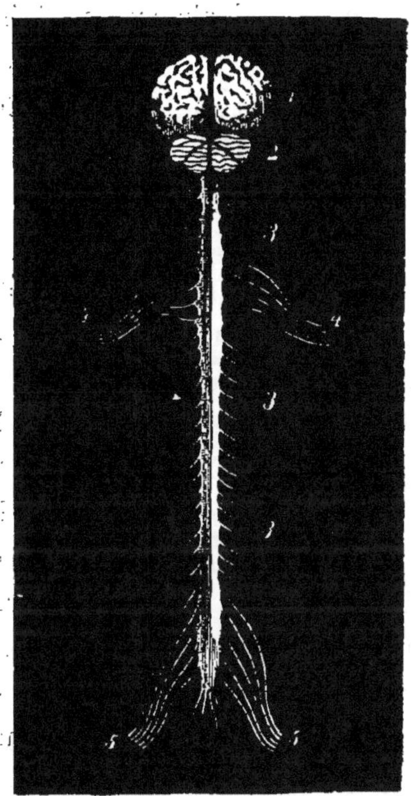

Fig. 44. — Encéphale, moelle épinière et nerfs spinaux vus par derrière (*).

ces nerfs s'unissent au cordon spinal de la manière
ci-dessus décrite, ils se nomment les *nerfs spinaux.*

(*) 1, 2, encéphale composé (1) du cerveau, et (2) du cervelet; 3,
moelle épinière et nerfs; 4, nerfs des membres supérieurs; 5, nerfs
des membres inférieurs.

La substance du cordon spinal est molle et délicate ; mais elle est protégée par devant par la masse solide de la colonne spinale, sur ses côtés et derrière par les proéminences osseuses qui couvrent en forme d'arc et embrassent le cordon spinal. Elle est ainsi renfermée dans une longue cavité ou canal, que nous avons déjà désigné sous le nom de « canal spinal ». Le cordon spinal traverse ce canal de bas en haut, et vient aboutir à l'extrémité supérieure de la colonne spinale. Là il entre dans la cavité du crâne, et aussitôt se développe en une large masse nerveuse arrondie, qui est l'encéphale (*fig.* 44).

L'encéphale lui-même se compose de trois parties qui sont : 1° une masse supérieure, plus large et plus arrondie, couverte de sinuosités ou circonvolutions qui remplissent toute la partie supérieure, moyenne et antérieure du crâne, appelée le *cerveau* ; 2° une plus petite masse, plus aplatie, également repliée à sa surface, située dans la partie inférieure et postérieure du crâne, appelée le *cervelet* ; et 3° une masse encore plus petite, placée à la jonction du cordon, spinal avec l'encéphale et appelée la *moelle allongée.* Dans la figure 44, la moelle allongée n'est pas représentée, parce qu'elle est cachée par les masses plus grandes du cerveau et du cervelet.

Le cerveau et le cordon spinal sont en outre séparés par un sillon profond en deux parties égales, l'une à droite et l'autre à gauche. Ces parties sont réunies l'une à l'autre, en dessous, par des masses connectives de substance nerveuse ; mais à leur surface, surtout si on les regarde par derrière, comme dans la figure 44, elles présentent l'apparence de deux moitiés séparées, correspondant aux deux groupes de nerfs qui viennent des côtés opposés du corps.

Outre les nerfs attachés au cordon spinal, il y a diverses autres paires, qui se rendent aux parties environnantes de la tête et du cou, et qui arrivent à l'encéphale en passant par les ouvertures de la partie inférieure du crâne : on les nomme *nerfs crâniens.* Ils ne sont pas représentés dans le diagramme (*fig.* 44), parce que, pour la plupart, ils passent de derrière en avant et d'avant en arrière.

Ainsi la partie principale du système nerveux, tel qu'il vient d'être décrit, se compose, 1° de nerfs venant des diverses parties du corps, et 2° de l'encéphale et du cordon spinal auxquels ces nerfs s'unissent.

Les filaments nerveux sont les fibres de communication du système nerveux. Ils sont les fils télégraphiques, par lesquels les dépêches secrètes sont envoyées d'une partie à l'autre de la machine du corps. Comment remplissent-ils cette tâche ?

122. Irritabilité des fibres nerveuses. — Chaque fibre nerveuse est douée d'une puissance particulière, qui se nomme *irritabilité*. Par ce mot, nous entendons que, chaque fois qu'elle reçoit une certaine impression, chacune de ses parties est mise dans un état particulier d'activité ou d'excitation. Quelle est la nature précise de cette activité du filament nerveux ? Nous l'ignorons, mais nous savons que cette activité est instantanément propagée à travers sa substance d'une extrémité à l'autre. Si vous frappez une barre de fer à l'un de ses bouts, ce métal vibre dans toute sa longueur. De même à peu près, lorsqu'on applique un stimulant propre à une extrémité ou à toute autre partie de la fibre nerveuse, celle-ci éprouve tout entière une excitation simultanée.

Or, cette activité d'une fibre nerveuse ne produit aucun effet visible sur le nerf lui-même. Sa propriété particulière consiste à *mettre en activité quelque autre organe*. C'est ainsi que les muscles sont forcés de se contracter, et que les glandes sont excitées à la sécrétion par le stimulant des nerfs ; et, cependant, les nerfs qui transmettent cette excitation ne montrent eux-mêmes aucun changement dans leur apparence. Ils servent de moyen de communication au stimulant, qui doit produire ailleurs son effet.

123. Deux différentes espèces de fibres nerveuses.

— Lorsqu'on examine avec attention les fibres nerveuses, on voit qu'elles sont de deux espèces différentes, destinées à deux différentes fonctions.

Les premières sont les fibres *sensitives*. Elles sont distribuées dans toute la peau, dans les membranes qui servent d'enveloppes et dans d'autres organes du corps. Elles sont ainsi nommées, parce qu'elles sont sensibles aux impressions faites sur ces organes, et elles communiquent les impressions ainsi reçues aux parties centrales du système nerveux. Elles transmettent, par conséquent, l'excitation nerveuse de dehors en dedans.

Les autres sont les fibres *motrices*. On les appelle ainsi, parce qu'elles mettent en mouvement ou en activité les muscles ou autres organes dans lesquels elles sont distribuées. Elles agissent dans une direction tout à fait contraire à celle des premières, et transmettent le stimulant nerveux de dedans en dehors.

124. Centres nerveux ou ganglions. — Mais les fils du système télégraphique seraient inutiles en eux-mêmes, s'ils n'étaient en correspondance avec une station ou bureau télégraphique, où leurs messages peuvent être reçus, et par lesquels peuvent être renvoyées les réponses nécessaires. Il existe dans le système nerveux de pareilles stations télégraphiques.

Outre la matière nerveuse blanche, formée par les filaments ou fibres déjà décrits, il existe une autre espèce de tissu nerveux, appelée matière grise ou « cendrée ». Comme son nom l'indique, elle est de couleur grise ou de cendre ; et elle contient, outre les fibres nerveuses et les vaisseaux sanguins, une grande quantité de corps microscopiques de diverses formes, qu'on nomme les « cellules nerveuses ». Ces cellules sont les éléments particuliers de la matière nerveuse grise, et ne se trouvent dans aucun autre endroit. Elles sont, en général, d'une forme plus ou moins arrondie ; chacune d'elles porte une tache ovale, qu'on nomme son « noyau ». Plusieurs d'entre elles présentent de légères projections ou prolongements qui s'étendent de la surface en plusieurs directions (*fig.* 45). Les fibres des nerfs se mêlent et s'entrelacent en grande quantité avec les cellules, et souvent, sinon toujours, communiquent avec elles par le moyen des minces prolongements ;

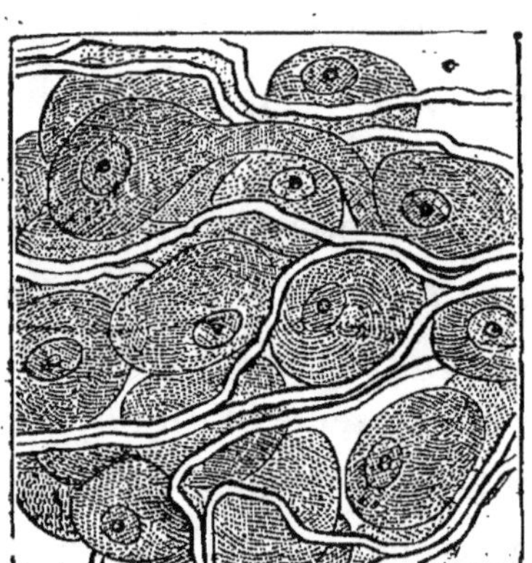

Fig. 45 — Cellules nerveuses d'un ganglion, fort grossies.

lules, et souvent, sinon toujours, communiquent avec elles par le moyen des minces prolongements ;

dont nous venons de parler. Cette masse de matière nerveuse grise est ce qu'on appelle un « ganglion ».

La matière grise forme une grande partie de la structure du système nerveux. Elle se trouve dans l'intérieur du cordon spinal, courant en une double traînée à travers ses parties centrales, d'une extrémité à l'autre, et couverte à l'extérieur par les fibres blanches. Dans presque tout l'encéphale, au contraire, cette matière est répandue sur la surface, où elle forme les sinuosités et les circonvolutions; elle est aussi distribuée en plusieurs masses différentes dans les parties inférieures et les plus profondes. On peut, par conséquent, considérer l'encéphale et le cordon spinal, comme une collection de ganglions ajoutés à la masse des fibres blanches, qui viennent des nerfs.

Les ganglions sont ce qu'on nomme les *centres nerveux*, c'est-à-dire que les fibres sensitives viennent se terminer en eux, et que les fibres motrices naissent d'eux. Nous avons déjà dit que ces fibres ne sont que des organes de communication; mais les centres nerveux sont les organes qui reçoivent les impressions sensoriales du dehors, et qui donnent naissance à l'action nerveuse dans leur intérieur. Ils reçoivent les impressions par les fibres sensitives qui viennent des membranes éloignées; et par les fibres motrices, ils renvoient en retour le stimulant qui met en activité les muscles ou les glandes.

125. Action réflexe du système nerveux. — Ainsi, les centres nerveux sont les intermédiaires, dans leurs fonctions, entre les fibres sensitives et les fibres motrices. Le stimulant transporté de dehors en dedans est reçu par eux et ensuite réfléchi ou retourné dans une direction opposée. Cette action se nomme « *l'action réflexe du système nerveux* ».

Ce terme révèle tout le secret des fonctions nerveuses.

Nous voyons, par conséquent, comment agit le système nerveux, comme moyen de communication entre différents organes. Cette communication n'est pas directe, car son action s'accomplit en circuit. Elle passe d'abord en dedans vers les centres nerveux, et ensuite en dehors par réflexion vers les organes externes. De même, par l'opération du système nerveux, nous trouvons qu'un *stimulant appliqué à un organe excite l'activité d'un autre*. Ainsi, le froid appliqué à la peau produit une contraction des muscles ; l'aliment introduit dans l'estomac produit l'évacuation de la vésicule biliaire ; et une substance irritante dans le gosier excite la toux par les muscles de l'abdomen.

Ainsi, les différents organes sont associés dans

leur fonction et faits pour agir ensemble, séparément ou successivement, selon que l'exigent les besoins du système.

Il y a un nombre considérable de centres nerveux, qui président à différentes fonctions, et qui reçoivent et communiquent des stimulants de différentes espèces. Nous allons maintenant étudier successivement ces diverses parties du système nerveux.

QUESTIONNAIRE

1. Pourquoi les différents organes doivent-ils agir *en harmonie* entre eux?

2. Par quel système l'harmonie d'action des organes est-elle assurée?

3. Quelle est la structure, la grosseur et l'apparence des *filaments nerveux*?

4. Qu'est-ce qu'un *nerf*?

5. Par quoi les filaments d'un nerf sont-ils liés ensemble et protégés?

6. Dans quelle partie du système nerveux les nerfs du corps et des membres se terminent-ils?

7. Quelle est la situation et la forme du *cordon spinal*?

8. Avec quoi le cordon spinal s'unit-il à sa partie supérieure?

9. Dans quelle cavité l'*encéphale* est-il contenu?

10. Quelles sont les trois parties principales de l'encéphale?

11. Par quoi les deux moitiés latérales de l'encéphale et du cordon spinal sont-elles séparées l'une de l'autre?

12. Quels sont les *nerfs spinaux*? quels sont les *nerfs crâniens*?

13. Quelle est la fonction générale des nerfs et des filaments nerveux?

14. Qu'est-ce que l'*irritabilité* du nerf?

15. Où se manifeste l'effet de l'irritabilité nerveuse? dans le nerf lui-même ou dans quelque autre organe?

16. Quelles sont les deux espèces de fibres nerveuses qui se trouvent dans le système nerveux?

17. Quelle est la propriété des *fibres sensitives?*

18. Quelle est la propriété des *fibres motrices?*

19. Quelle est la structure de la *matière nerveuse grise?*

20. Quel est le nom donné à une masse de matière nerveuse grise?

21. Où la matière nerveuse grise est-elle située? dans le cordon spinal? dans le cerveau?

22. Quelle est la fonction d'un *ganglion?*

23. Quelle est l'*action réflexe du système nerveux?*

24. Présentez quelques exemples de l'action réflexe?

CHAPITRE XIII

126. Distribution des nerfs spinaux. — Les nerfs spinaux qui, comme nous l'avons vu, sont distribués à la surface externe et dans les muscles du corps et des membres, mettent ces organes en communication avec le cordon spinal ou moelle épinière, et aussi, par le cordon spinal, avec l'encéphale.

Ces nerfs sont les organes des deux grandes fonctions de *sensation* et de *mouvement*. Si l'on touche quelque partie de la surface externe, on sent le contact, parce qu'il est transmis aux centres nerveux par le nerf qui vient de cette partie. Chaque fois que l'on meut un membre, on le fait par le moyen du nerf qui met en action les muscles dans lesquels il est distribué. Par conséquent, ces deux fonctions de sensation et de mouvement sont confiées à chaque nerf pour la partie du corps à laquelle il appartient.

127. Effets de la lésion d'un nerf spinal. — En conséquence, lorsqu'un nerf spinal est lésé ou détruit, ses fonctions ne peuvent plus continuer. Le même effet se produit toutes les fois que les nerfs principaux du bras ou de la jambe sont accidentellement comprimés, de manière à ce que leur vitalité soit suspendue. On dit alors que le membre est « endormi ». Il est engourdi et impuissant, et ressemble à un poids mort attaché au corps. Lorsque la pression est enlevée, le nerf se remet graduellement, et la sensibilité et le mouvement reviennent au membre affecté. Le même effet est encore plus complet, lorsqu'un nerf est réellement coupé, ou tout à fait déchiré. Alors toute communication est interrompue entre les parties centrales et la partie lésée. Les muscles peuvent rester sains, mais nous ne pouvons pas en faire usage, parce que le stimulant nécessaire ne peut plus arriver jusqu'à eux par le nerf divisé. La peau peut être saine encore, mais nous ne pouvons pas sentir, parce que la communication nerveuse s'arrête court, avant d'arriver au cordon spinal. Cette affection s'appelle *paralysie*.

Dans ces cas, la paralysie est naturellement confinée à la partie servie par le nerf lésé. Ainsi, si le nerf qui va dans une jambe est coupé, cette jambe seule est paralysée; si le nerf qui appartient au bras droit est divisé, le bras droit seul est affecté. Toute portion du membre, telle que la main ou même un doigt, peut être paralysée séparément, si le nerf qui lui appartient est lésé, tandis que les autres parties restent saines.

Dans une telle paralysie, il est évident qu'il y a deux affections différentes combinées, c'est-à-dire la *paralysie de mouvement et la paralysie de sensation.* Les deux espèces de paralysie sont produites en même temps, parce que le nerf contient à la fois les fibres motrices et les fibres sensitives, et parce que toutes ces fibres ont été coupées en même temps.

128. Réunion des nerfs divisés. — Un tel accident détruit-il toute espérance de guérison, et produit-il une perte permanente de sensibilité et de mobilité dans les parties lésées? Heureusement non. S'il en était ainsi, toute opération chirurgicale produirait plus ou moins de paralysie, et même toute coupure accidentelle des doigts détruirait la sensibilité et l'action de quelqu'une de leurs parties. Car les plus petits nerfs sont si finement distribués, que quelques fibres sont nécessairement coupées par toute incision des tissus, et, après quelque temps, une répétition de semblables accidents paralyserait une partie considérable de la surface.

Mais ces fibres, lorsqu'elles sont coupées, se rejoignent encore. Elles guérissent comme les muscles ou la peau, et ainsi leur communication est rétablie. Cette guérison des nerfs est plus lente et plus difficile que celle des autres tissus. Aussi le chirurgien évite-t-il de toucher les gros nerfs dans ses opérations. Mais après un long intervalle, quelquefois de plusieurs mois, ou même d'un an, selon le volume du nerf, les fibres blessées se réunissent graduellement, et la sensibilité revient aux parties environnantes.

Dans les nerfs spinaux des membres et du tronc, les fibres sensitives et les fibres motrices sont mêlées ensemble d'une manière inextricable. Elles ont aussi absolument la même structure, et nous ne pouvons distinguer une espèce d'une autre par aucune différence dans leur apparence. Nous savons seulement que le nerf sert en même temps à la sensation et au mouvement, et que, par conséquent, il contient à la fois les fibres motrices et les fibres sensitives.

129. Distinction des racines sensitives et des racines motrices dans les nerfs spinaux. — Mais lorsque le nerf entre dans la cavité du canal spinal, un changement curieux se manifeste dans sa disposition anatomique. Ici les deux espèces de fibres se faussent compagnie. Les fibres sensitives se dirigent en arrière en un groupe séparé, et joignent le cordon spinal vers sa partie postérieure; les fibres motrices se dégagent des autres et s'unissent au cordon spinal vers sa partie antérieure. Ainsi chaque nerf

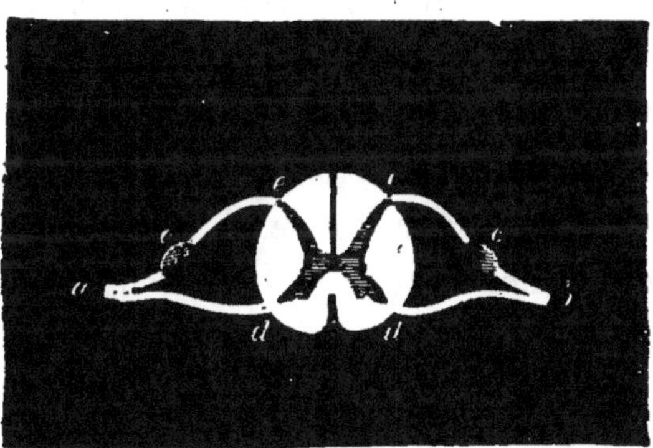

Fig. 46.— Section transversale de a moelle épinière (*).

spinal, sur chaque côté du corps, a deux racines séparées, par lesquelles il est attaché au cordon spi-

(*) *a, b,* nerfs spinaux des côtés droit et gauche, montrant leurs deux racines; *d,* racine antérieure; *e,* racine postérieure; *c,* ganglion de la racine postérieure.

nal, c'est-à-dire une *racine postérieure* composée des fibres sensitives, et une *racine antérieure* composée des fibres motrices (*fig.* 46).

Dans le diagramme (*fig.* 46), le cordon spinal est représenté en section transversale, comme s'il était coupé horizontalement au niveau d'une paire de nerfs spinaux. La partie inférieure de la figure 46 représente la partie antérieure du cordon spinal ; et la partie supérieure représente la partie postérieure. Les deux racines de chaque nerf, antérieure et postérieure, se voient séparées l'une de l'autre, et s'unissent aux parties correspondantes du cordon spinal. La racine postérieure a sur elle un petit gonflement ou ganglion (*c*), qui est la seule particularité par laquelle son apparence diffère matériellement de celle de la racine antérieure. La figure 46 montre aussi la fissure longitudinale par laquelle le cordon spinal est partiellement divisé en deux moitiés, l'une droite et l'autre gauche. Cette fissure est plus large et peu profonde sur le devant, mais étroite et profonde par derrière. Enfin, la matière grise se voit dans la partie centrale du cordon spinal, montrant la forme singulière d'un croissant dans lequel elle est disposée.

Par conséquent, tandis que, dans les nerfs de l'extérieur, les fonctions de mouvement et de sensibilité sont unies ensemble par l'entrelacement de leurs fibres; dans les parties centrales du système nerveux, elles sont séparées l'une de l'autre, et occupent des situations distinctes,

Que deviennent les fibres des nerfs, lorsqu'elles se sont unies au cordon spinal ?

130. Passage des fibres sensitives et des fibres motrices à travers le cordon spinal. — En arrivant aux parties correspondantes du cordon, les fibres changent de direction et passent de bas en haut. Les fibres sensitives des racines postérieures forment alors une partie de ces deux paquets verticaux de matière nerveuse blanche, qui courent en haut et en bas sur le derrière du cordon spinal, de chaque côté de la fissure centrale (voyez *fig.* 44). On les nomme les *colonnes postérieures du cordon*. Les fibres motrices des racines antérieures rejoignent ensemble, sur le devant, deux paquets semblables de matière blanche; ceux-ci se nomment les *colonnes antérieures du cordon*.

Les colonnes postérieures du cordon sont sensitives, comme les fibres des racines postérieures; et les colonnes antérieures sont motrices, comme les fibres des racines antérieures.

131. Terminaison des fibres nerveuses dans l'encéphale. — De ce point les colonnes antérieures et postérieures du cordon poursuivent leur route vers la partie supérieure du canal spinal. Là, elles entrent dans la grande ouverture ou perforation qui se trouve à la base du crâne, et, ensuite élargissant et épanouissant leurs fibres dans plusieurs directions, se terminent, comme nous l'avons déjà dit, dans la substance de l'encéphale.

Dans tout ce trajet, les fibres nerveuses du cordon spinal conservent leur connexion non interrompue. Les anatomistes ne peuvent pas encore décider si chaque filament suit par lui-même une marche continue et non interrompue du nerf à l'encéphale à travers le cordon spinal, ou si des fibres successives enlacent l'un à l'autre les nerfs, le cordon spinal et l'encéphale. Car ces filaments sont si nombreux et si ténus, qu'il est impossible de suivre le même filament au microscope assez loin pour être sûr de sa destination exacte. Mais, quelle que soit leur application anatomique précise, les connexions physiologiques des colonnes antérieures et des colonnes postérieures sont continues et complètes, jusqu'au point de leur terminaison dans l'encéphale.

Or, le cerveau est le siége de l'intelligence et de la volonté. Aucune sensation ne peut être perçue, jusqu'à ce qu'elle arrive au cerveau, et aucun mouvement volontaire ne peut être accompli, à moins que le stimulant nerveux, partant du cerveau, n'arrive au nerf par le cordon spinal.

Par conséquent, le cordon spinal, considéré à ce point de vue, est un moyen de communication entre le cerveau et les nerfs spinaux. Il peut être considéré lui-même comme un grand nerf, renfermé dans le canal spinal, et distribuant des paires successives de nerfs spéciaux, comme des branches de son propre tronc.

132. Paralysie par lésion du cordon spinal. — Par conséquent, toute lésion faite au cordon spinal produira la paralysie des parties qui se trouvent au-dessous. Cela arrive, lorsqu'un accident grave a rompu ou déplacé les arcs osseux de la colonne spinale, qui renferme et protége le cordon. Les fragments de l'os rompu, comprimant le cordon et déchirant sa substance, interrompent la communication entre l'encéphale et les parties inférieures. Lorsqu'une telle lésion a produit la paralysie de la partie inférieure du corps, nous disons de la personne paralysée qu'elle a le « dos rompu ». La fracture des os cependant ne serait pas, par elle-même, d'une conséquence grave, puisque, en général, ce ne sont que les projections sur le derrière de la colonne spinale qui sont rompues ; mais elle devient quelquefois grave et dangereuse, à cause de la lésion produite en même temps sur le cordon spinal.

Lorsqu'une telle fracture de l'épine arrive sur le milieu du dos, les jambes sont paralysées; mais les bras ne sont point affectés. Cette forme de paralysie, confinée dans la moitié inférieure du corps, se nomme *paraplégie*. Si la lésion a lieu sur le milieu du cou, les bras aussi sont paralysés, puisque le cordon spinal est ainsi rompu au-dessus du point d'où partent les nerfs qui se dirigent vers ces membres.

Dans tous les cas que nous venons de décrire, les pouvoirs de mouvement et de sensibilité sont ordinairement paralysés ensemble. La peau devient insensible, et les muscles volontaires deviennent impuissants dans toute l'étendue des parties paralysées, parce qu'une lésion aussi rude au cordon spinal affecte généralement toutes les parties de son épaisseur, et déchire en même temps ses fibres sensitives et ses fibres motrices. Mais quelquefois il arrive que cet accident n'affecte que la partie antérieure ou la partie postérieure du cordon. Dans ces cas, le pouvoir de mouvement est suspendu, tandis que celui de sensibilité est conservé; ou, d'autre part, la peau perd sa sensibilité, tandis que les muscles conservent leur faculté de mouvement.

133. Décussation des fibres motrices et des fibres sensitives du cordon spinal. — Une circonstance singulière qui se présente dans la connexion des nerfs spinaux avec l'encéphale à travers le cordon spinal, c'est que cette connexion est croisée, c'est-à-dire *que les nerfs du côté droit du corps sont en connexion avec le côté gauche de l'encéphale, et ceux du côté gauche du corps avec le côté droit de l'encéphale.*

Les colonnes antérieures du cordon passent en haut, comme nous avons vu, leurs fibres courant presque parallèlement les unes aux autres, jusqu'à leur arrivée à l'entrée du crâne. Immédiatement au-dessus de ce point, et avant de se joindre au cerveau proprement dit, le cordon spinal s'élargit en une masse un peu plus large et plus épaisse, de forme oblongue, qui a été déjà mentionnée, sous le nom de «moelle allongée». A cet endroit, les fibres des deux colonnes se croisent obliquement d'un côté à l'autre, celles de la colonne antérieure gauche se dirigeant vers le côté droit, et celles de la colonne antérieure droite passant au côté gauche. C'est ce qu'on appelle «la décussation des colonnes antérieures et postérieures du cordon». Leurs fibres aboutissent respectivement aux côtés correspondants du cerveau.

Ainsi chaque côté du cerveau tient sous son contrôle les mouvements volontaires du côté opposé du corps.

134. Paralysie par lésion du cerveau. — La conséquence de ce qui précède est que, lorsqu'une lésion grave est subie par le cerveau, au point où les fibres motrices des nerfs prennent naissance, une paralysie d'une espèce singulière se produit, laquelle reste confinée exactement à un côté du corps. Par exemple, le bras droit et la jambe droite seront paralysés, tandis que les deux membres du côté gauche restent intacts. Cette espèce de paralysie se nomme *hémiplégie*. Elle existe sur le côté du corps opposé à celui du cerveau qui a subi la lésion.

Les fibres sensitives du cordon spinal passent aussi d'un côté à l'autre. Leur croisement cependant a lieu, non pas sur un point particulier, mais sur toute la longueur du cordon. Comme la racine sensitive de chaque nerf s'unit à la colonne postérieure, ses fibres passent immédiatement à travers les parties centrales du cordon, et ensuite forment une partie de la colonne postérieure du côté opposé. Par conséquent, dans l'hémiplégie produite par une lésion sur un côté du cerveau, la puissance de sensation est perdue sur le côté opposé du corps en même temps que la faculté de mouvement.

135. **Nerfs intercostaux et phréniques.** — Parmi les nerfs spinaux, il y en a quelques-uns qui méritent une attention particulière.

Les premiers de ces nerfs sont les *nerfs intercostaux*. Comme leur nom l'indique, ils sont situés entre les côtes, et sont distribués dans les muscles intercostaux. Ils s'unissent au cordon spinal dans la région moyenne du dos, du niveau de la première côte à celui de la dernière. Ce sont ces nerfs, par conséquent, qui mettent les muscles intercostaux en état de se mouvoir dans l'acte de l'inspiration.

Maintenant, si nous nous souvenons du mécanisme de l'inspiration, nous nous rappellerons que ce mécanisme consiste en deux actes associés, c'est-à-dire, d'abord le mouvement du diaphragme qui dilate l'abdomen par en bas, et secondement le mouvement des muscles intercostaux qui soulève et dilate la poitrine par en haut. Ces deux groupes de muscles sont animés par des nerfs qui viennent du cordon spinal; et les nerfs intercostaux, comme nous l'avons vu, viennent de ce cordon, dans la région moyenne du dos.

Par conséquent, si le cordon spinal est lésé au niveau de la première côte, ou à la partie inférieure du cou, les muscles intercostaux sont aussitôt paralysés. La poitrine ne se dilate plus dans la respiration, mais reste inerte et sans mouvement. C'est pour cette raison qu'une fracture de l'épine, dans la partie supérieure du dos, est plus dangereuse qu'une autre qui aurait lieu plus bas. Cependant la respiration ne s'arrête pas tout à fait, parce qu'elle est encore, en partie, exécutée par l'action du diaphragme.

L'autre paire importante de nerfs spinaux est celle

des *nerfs phréniques*, qui appartiennent au diaphragme lui-même. Ces nerfs prennent origine dans le cordon spinal, par branches qui se détachent de deux ou trois des nerfs spinaux, juste au-dessus du milieu du cou. De là ils descendent ensuite sous la forme d'un tronc unique sur chaque côté, et, entrant dans la cavité de la poitrine, ce nerf vient se distribuer dans les fibres musculaires du diaphragme. Toute la puissance de mouvement de ce muscle important dépend du nerf phrénique.

Par conséquent, lorsque le cordon spinal est coupé au-dessus du milieu du cou, les deux muscles intercostaux et le diaphragme sont paralysés ensemble. Tous les mouvements de la respiration cessent en conséquence, et la mort s'ensuit nécessairement.

136. **Intensité de la sensibilité dans les différentes parties.** — Il nous reste à décrire plusieurs faits relatifs à la *sensibilité* produite par les fibres des nerfs spinaux.

La sensibilité s'étend sur toute la peau ou enveloppe tégumentaire générale du corps, et se nomme pour cela la *sensibilité générale*. Elle n'est pas cependant distribuée partout à un égal degré; mais elle est plus intense à certains endroits que dans d'autres; et se trouve plus amplement développée dans le bout des doigts que partout ailleurs. Les physiologistes ont quelquefois mesuré le degré de sensibilité de différentes parties, et ils ont trouvé qu'au bout des doigts elle est deux fois plus grande qu'au milieu de leur surface inférieure, cinq fois plus grande que sur leur surface supérieure, neuf fois plus grande que sur le dessus de la main, dix-sept fois plus grande que sur le haut du pied, et plus de trente fois plus grande qu'au milieu du dos. C'est pour cette raison que nous nous servons habituellement des doigts comme organes du tact; et aussi parce que, par leurs mouvements variés, nous pouvons facilement les adapter aux différentes surfaces que nous désirons examiner.

La sensibilité de la peau est mise en activité par le contact des corps étrangers, et nous fait connaître leur mollesse ou leur résistance, leur forme extérieure, le poli ou la rudesse de leur surface, leur fluidité ou leur solidité, leur degré de chaleur ou de froid, et toutes les qualités physiques susceptibles d'être vérifiées par le toucher.

Les tissus internes, tels que les muscles et quelques-unes des membranes internes, sont aussi doués de sensibilité; mais elle est bien moins intense dans ces dernières parties que dans la peau.

137. Sensibilité à la douleur. — C'est par la sensibilité de ces parties que nous sommes capables de sentir la douleur. Mais c'est un fait curieux que la *sensibilité à la douleur* est entièrement distincte de la sensation ordinaire, et même trouble celle-ci, en proportion exacte de l'intensité de la douleur. Ainsi, si nous plaçons la main sur un morceau de fer à une température ordinaire, nous pouvons dire s'il est froid ou chaud, et nous pouvons nous former une idée exacte de son degré de chaleur ou de froid. Mais, s'il est assez chaud pour brûler la peau, nous ne pouvons plus estimer le degré de sa température; nous ne sentons plus que la douleur qu'il cause. C'est pour cette raison que, comme on le dit communément, les corps qui sont excessivement chauds ou excessivement froids produisent la même sensation. La vérité est que, à proprement parler, ils ne produisent aucune sensation de chaud ou de froid, mais seulement une sensation douloureuse qui diffère des deux.

138. Sensibilité au chaud et au froid. — Enfin la sensibilité au chaud et au froid diffère aussi de la sensibilité ordinaire du toucher; et il y a des exemples connus, dans lesquels des personnes ont perdu le pouvoir de distinguer les températures, tandis qu'elles ont conservé la sensibilité du toucher et la sensibilité à la douleur.

Toutes ces différentes espèces de sensations sont

communiquées au cerveau par l'intermédiaire des nerfs spinaux et du cordon spinal.

Ainsi nous avons trouvé que le cordon spinal est l'organe de communication entre les nerfs spinaux et le cerveau, servant à conduire la puissance de sensation et de mouvement volontaire, par le moyen de ses colonnes antérieures et postérieures.

139. Le cordon spinal comme centre nerveux. — Mais le cordon spinal est aussi un *centre nerveux*. Car il contient dans ses parties les plus profondes une double bande de matière nerveuse grise, en forme d'un long ganglion qui le traverse dans toute sa longueur. La forme et la situation de cette matière grise peuvent s'apercevoir dans une section transversale de ce cordon (*fig.* 46). Les fibres motrices et les fibres sensitives des nerfs spinaux, non-seulement s'unissent à ses colonnes antérieure et postérieure, comme nous l'avons décrit plus haut, mais encore elles communiquent avec la matière grise dans ses parties centrales. Le cordon spinal peut, par conséquent, agir indépendamment comme un ganglion distinct.

Quand le cordon est coupé dans la région du cou, ou à la partie supérieure du dos, la communication avec le cerveau étant interrompue, tout mouvement volontaire est détruit dans les muscles des membres inférieurs. Cependant ces muscles peuvent agir encore, et ils peuvent agir en réponse au stimulant appliqué sur la peau des parties paralysées. Cela se voit quelquefois chez des personnes affectées d'une paralysie complète de la moitié inférieure du corps. Ces personnes sont tout à fait frappées d'impuissance et d'insensibilité dans les membres inférieurs. Et cependant l'impression de l'air froid ou le contact des vêtements sur les jambes, ou à la plante des pieds, produira souvent un tressaillement visible et évident des muscles, et même fera plier ou détendre les genoux et les chevilles des pieds.

Dans ces cas, le patient n'éprouve aucune sensation dans les parties paralysées, et n'a aucune connaissance des mouvements qu'il exécute. Le cerveau, par conséquent, n'a rien à faire avec ces mouvements. Ils sont exécutés par l'action indépendante du cordon spinal. Ces mouvements cependant sont *réflexes* dans leur nature, c'est-à-dire que l'action des muscles est excitée par un stimulant appliqué à la peau. Le stimulant nerveux est d'abord transporté à l'intérieur par les fibres sensitives de la peau, et ensuite réfléchi en dehors sur les muscles par les fibres motrices. Cela s'appelle « l'*action réflexe du cordon spinal* ». Comment cette action s'accomplit-elle ?

Quand le stimulant est appliqué à la peau et porté

en dedans par les nerfs, il arrive au cordon spinal par les racines postérieures, et aboutit à la matière grise dans ses parties centrales. Là la matière grise reçoit l'impression nerveuse, et la convertit instantanément en une impulsion motrice, qui est réfléchie en dehors le long des fibres motrices des racines antérieures. Comme ces fibres sont finalement distribuées dans les muscles, elles stimulent ces organes à la contraction, et ainsi le mouvement réflexe est finalement produit (*fig.* 47). Dans cette figure, le cor-

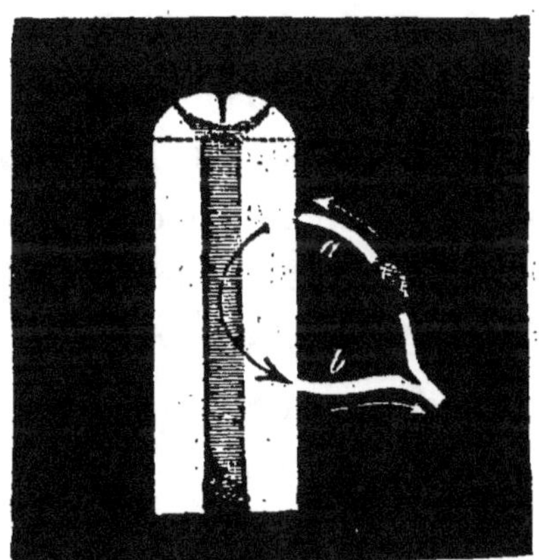

Fig. 47. — Diagramme de la section verticale du cordon spinal, pour montrer l'action réflexe (*).

don spinal se montre en section verticale, comme s'il était fendu dans sa longueur de haut en bas. Par conséquent, la matière grise apparaît à son centre

(*) *a*, racine postérieure du nerf spinal; *b*, racine antérieure du nerf spinal.

comme une bande ou ruban vertical, couverte encore, à son extérieur, par la substance blanche. La direction du stimulant nerveux est aussi indiquée pendant qu'il passe en dedans par la racine postérieure, vers la matière grise ; et, là, il retourne en arrière ou est réfléchi pour passer de nouveau au dehors, le long des fibres motrices de la racine antérieure.

Le caractère particulier de cette action du cordon spinal est que c'est une action réflexe parfaitement simple, c'est-à-dire qu'elle n'est accompagnée d'aucune *sensation*, *conscience* ou *volition*. Ces propriétés résident entièrement dans le cerveau, et n'appartiennent pas au cordon spinal. Par conséquent, lorsque la communication avec le cerveau est interrompue, ce n'est plus que la simple et aveugle opération du cordon lui-même qui s'effectue.

140. Importance de l'action réflexe du cordon spinal. — Mais cette action indépendante du cordon spinal a lieu aussi pendant la santé, seulement on ne s'en aperçoit pas habituellement, parce que notre attention n'est attirée par aucune sensation dont nous ayons conscience. Cependant elle est très-importante pour protéger le corps contre des lésions soudaines, et pour régler l'action de quelques-uns des organes internes.

Lorsqu'une partie quelconque de la peau est inopinément mise en contact avec un corps étranger, tel qu'un fer chaud, ou une surface grossière, nous retirons souvent le membre par un mouvement instantané et involontaire, avant d'éprouver réellement aucune lésion. C'est là l'action réflexe du cordon spinal. En tombant d'une certaine hauteur, les membres se placent instinctivement dans une position qui puisse naturellement protéger les parties les plus importantes du corps, et amortir, autant que possible, la violence du choc. C'est là l'action réflexe du cordon spinal. Quelques-uns des muscles internes, qui gardent les passages naturels du corps, sont constamment maintenus en état de contraction sans effort volontaire et sans fatigue, et sont mus en même temps en diverses directions, pour aider dans l'état de santé à l'accomplissement des fonctions internes. Cette opération s'exécute aussi par l'action réflexe du cordon spinal.

Lorsque la sensibilité ou pouvoir réflexe du cordon spinal augmente d'une manière anormale, elle produit des maladies d'un caractère très-grave. Ce sont les diverses affections accompagnées de *convulsions*, par lesquelles tous les muscles du corps sont jetés dans des spasmes involontaires, et les membres sont pliés et tordus par des contractions irrésistibles. Dans les convulsions des enfants, ces

mouvements sont généralement causés par l'indigestion. Dans les maladies plus funestes, telles que le
tétanos et l'hydrophobie, qui surviennent chez les
adultes, la plus légère excitation extérieure, telle
que l'ouverture d'une porte, le contact du vêtement,
ou un courant d'air, suffit pour exciter l'irritabilité
anormale du cordon spinal, et jette tout le système
musculaire dans une rigidité spasmodique.

Par conséquent, durant la santé, nous n'avons pas
conscience de tout ce que nous devons au cordon spinal
et à son pouvoir réflexe. Tranquille et inconscient,
il veille à la sûreté du corps, prêt à agir, à peine
sollicité, et il accomplit sa tâche, sans jamais nous
causer aucune fatigue, et sans requérir de nous
aucun effort d'attention ou de volonté. Mais, lorsqu'irrité par la maladie, il perd son caractère de
modération et de régularité, et que de serviteur du
corps il en devient le maître, il épuise rapidement la
force musculaire et détruit la vie par la violence sans
contrôle de son action.

Ainsi le cordon spinal n'est pas seulement un
moyen de communication entre le cerveau et les
parties externes ; c'est aussi un centre nerveux, qui
préside par lui-même aux mouvements involontaires
du corps et des membres. Il agit alors à notre insu
et indépendamment de notre volonté ; et sa fonction

est d'aider à certaines actions musculaires dans l'intérieur, et de protéger le corps contre des dangers imprévus qui pourraient venir du dehors.

QUESTIONNAIRE

1. Comment les différentes parties du corps et des membres sont-elles mises en communication avec le cordon spinal et l'encéphale ?

2. Quelles sont les deux grandes fonctions des nerfs spinaux?

3. Quel effet produit-on en *comprimant* ou en *coupant* un nerf spinal?

4. Qu'est-ce que la *paralysie?*

5. Quelles sont les *deux espèces de paralysie* qui surviennent ensemble par la section d'un nerf spinal ?

6. Les parties d'un nerf coupé peuvent-elles se réunir ? quel effet se produit alors sur les parties paralysées ?

7. Quelles sont les *deux espèces de fibres* dont se composent les nerfs spinaux ?

8. Comment les fibres sensitives et les fibres motrices sont-elles séparées dans l'intérieur du canal spinal ?

9. Comment et où s'unissent-elles au cordon spinal ?

10. De quelles fibres la racine *antérieure* d'un nerf spinal se compose-t-elle ?

11. De quelles fibres se compose la racine *postérieure?*

12. Dans quelle direction passent les fibres nerveuses après s'être rejointes au cordon spinal ?

13. Quelles sont les colonnes antérieure et postérieure du cordon, et quelle est la différence de leur fonction ?

14. Quel est l'effet de la lésion du cordon spinal sur les parties qui se trouvent au-dessous du point lésé ?

15. Pourquoi la fracture de l'épine peut-elle produire la paralysie ?

16. Qu'est-ce que la *paraplégie?*

17. Quelle partie du cordon spinal doit être lésée pour produire la paraplégie?

18. Quelle partie du cordon spinal doit être lésée pour produire à la fois la paralysie des bras et des jambes ?

19. Le mouvement et la sensation sont-ils tous deux *suspendus ensemble* dans les cas ordinaires de paralysie ?

20. Sont-ils jamais affectés *séparément ?* dans quelles circonstances ?

21. Comment les deux côtés opposés du corps et de l'encéphale s'unissent-ils l'un à l'autre ?

22. Où les fibres des colonnes antérieures *se croisent-elles* sur le côté opposé ?

23. Qu'est-ce que l'*hémiplégie ?*

24. Si le *côté droit* du cerveau est lésé, quel *côté* du corps sera paralysé ?

25. Si le côté *gauche* du cerveau est lésé, quel *côté* du corps sera paralysé ?

26. Où les fibres *sensitives* du cordon spinal se croisent-elles d'un côté à l'autre ?

27. Où les *nerfs intercostaux* s'unissent-ils au cordon spinal ?

28. Quel effet produit sur la respiration la fracture de l'épine à la partie supérieure du dos ?

29. Par quels nerfs le *diaphragme* reçoit-il l'innervation ?

30. Où les nerfs *phréniques* s'unissent-ils au cordon spinal ?

31. Quel effet produit sur la respiration la lésion du cordon spinal au-dessus de la naissance des nerfs phréniques ?

32. Qu'est-ce que la *sensibilité générale ?*

33. Dans quelles parties la sensibilité du tégument est-elle plus intense ?

34. La sensibilité des organes internes est-elle plus ou moins vive que celle de la peau ?

35. Quelles notions acquérons-nous par le moyen de la sensibilité générale ?

36. Quelle est la différence entre la *sensibilité générale* et la *sensibilité à la douleur ?*

37. La sensibilité générale peut-elle exister sans la sensibilité à la douleur, et *vice versâ ?*

38. Pourquoi le cordon spinal est-il un *centre nerveux* aussi bien qu'un organe de communication ?

39. Quelle est l'*action réflexe du cordon spinal ?*

40. Comment l'action réflexe s'observe-t-elle chez les personnes paralysées ?

41. Comment le stimulant nerveux est-il transmis dans l'action réflexe du cordon spinal ?

42. Cette action est-elle accompagnée de *sensation ?* de *conscience ?* de *volition ?* — Pourquoi ne l'est-elle pas ?

43. Donnez des exemples de l'action réflexe involontaire du cordon spinal pendant la *santé* et pendant la *maladie.*

44. Quel est l'effet de l'irritabilité excessive du cordon spinal dans la maladie ?

CHAPITRE XIV

LES NERFS CRANIENS.

Dans l'étude des nerfs spinaux nous avons vu que ces nerfs, par leurs fibres sensitives, fournissent la sensibilité à la peau du corps et des membres, et par leurs fibres motrices communiquent le pouvoir de mouvement aux parties correspondantes.

141. Fonctions des nerfs crâniens. — Or, les mêmes pouvoirs existent dans les parties externes de la tête et de la face. La peau de ces parties aussi est sensitive et leurs mouvements sont variés et importants. Par conséquent, elles sont pourvues de nerfs semblables, sous plusieurs rapports, à ceux qui sont en connexion avec le cordon spinal . Mais comme les nerfs de la tête et de la face passent directement de l'encéphale à travers des ouvertures qui existent à la base du crâne, ils se distinguent par le nom de *nerfs crâniens*.

Il y a en tout *douze paires* de nerfs crâniens. Mais comme quelques-uns de ces nerfs sont d'une nature toute spéciale, et n'ont aucune relation avec les parties externes, mais seulement avec les organes des sens spéciaux, nous n'examinerons ici que ceux qui sont en relation avec les fonctions nerveuses les plus simples et les plus ordinaires de cette partie du corps.

La première de ces fonctions est la *sensibilité*. Elle est extrêmement développée dans toutes les parties de la face ; et à la pointe de la langue elle est plus intense que dans toute autre partie du corps, étant deux fois aussi grande qu'au bout des doigts. Les lèvres aussi sont très-sensibles, et les paupières, le nez et la surface des joues possèdent la même propriété, mais à un moindre degré. La partie la plus insensible de la tête est cette partie de la peau du crâne, qui est recouverte par les cheveux ; mais même ici la surface est assez sensible pour percevoir immédiatement le contact de substances étrangères.

142. Cinquième paire de nerfs crâniens. — La sensibilité de la face est produite par un grand nerf très-intéressant qu'on appelle la *cinquième paire*. Les anatomistes lui ont donné ce nom parce que, en comptant tous les nerfs crâniens de devant en arrière, il est le cinquième de la série. On l'appelle aussi « le nerf trijumeau », parce que, après être sorti de la base de l'encéphale, et pendant qu'il est encore contenu dans la cavité du crâne, il se divise en trois grandes branches de diamètre presque égal. Juste au niveau de cette division le nerf présente un renflement rond ou ganglion de matière grise, qui se nomme «le ganglion de Gasser», du nom du premier anatomiste qui l'a décrit. Ses trois branches passent ensuite par trois ouvertures séparées dans la base du crâne ; et, courant de derrière en avant, elles sont distribuées à la peau des trois régions différentes de la face. La première branche s'élève au front et vers le sommet de la tête, la seconde à la partie moyenne de la face, au nez, aux joues et à la lèvre supérieure, et la troisième, à la lèvre inférieure, au menton et aux parties adjacentes. Pendant leur passage dans les tissus les plus profonds, la seconde et la troisième branches envoient aussi leurs filaments respectivement à toutes les dents de la mâchoire supérieure et de l'inférieure ; et des fibres nerveuses sont aussi envoyées à la langue, à l'intérieur de la bouche et aux narines (*fig.* 48).

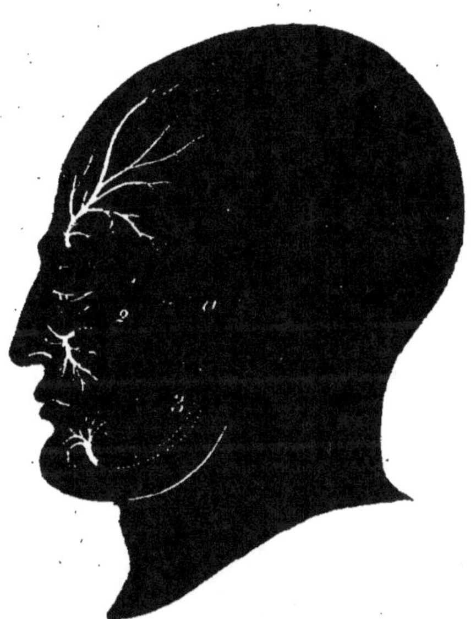

Fig. 48. — Distribution de la cinquième paire dans la face (*).

Ainsi toutes les différentes parties de cette région sont pourvues de sensibilité. Par conséquent, la cinquième paire est le grand nerf sensitif de la face ; et c'est à cause de l'organisation délicate, et

(*) *a*, ganglion de Gasser ; 1, 2 et 3, première, seconde et troisième branche de la cinquième paire.

de la ramification de ce nerf que la peau est ici douée du sens du tact à un degré de perfection extra-ordinaire.

Mais, lorsque la cinquième paire est exposée à l'irritation par suite de maladies, sa sensibilité est la source d'une douleur extrême. Si, par exemple, une dent est attaquée par la carie ou désagrégation de sa substance dure, la souffrance produite alors par la cinquième paire est très-vive. Car chaque dent est pourvue d'un filament qui part de la cinquième paire, traverse sa racine par le bas, et demeure caché dans la dent, protégé par l'enveloppe très-dure de sa couronne. Mais, quand cette enveloppe s'use ou se détruit par une cause quelconque, alors le plus léger contact de l'aliment dans la mastication ou même celui de l'air produit une irritation qui se propage au-dessous jusqu'au tissu nerveux. Chacun sait combien est intolérable la douleur des dents produite par cette cause. Quand la lésion de la dent est excessive, le seul remède est d'extraire celle-ci de l'alvéole de la mâchoire. Le nerf est alors déchiré à sa racine, et la sensibilité de la dent est détruite : puis les tissus blessés guérissent, et la douleur disparaît d'une manière permanente.

La cinquième paire est aussi le siége d'une affection extrêmement pénible appelée *névralgie*. Ce n'est qu'une irritation des nerfs causée par quelque maladie de son tissu. Tous les nerfs sensitifs sont sujets à cette affection ; mais, lorsque celle-ci a lieu dans les nerfs de la face, son intensité est de beaucoup plus considérable que partout ailleurs, et, pour cela, elle a reçu un nom distinct ; on l'appelle « tic douloureux, ou spasmes douloureux », parce qu'elle saisit le patient d'élancements soudains ou paroxysmes de douleur aiguë. Le meilleur moyen d'empêcher ces affections douloureuses est de maintenir les fonctions générales du corps dans une condition saine.

143. Partie motrice de la cinquième paire. — Mais il y a une partie de la cinquième paire qui présente une différence remarquable avec celles que nous avons examinées jusqu'ici. C'est une portion de la troisième branche, qui l'accompagne à son entrée dans le crâne, mais qui a une destination et des propriétés différentes. Toutes les autres parties de la cinquième paire sont sensitives dans leur caractère, et sont distribuées à la peau et aux membranes qui recouvrent la face. Cette portion, au contraire, est motrice dans son caractère, et est distribuée dans les muscles. De plus elle appartient à une série de muscles qui tous s'associent dans une fonction, celle de la mastication. La branche nerveuse qui donne à ces muscles leur puissance motrice est, pour cela, nommée *nerf de la mastication.*

Les muscles de la mastication sont au nombre de quatre sur chaque côté. Les deux plus grands et les plus puissants sont : 1° le *temporal*, et 2° le *masséter.*

Le muscle temporal est ainsi appelé, parce qu'il est situé dans les tempes. Ses fibres s'élèvent de leur attache dans la mâchoire inférieure, et s'épanouissent en forme d'éventail, sur chaque côté de la tête, au-devant et au-dessus de l'oreille. Si l'on place les doigts sur la tempe et que l'on fasse jouer la mâchoire inférieure de haut en bas et de bas en haut, on sent ce muscle se gonfler et se durcir à chaque mouvement alternatif. Il sert à presser la mâchoire inférieure contre la mâchoire supérieure, et à mettre ainsi les dents fortement en contact les unes contre les autres.

Le masséter est un muscle épais et fort, situé à la partie postérieure du côté de la mâchoire. Nous pouvons facilement sentir son mouvement dans cette situation, pendant l'acte de la mastication. Les deux masséters agissent ensemble et dans la même direction ; et, par conséquent, ils meuvent la mâchoire inférieure de bas en haut avec beaucoup de force et de rapidité.

Mais, durant la mastication, la mâchoire inférieure se meut aussi d'un côté à l'autre pour accomplir l'action de broyer, indispensable à la désagrégation plus complète de l'aliment. Ce mouvement latéral s'effectue, de chaque côté, au moyen de deux muscles internes, nommés les *muscles ptérygoïdiens*, qui sont cachés entre la partie intérieure de la mâchoire et la base du crâne. Ils sont un peu plus petits que les autres, mais partagent avec eux la fonction de mettre la mâchoire en mouvement dans la mastication.

Tous ces muscles sont exclusivement animés par la branche motrice de la cinquième paire. Cette branche est, par cette raison, justement nommée le *nerf de la mastication*.

144. Septième paire ou nerf facial. — Mais, outre les actes qui concourent à la mastication, la face elle-même a des mouvements très-nombreux et très-importants. Sa surface entière est douée d'une mobilité qui modifie constamment son expression, et qui peint à l'extérieur les diverses émotions de l'âme. Les paupières peuvent s'ouvrir et se fermer; les narines se dilater ou se contracter; les lèvres s'élever et s'abaisser, et leur ouverture s'élargir ou se rétrécir. Ces mouvements peuvent aussi se combiner entre eux d'une foule de manières différentes, de sorte que l'apparence extérieure et la configuration de la face changent à un degré correspondant. Ils sont par conséquent appelés *les mouvements de l'expression*. Grâce à eux, la face parle un langage qui lui est propre, langage qui est facilement compris, parce que chacun en saisit instinctivement la signification.

Les muscles de l'expression sont animés par un nerf appelé *le nerf facial* (*fig.* 49).

Le nerf facial a son origine sur le côté de la

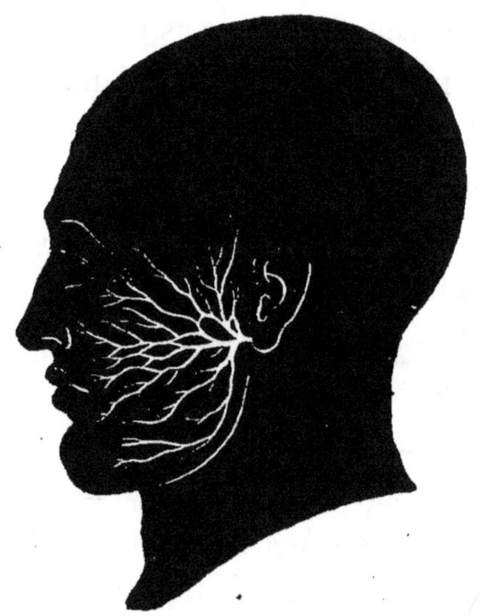

Fig. 49. — Le nerf facial.

moelle allongée, et, après avoir parcouru un long et tortueux canal à la base du crâne, il sort par un petit orifice de l'os situé un peu en arrière de l'ouverture externe de l'oreille. Il se courbe ensuite en avant au-dessous de l'oreille, passe en plusieurs branches à travers la substance de la glande parotide qui occupe cette place, et ensuite, se répandant en diverses directions, il se distribue dans les muscles qui meuvent les différentes parties de la face (*fig*. 49).

La fonction naturelle de ce nerf a été déjà expliquée. C'est le nerf de l'expression ; il met la face en état de prendre ces apparences variées qui indiquent les changements des émotions mentales. Cependant, comme la cinquième paire, il est sujet aussi à la maladie, et, lorsqu'il est ainsi affecté, sa fonction naturelle est nécessairement troublée. Comme l'irritation de la cinquième paire produit de la douleur, ainsi l'irritation du nerf facial produit des tiraillements convulsifs de la face, et un changement dans son expression, qui n'est pas naturel. Le nerf facial peut aussi être lésé ou par une violence accidentelle ou par des gonflements qui le pressent dans son canal osseux. Le résultat de cette lésion est une espèce particulière de paralysie, connue sous le nom de « paralysie de la face ». Elle est presque toujours confinée dans un seul côté ; mais ce côté affecté de la face se trouve privé de toute animation, et reste passif et immobile. Les sentiments n'ont plus aucune influence sur son action, et les traits du visage cessent de présenter leurs changements naturels d'expression.

145. Nerfs moteurs du globe de l'œil. — Outre le nerf facial, il y a trois petits nerfs moteurs, appartenant au crâne, qui n'apparaissent pas extérieurement, mais qui animent les muscles du globe de l'œil dans l'intérieur de l'orbite. C'est la troisième, la quatrième et la sixième paire des nerfs crâniens. Ils pourvoient aux mouvements des yeux à droite et à gauche, en haut et en bas, et aux mouvements obliques dans leur orbite. Ils aident en cela, jusqu'à un certain degré, à l'expression de la face.

146. Nerf moteur de la langue. — Il y a encore un autre nerf moteur, qui est distribué dans les muscles de la *langue*. Il est, par conséquent, nommé « le nerf hypoglosse ». Il part de la partie antérieure et du côté de la moelle allongée, passe par une ouverture dans la partie adjacente du crâne et ensuite court en avant, profondément caché parmi les tissus du cou, jusqu'à ce qu'il arrive au-dessous de la langue. De là, il s'élève dans la substance de cet organe, distribuant des branches et des ramifications à tous les paquets musculaires dont sa masse est composée.

Il pourvoit à tous les mouvements variés que la langue est tenue d'exécuter tant pour la parole que pour la mastication de l'aliment.

La langue, par conséquent, comme les autres parties de la face, est pourvue d'un *nerf sensitif* et d'un *nerf moteur*. Son nerf sensitif est la branche qu'elle reçoit de la cinquième paire, et son nerf moteur est l'hypoglosse, qui est distribué dans ses fibres musculaires.

Mais, il y a d'autres nerfs qui viennent de l'encéphale, outre ceux qui sont destinés à la sensation et au mouvement volontaire. Le plus remarquable d'entre eux est un long nerf très-important nommé le *pneumogastrique.*

147. Nerf pneumogastrique. — Ce nerf est ainsi appelé, parce que ses branches terminales sont distribuées aux poumons et à l'estomac. Pour arriver à ces organes, pourtant, il traverse une longue distance depuis son origine à la base de l'encéphale, et passe successivement par le cou, la poitrine et la partie supérieure de l'abdomen. A cause de cette course si longue, si variée et si différente de celle des nerfs crâniens, les anciens anatomistes l'ont appelée, *par vagum* où la « paire errante ». Le nom était bien mérité.

Le pneumogastrique prend son origine sur le côté

de la moelle allongée par dix ou quinze filaments séparés, qui bientôt s'unissent en un seul cordon nerveux, et passent, sous cette forme, à travers un canal osseux qui se trouve à la base du crâne. Il a par lui-même une multitude de fibres sensitives; il reçoit en outre des fibres motrices par les branches, qui, se détachant du nerf facial, du nerf hypoglosse et d'autres nerfs du voisinage, viennent s'unir à lui. A une courte distance de son origine, il a aussi un petit gonflement ou ganglion, comme le ganglion de Gasser de la cinquième paire. Après être sorti du crâne, il poursuit sa course en bas à travers le cou, profondément enveloppé dans les tissus et étroitement uni aux grands vaisseaux sanguins de cette partie, et entre ainsi dans la cavité de la poitrine. Dans ce passage, il envoie trois branches importantes. La première est la branche *pharyngienne*.

Comme son nom l'indique, ce nerf est distribué au « pharynx » ou au tube musculaire, en forme d'entonnoir, qui reçoit l'aliment de la partie postérieure de la bouche et le conduit à l'œsophage. Les fibres du nerf pénètrent dans les couches musculaires et dans la membrane interne, et leur fournit à toutes les deux la sensibilité et la puissance motrice.

La seconde est la branche *laryngienne supérieure*. Celle-ci est distribuée dans la membrane interne du larynx, et lui communique, comme nous le verrons ci-après, une sensibilité d'un caractère important.

La troisième branche suit une marche remarquable. Elle sort du tronc principal du nerf à la partie inférieure du cou, juste à l'endroit où ce tronc entre dans la poitrine. Ensuite, après avoir parcouru une très-courte distance en descendant, elle retourne sur elle-même, et, se courbant autour des grands vaisseaux, en haut de la poitrine, elle remonte encore le long du cou, jusqu'à ce qu'elle arrive au niveau du larynx, où elle se distribue dans les différents muscles de cet organe. C'est pour cela qu'on la nomme *branche laryngienne inférieure*.

Ce nerf présente un singulier intérêt historique; car il fut particulièrement étudié par Galien, le plus éminent médecin de l'Empire romain, au deuxième siècle, lequel examina ses propriétés et découvrit sa connexion physiologique avec la fonction de la voix. Il l'appela le nerf *récurrent*, à cause du retour de bas en haut qu'il présente dans sa marche, et que nous avons décrit. Il conserve encore ce nom, par lequel on le désigne souvent aujourd'hui.

Ainsi le larynx possède deux nerfs séparés, tous les deux, branches du nerf pneumogastrique, c'est-à-dire la laryngienne supérieure, qui donne la sensibilité à la membrane interne, et la laryngienne infé-

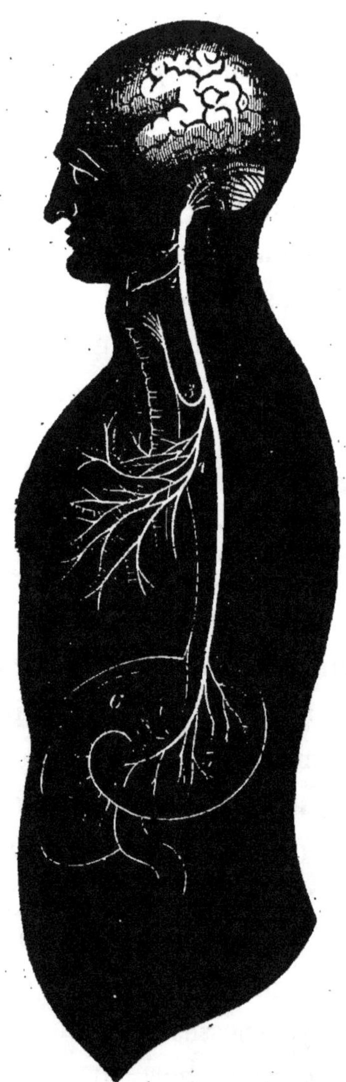

Fig. 50. — Diagramme du nerf pneumogastrique avec ses branches principales (*).

(*) 1, branche pharyngienne; 2, laryngée supérieure; 3, laryngée inférieure; 4, branches aux poumons; 5, à l'estomac; 6, au foie.

rieure, qui communique à ces muscles la puissance motrice.

La branche laryngienne inférieure donne aussi des filaments à l'œsophage, dans la région du cou.

Le nerf pneumogastrique, dans son passage à travers la poitrine, répand de nombreux filaments, qui pénètrent dans les poumons et suivent la ramification des tubes bronchiques, jusqu'à leur terminaison dans les vésicules aériennes. Il communique à ces organes une sensibilité spéciale, dont nous verrons bientôt l'importance. Il entre ensuite dans l'abdomen, et là il est enfin distribué aux parois de l'estomac (*fig.* 50).

Les branches supérieures du nerf pneumogastrique sont en rapport avec le mécanisme de deux fonctions très-importantes, qui sont l'acte d'*avaler* et l'acte de *respirer*.

148. Rôle du nerf pneumogastrique dans l'acte d'avaler. — Comme nous l'avons déjà vu, la membrane interne de la bouche et la surface de la langue sont toutes les deux douées de sensibilité ordinaire, à un haut degré, par les fibres de la cinquième paire. Mais l'aliment, en passant vers la partie postérieure du gosier et en entrant dans le pharynx, rencontre des parties douées d'une autre sensibilité d'une espèce particulière. Cette sensibilité ne produit plus les sensations du toucher ordinaire, mais elle excite tout à coup, par une action réflexe, tout l'appareil musculaire de la déglutition. De cet appareil, les trois muscles les plus actifs sont ceux qu'on nomme les *constricteurs du pharynx*, parce qu'ils s'enroulent autour de ce canal, de manière à le contracter ou à le comprimer successivement de haut en bas, et à transporter ainsi, à travers ce même canal, l'aliment dans la même direction.

Cette action réflexe a lieu au moyen de la branche pharyngienne du nerf pneumogastrique. Les fibres sensitives reçoivent l'impression de l'aliment, et ses fibres motrices excitent les muscles à la contraction.

C'est pour cette raison que l'action du pharynx, dans la déglutition, est involontaire. Pendant tout le temps de la mastication, nous pouvons varier ou arrêter ses mouvements à notre volonté ; mais, une fois que l'aliment a passé l'isthme du gosier et se trouve entièrement sous l'étreinte du pharynx, ces muscles se ferment sur lui par l'action réflexe, et le transportent, avec une espèce de mouvement spasmodique, en bas vers l'œsophage.

Mais lorsque des substances étrangères, qui ne sont pas aptes à la déglutition, sont mises en contact avec la membrane interne du pharynx, il se produit un effet opposé. Si une barbe de plume ou le bout des doigts sont introduits dans le gosier, l'impression produite ainsi sur la membrane interne n'excite plus le mouvement de la déglutition, mais, au contraire, une résistance et une réaction des muscles du pharynx; et, si l'irritation continue, l'œsophage et l'estomac finissent par prendre part à la réaction et peuvent même être amenés jusqu'au vomissement. Ainsi toutes les actions réflexes sont disposées de manière à pourvoir à l'accomplissement naturel et régulier des fonctions animales. Quand la membrane interne reçoit le stimulant qui lui est propre, le système nerveux y répond par un mouvement aisé et naturel; mais il se révolte contre un stimulant qui n'est pas naturel, et rejette la substance offensive par un effort spasmodique des muscles.

149. **Protection des narines pendant la déglutition.**— Il y a encore dans le mécanisme de la déglutition un point qui requiert notre attention.

Si l'on regarde au fond du gosier, lorsqu'il est éclairé par un rayon de soleil ou par la lumière intense du gaz, on verra que la cavité de la bouche est en partie séparée du pharynx par une sorte de rideau ou compartiment musculaire, suspendu de haut en bas et attaché sur chaque côté par de doubles plis de la membrane interne. C'est ce qu'on appelle *le voile du palais*. Au-dessous de lui se trouve le pas-

sage arqué ou communication qui conduit de la bouche dans le pharynx, et au milieu de l'arc est suspendu un appendice charnu, mou et conique, qu'on
appelle la *luette*.

Derrière le voile du palais, la partie supérieure du
pharynx communique avec les narines, et c'est à travers ce passage que l'air entre pendant la respiration, quand la bouche est fermée. Lorsque nous as-
pirons par les narines des odeurs fortes, nous sentons
souvent qu'elles pénètrent dans le fond du gosier, en
passant par ce conduit avec l'air aspiré, vers la partie
postérieure des narines et derrière le voile du palais.

Par conséquent, lorsque l'aliment est porté du
fond de la bouche au pharynx, il s'échapperait par
en haut dans le passage des narines, s'il n'existait pas
quelque disposition pour l'en empêcher.

Mais, au moment de la déglutition, les muscles des
deux côtés du palais se contractent et joignent ensemble les côtés arqués du passage, comme les deux
moitiés d'un rideau peuvent être réunies pour clore
l'ouverture d'une fenêtre. En même temps le palais
lui-même se déploie par derrière comme une tente,
et interrompt ainsi la communication entre le pharynx au-dessous et les narines au-dessus; et l'aliment,
repoussé par la langue de la bouche dans le pharynx,

et, ne trouvant aucun passage libre vers les narines, descend nécessairement et est transporté dans l'œsophage.

Tous ces mouvements sont excités en même temps par l'action réflexe dans la déglutition.

De plus, les branches laryngiennes du nerf pneumogastrique jouent un rôle très-important dans l'acte de la respiration.

150. Structure de la glotte et des mouvements dans la respiration. — Le larynx, qui est le commencement de la trachée et des tubes bronchiques, communique avec la partie antérieure du pharynx par une fente ou étroite ouverture qui est « la glotte », dont nous avons déjà parlé. Par conséquent, dans la respiration, l'air entre par la bouche et par les narines dans la partie postérieure du gosier et, de là, passe dans le larynx par l'ouverture de la glotte.

Voici quelle est la structure de la glotte. Le larynx, comme nous l'avons déjà vu, est une espèce de boîte cartilagineuse, formée de plusieurs pièces attachées les unes aux autres par des articulations et des ligaments ; sa cavité interne est, dans sa plus grande partie, aussi spacieuse que celle de la trachée, mais, juste à sa partie supérieure, elle est partiellement obstruée par deux bandes élastiques d'un tissu fibreux, qu'on nomme les *cordes vocales*.

Nous verrons bientôt quelle importante fonction ces cordes remplissent dans la production de la voix, d'où leur nom est dérivé. Les cordes vocales sont attachées à côté l'une de l'autre, au-devant du larynx, et de là se dirigent sur le derrière, presque parallèles l'une à l'autre, laissant entre elles une fente étroite qui est l'ouverture de la glotte. Tout l'espace en dehors des cordes vocales est rempli par la membrane interne, et par les muscles du larynx. Si l'on étend deux cordes sur l'ouverture d'un baril vide, et qu'on mette ensuite de chaque côté une toile pliée entre chaque corde et les bords du baril, on aurait une idée assez exacte de la disposition anatomique du larynx. Le baril représenterait le larynx lui-même, l'espace entre les deux cordes serait la glotte et la toile pliée occuperait la place de la membrane interne et des muscles sur chaque côté.

Mais l'ouverture de la glotte est trop étroite pour laisser passer l'air en quantité suffisante dans les poumons, puisque sa capacité n'est qu'à peu près un tiers de celle de la trachée. Comment se fait-il donc que les poumons soient remplis d'air à travers un passage si étroit?

C'est parce que le larynx est doué de mouvement, et prend part aux actes de la respiration. Chaque fois que la poitrine se dilate pour aspirer l'air, la glotte s'ouvre pour le recevoir, et une série de mouvements alternatifs d'expansion et de réduction est ainsi effectuée par la glotte, en même temps que

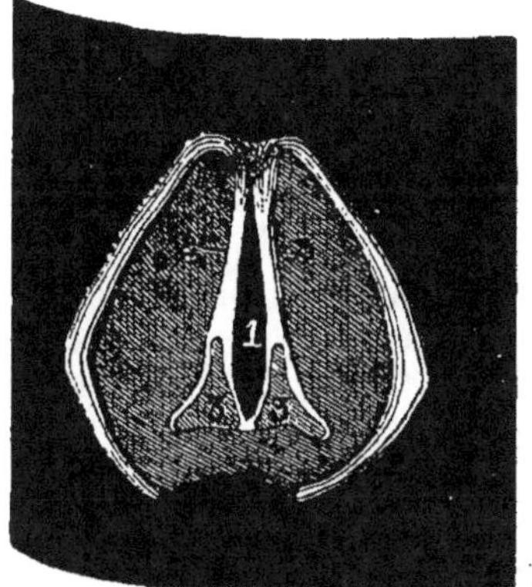

Fig. 52. — Larynx vu par en haut, avec la glotte rétrécie.

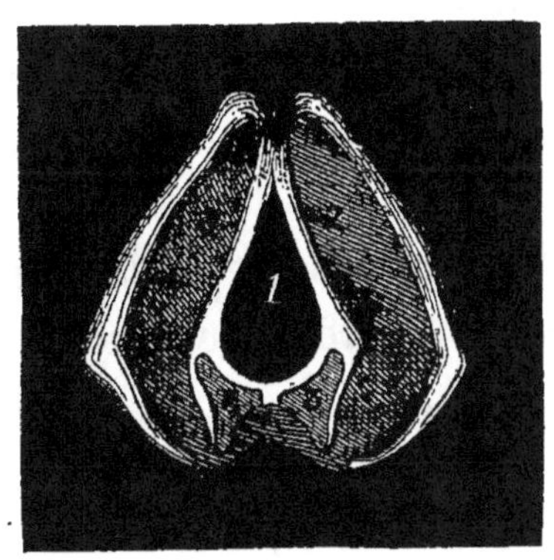

Fig. 51. — Même, vue avec la glotte ouverte : 1 orifice de la glotte ; 2, 2. cordes vocales ; 3, 3, cartilages aryténoïdes.

ceux de la poitrine et de l'abdomen. Voici comment ils s'accomplissent.

A leur extrémité postérieure les cordes vocales sont attachées à deux petits cartilages triangulaires, qui s'unissent au reste du larynx par une articulation ou jointure à leur angle interne. Ils se nomment les *cartilages aryténoïdes*. Leurs muscles sont disposés de telle sorte que ces cartilages peuvent tourner ou exécuter un mouvement de rotation sur leurs articulations, de manière à attirer en dehors les cordes vocales et à les séparer ainsi l'une de l'autre. C'est ainsi que le cordon d'une sonnette est quelquefois attaché à un fil de métal au moyen d'une lame métallique triangulaire, qui tourne sur un pivot dans un coin, et, lorsqu'on tire le cordon, le triangle métallique tourne sur le pivot et tire avec lui le fil de métal dans la même direction. Ainsi, lorsque les deux cartilages aryténoïdes se meuvent en même temps, les cordes vocales s'allongent et se séparent l'une de l'autre, et l'ouverture de la glotte, qui se trouve entre elles, s'élargit pour ouvrir un passage à l'air.

Les mouvements ainsi exécutés se nomment les *mouvements respiratoires de la glotte*. Ils dépendent de la branche laryngienne inférieure du nerf pneumogastrique, qui anime les muscles de cette partie.

Mais, outre cette puissance motrice, la glotte est douée d'une sensibilité exquise et spéciale, essentielle à la sûreté de la vie.

Tant que c'est l'air seul qui entre dans le larynx, les mouvements naturels de cette partie s'exécutent avec facilité et régularité. Mais si une substance étrangère, comme une mie de pain ou une goutte d'eau, s'introduit par hasard entre les cordes vocales et cherche à pénétrer dans la trachée, la membrane interne du larynx éprouve aussitôt une irritation, qui pousse tous les muscles voisins à une résistance active et déterminée. Ceux-ci ferment l'orifice de la glotte avec un mouvement convulsif, et la substance étrangère finit par être expulsée par les efforts spasmodiques de la toux. Cette sensibilité particulière au larynx dépend de la branche laryngienne supérieure du nerf pneumogastrique, distribuée dans sa membrane interne.

Ce nerf, par conséquent, est la sauvegarde de la glotte. Il posé comme une sentinelle à l'entrée du passage de l'air, pour donner avis de l'intrusion de toute substance étrangère dans les poumons et pour les protéger ainsi contre toute atteinte du dehors.

Un autre point très-important dans l'étude du larynx, c'est son rapport avec la déglutition.

151. **Protection de la glotte pendant la déglutition.** — Comme nous l'avons vu, la glotte communique avec le pharynx; mais c'est à travers ce passage que tout l'aliment descend dans l'estomac. Comment se fait-il donc qu'il ne tombe pas dans le larynx, et qu'il ne produise pas la strangulation, chaque fois que s'accomplit l'acte de la déglutition ?

D'abord, c'est parce que, au moment où l'aliment va être avalé, la respiration s'arrête. Il y a dans le corps plusieurs actions nerveuses qu'on dit « incompatibles » les unes avec les autres; c'est-à-dire, qu'elles ne peuvent pas être exécutées en même temps. Ainsi nous pouvons mouvoir les deux mains en cercle de derrière en avant, sur le devant du corps, ou ensemble ou alternativement, mais nous ne pouvons pas mouvoir l'une d'elles de derrière en avant et l'autre de devant en arrière en même temps. Quelque obstacle inexplicable du système nerveux l'empêche ; ainsi, quoique les deux mouvements puissent s'effectuer avec facilité séparément, il est impossible de les effectuer ensemble. De même nous pouvons tourner les deux yeux à droite ou à gauche ensemble, mais nous ne pouvons tourner l'un des deux à droite et l'autre à gauche en même temps.

Or, il y a une incompatibilité nerveuse semblable entre l'acte de la déglutition et celui de l'inspiration. La suspension de la respiration est un préliminaire nécessaire à la déglutition de l'aliment. La conséquence en est que la glotte n'est pas ouverte, comme elle l'est habituellement, mais reste comme une fente étroite offrant peu de facilité à l'entrée de l'aliment.

Cependant l'accident arrive quelquefois, et chacun sait la souffrance qu'occasionne la plus petite miette d'aliment qui s'embarrasserait ainsi dans le larynx. Chaque fois que cela survient, nous trouvons que la difficulté est causée de la même manière, c'est-à-dire *par une inspiration soudaine qui a lieu au moment où l'aliment va être avalé*. Nous ne pouvons pas effectuer une telle inspiration volontairement ; mais elle est quelquefois produite par une impression soudaine sur les sens, comme un spectacle inattendu ou une exclamation, ou toute autre excitation. Le système nerveux est alors comme saisi par surprise ; son opération naturelle est troublée, et une inspiration subite ouvre la glotte et attire l'aliment, en même temps que l'air, dans la cavité du larynx.

On voit, par conséquent, avec quel soin il faut éviter toute cause de hâte et de perturbation pendant la mastication et la déglutition de l'aliment. Le repas doit être pris tranquillement, et, tant qu'il dure, on ne doit s'exposer à aucune interruption soudaine provenant d'une excitation quelconque. C'est avec les enfants surtout, chez qui le système nerveux est beaucoup plus impressionnable, qu'on doit prendre les plus grandes précautions ; car de tels accidents sont toujours alarmants et peuvent avoir de fatals résultats.

Mais la nature a pourvu par d'autres moyens à la protection de la glotte pendant la déglutition.

Si on place le doigt sur le larynx au-devant du

gosier, et qu'on suive les mouvements qu'il fait en avalant, on trouvera qu'au moment de la déglutition, le larynx est attiré rapidement en haut sous la base de la langue. Comme la base de la langue est au même instant repoussée en arrière, elle tend à couvrir l'ouverture de la glotte et à obstruer davantage son entrée. De plus, les muscles constricteurs inférieurs du pharynx sont eux-mêmes attachés de chaque côté aux parties latérales du larynx, et de là se dirigent en arrière en contournant le pharynx. Or, ce sont ces muscles qui agissent dans la déglutition, et, en même temps qu'ils compriment le pharynx, ils l'attirent aussi nécessairement par leurs attaches, vers le larynx, compriment ses deux côtés plus fortement l'un sur l'autre et ainsi ferment complétement l'orifice de la glotte. Par conséquent, au moyen de l'opération combinée de ces divers mouvements, la glotte, qui est ouverte dans l'inspiration pour admettre l'air, est entièrement fermée dans la déglutition, pendant le passage de l'aliment.

152. Production des sons vocaux dans le larynx. — La dernière fonction du larynx est la *formation de la voix.*

Car le larynx est un instrument de musique. C'est là que se produisent et se modulent tous les sons vocaux, depuis les notes les plus élevées jusqu'aux plus basses, avec toutes les modifications des tons qui donnent à la voix la variété et l'expression. Ces sons sont divisés en voyelles, en consonnes et en mots par les mouvements des lèvres et de la langue ; mais la voix elle-même est formée dans le larynx par l'action des cordes vocales.

Le son est causé par une vibration, et tout corps capable de vibration peut produire un effet sonore. Ainsi la corde du violon, pincée par les doigts ou mise en mouvement par l'archet, produit une note plus ou moins élevée ou plus ou moins basse selon la rapidité de sa vibration ; pour cela, toutefois, il faut qu'elle soit *tendue et élastique*. Si elle est lâche et flexible, elle est incapable de vibration et ne peut produire aucun son. La même corde rendra aussi un son grave, si elle est modérément tendue, et un son plus aigu, lorsqu'elle est à un haut degré de tension. Dans la flûte ou dans la trompette, l'air lui-même, qui est toujours élastique, est mis en vibration ; et le son qui est produit varie selon la grandeur de l'ouverture et la longueur de la colonne d'air contenu dans l'instrument. Dans l'orgue, l'air contenu dans les tuyaux est d'abord mis en vibration, et ensuite la colonne d'air qui est au-dessus d'eux. Les tubes larges et longs donnent ainsi un son grave, et les tubes courts et étroits un son aigu.

20.

La formation de la voix dans le larynx est à peu près semblable. La première particularité qu'on doit observer, c'est que la *voix est formée pendant l'expiration et non pendant l'inspiration*. Nous parlons toujours, tandis que l'air sort à travers le larynx, et jamais lorsqu'il entre dans les poumons. Nous poussons l'air avec force à travers le larynx, pour produire un son, exactement comme nous le soufflons dans le même but à travers un corps ou dans un tuyau d'orgue.

En second lieu, lorsque la voix doit résonner, *les cordes vocales sont attirées ensemble et fortement tendues*. Pour produire la vibration nécessaire, l'orifice de la glotte doit être rétréci, et les cordes vocales mises en un état de tension qui les rende capables de se mouvoir rapidement, comme les cordes ou les tuyaux d'un instrument de musique. Alors la colonne d'air qui passe entre elles est elle-même mise en vibration et produit ainsi le son vocal. La note émise par la voix sera, par conséquent, élevée ou basse, aigüe ou grave, selon que les cordes seront plus ou moins fortement tendues et que l'orifice de la glotte sera plus étroit ou plus large. En rendant une note grave, la glotte est laissée comparativement ouverte, et les cordes vocales plus détendues; dans une note élevée, les cordes vocales sont tendues et plus fermement unies entre elles, de manière à reduire l'orifice de la glotte à ses dimensions les plus étroites.

Enfin, le larynx s'élève et s'abaisse pendant la formation des différents sons. Si on place le doigt sur cette partie, on sent que, lorsque résonnent les notes les plus basses, elle est attirée par en bas vers la poitrine, et, au contraire, pendant la formation des sons aigus, elle est forcément attirée vers le haut. Ainsi les deux colonnes d'air au-dessus et au-dessous de la glotte, dans la trachée et dans le pharynx, sont allongées ou raccourcies, s'élargissent ou se rétrécissent, selon que les sons émis par le larynx varient de caractère et de ton.

Tous les mouvements de la glotte dans la formation de la voix, ainsi que ceux qui ont rapport à la respiration, dépendent de la branche laryngienne inférieure du nerf pneumogastrique.

153. Distribution du pneumogastrique dans les poumons. — La partie inférieure du nerf pneumogastrique envoie aussi des branches aux *poumons*. Ces branches forment un filet ou réseau à la partie postérieure des poumons, en se divisant et se renouant ensuite les unes aux autres, et de ce réseau leurs filaments pénètrent dans le tissu des organes, en suivant les divisions successives des bronches et des tubes bronchiques (*fig.* 50). Ces branches sont distribuées dans la membrane interne des tubes bronchiques et des lobules pulmonaires, et communiquent à ces parties une sensibilité spéciale, qui les rend capables de percevoir la condition de l'air contenu dans les vésicules aériennes, et du sang contenu dans les vaisseaux sanguins capillaires. Par conséquent, lorsque l'air est vicié, ses filaments reçoivent l'impression de son impureté. Le nerf pneumogastrique préside ainsi à la condition des passages de l'air dans tout son cours, depuis l'ouverture de la glotte jusqu'à la terminaison des vésicules pulmonaires.

154. Distribution du pneumogastrique dans l'estomac. — Enfin les dernières branches du nerf pneumogastrique sont distribuées dans l'estomac. Ici, comme ailleurs, le nerf contient des fibres sensitives et des fibres motrices. Les fibres sensitives sont distribuées dans la membrane interne de l'estomac, et les fibres motrices dans son enveloppe musculaire. Ici il y a encore une sensibilité spéciale, suivie d'une action réflexe; car la membrane interne de l'estomac n'est pas douée de sensibilité ordinaire. Elle ne sent pas le contact de l'aliment, comme nous pouvons le sentir avec les doigts ou les lèvres. Mais nous savons que, lorsque l'aliment passe dans l'estomac, sa présence excite « l'action péristaltique » de l'enveloppe musculaire, par laquelle l'aliment est mû constamment d'un côté à l'autre, mêlé entièrement avec le suc gastrique, et finalement transporté à travers le pylore dans l'intestin. Ce mouvement important est tout à fait involontaire, et même il s'effectue ordinairement à notre insu. C'est une action réflexe, excitée par la sensibilité spéciale de la membrane interne de l'estomac, au moyen des fibres sensitives du nerf pneumogastrique, et transportée par ses fibres motrices à l'enveloppe musculaire de cet organe.

Le nerf pneumogastrique contrôle, par conséquent, la condition et les actions de la partie supérieure du canal alimentaire, depuis son commencement dans le pharynx jusqu'à l'extrémité pylorique de l'estomac.

Ainsi les nerfs crâniens président par leurs filaments moteurs et sensitifs à la sensibilité et aux mouvements de la face, aux fonctions de la mastication et de la déglutition, aux mouvements péristaltiques de l'estomac, aux mouvements respiratoires et vocaux de la glotte, et à toute l'étendue des passages de l'air dans les poumons.

QUESTIONNAIRE

1. Qu'est-ce que les *nerfs crâniens ?*

2. Combien y a-t-il de paires de nerfs crâniens ?

3. Quelle est la fonction nerveuse qui est fortement développée dans la peau de la face?

4. Dans quelle partie la sensibilité est-elle plus intense que partout ailleurs ?

5. Quel nerf fournit à la face sa sensibilité?

6. Pourquoi est-il appelé la *cinquième paire ?*

7. Pourquoi l'appelle-t-on le *nerf trijumeau ?*

8. Qu'est-ce que le *ganglion de Gasser*, et où est-il situé ?

9. Comment sont distribuées les trois grandes branches de la cinquième paire ?

10. Quel effet produit une irritation quelconque de la cinquième paire ?

11. Quelle est la cause du *mal de dent?* et dans quel nerf la douleur est-elle située ?

12. Que devient le nerf lorsque la dent est arrachée ?

13. Qu'est-ce que la *névralgie ?*

14. Quel nom donne-t-on à la névralgie de la face? Pourquoi ?

15. Quelle branche de la cinquième paire est accompagnée de filaments *moteurs ?*

16. Quel nom donne-t-on au nerf qui contient ces filaments ?

17. Pourquoi le nomme-t-on le nerf *masticateur ?*

18. Quels sont les muscles de la mastication ?

19. Quelle est la place qu'occupe le muscle *temporal ?*

20. Quelle est la direction de ses fibres ?

21. Quelle est l'action de ce muscle sur la mâchoire inférieure?

22. Où est situé le muscle *masséter ?*

23. Quelle est son action sur la mâchoire inférieure ?

24. Quels autres muscles prennent part aux mouvements de la mastication ?

25. Où sont situés les muscles *ptérygoïdiens ?*

26. Quels mouvements de la mâchoire produisent-ils ?

27. Quels autres mouvements sont exécutés par la face ?

28. Par quel nerf les muscles de l'*expression* sont-ils animés?

29. Où le nerf *facial* prend-il son origine?

30. Par quel point de la base du crâne passe-t-il ?

31. Quel est son cours, et quelle est sa distribution subséquente ?

32. Le nerf facial est-il *sensitif* ou *moteur?*

33. Quel effet est produit sur la face par la lésion ou la maladie du nerf facial ?

34. Quels nerfs pourvoient aux mouvements du globe de l'œil?

35. Quel nerf anime les muscles de la langue?

36. Qu'est-ce que le nerf *pneumogastrique*, et quelle est sa distribution finale ?

37. Quel autre nom est donné à ce nerf, et pourquoi ?

38. Où le nerf pneumogastrique prend-il son origine ?

39. Contient-il des fibres sensitives ou des fibres motrices? ou contient-il les deux sortes ?

40. D'où prend-il ses fibres motrices?

41. Dans quelle direction passe-t-il après être sorti de la cavité du crâne ?

42. Quelle est la première branche du nerf pneumogastrique ?

43. Dans quel organe la branche *pharyngienne* est-elle distribuée ?

44. Quelles propriétés communique-t-elle au pharynx ?

45. Quelles sont les deux branches distribuées dans le *larynx?*

46. Quelle est la particularité que présente le cours de la branche *laryngienne inférieure?*

47. Quel nom Galien a-t-il donné à ce nerf?

48. Quelle propriété est communiquée au larynx par le nerf *laryngien supérieur?* Quelle propriété est communiquée par le nerf *laryngien inférieur?*

49. Dans quels autres organes les branches du pneumogastrique sont-elles distribuées ?

50. Quelles sont les deux importantes fonctions qui dépendent des branches supérieures du nerf pneumogastrique?

51. Le pharynx possède-t-il une sensibilité ordinaire?

52. Quelle action réflexe est produite par la sensibilité du pharynx?

53. Quel nom donne-t-on aux muscles du pharynx, et pourquoi?

54. Par quel nerf sont-ils excités à agir, lorsque l'aliment ntre dans le pharynx?

55. L'action du pharynx, en avalant, est-elle *volontaire* ou *involontaire*?

56. Quel effet est produit par des substances étrangères qui irritent le pharynx?

57. Qu'est-ce que le *voile du palais*? la *luette*?

58. Quel est le passage ouvert qui se trouve derrière le voile du palais?

59. Comment l'aliment, au moment d'être avalé, est-il empêché de s'introduire dans la partie postérieure des narines?

60. Où le larynx communique-t-il avec le pharynx?

61 Qu'est-ce que les *cordes vocales*, et où sont-elles attachées?

62. Qu'est-ce que l'ouverturelaissée entre elles?

63. Quelle est la grandeur de l'ouverture de la *glotte* comparée à celle de la trachée?

64. Quel mouvement a lieu dans la glotte au moment de l'inspiration?

65. A quoi sont attachées les extrémités postérieures des cordes vocales?

66. Dans quelle direction les *cartilages aryténoïdes* peuvent-ils se mouvoir?

67. Quel effet produit ce mouvement sur les cordes vocales et sur l'ouverture de la glotte?

68. Quel est l'objet de l'ouverture de la glotte dans l'inspiration?

69. Quel nom donne-t-on à ces mouvements de la glotte?

70. Quelle est la spécialité de la *sensibilité* de la glotte?

71. Quel effet est produit par une substance étrangère qui irrite la glotte?

72. Quelle action protectrice le nerf laryngien supérieur exerce-t-il sur les passages de l'air et les poumons ?

73. Comment l'aliment, au moment d'être avalé, est-il empêché de passer dans le larynx ?

74. Pourquoi ne pouvons-nous pas avaler *au moment de l'inspiration ?*

75. Présentez d'autres exemples de mouvements « incompatibles ».

76. Comment se fait-il que quelquefois des miettes d'aliments s'introduisent dans le larynx pendant qu'on les avale ?

77. Quelles précautions doit-on prendre pour prévenir cet accident ?

78. Comment l'action des *constricteurs du pharynx* sert-elle à empêcher l'aliment de passer dans le larynx ?

79. Quelle autre fonction accomplit le larynx ?

80. Comment le *son* se produit-il, et qu'est-ce qui produit la vibration dans les instruments à cordes ?

81. Dans quelle condition doit être la corde pour vibrer de manière à produire un son ?

82. Quand la même corde produit-elle un son *aigu*, et quand produit-elle un son *grave ?*

83. Qu'est-ce qui donne la vibration aux instruments à vent ?

84. Quels tubes donnent un son aigu, et quels tubes un son grave ?

85. La voix est-elle produite pendant l'expiration ou pendant l'inspiration ?

86. Quelle est la condition des cordes vocales lorsque la voix résonne ?

87. Quelle est leur condition, lorsqu'elles donnent une *note élevée ?*

88. Quelle est leur condition, lorsqu'elles donnent une *note basse.*

89. De quel nerf dépendent les mouvements vocaux de la glotte ?

90. Quelle est la distribution du nerf pneumogastrique dans les *poumons ?*

91. Quelle espèce de sensibilité communique-t-il aux poumons ?

92. Dans quel organe les dernières branches du nerf pneumo-gastrique sont-elles distribuées ?

93. Dans quelle partie de l'estomac ses fibres *sensitives* sont-elles distribuées ?

94. Dans quelle partie ses fibres *motrices* sont-elles distribuées ?

95. Quelle action réflexe de l'estomac s'accomplit au moyen du nerf pneumogastrique ?

96. Indiquez les diverses fonctions auxquelles président tous les nerfs crâniens ?

CHAPITRE XV

Forme de l'encéphale. — Ses divisions anatomiques. — Moelle allongée. — Cervelet. — Le pont de Varolius ou protubérance cérébrale. — Cerveau. — Fonctions du cerveau. — Mémoire. — Jugement. — Raison. — Effets des lésions du cerveau. — Fonctions de la protubérance cérébrale. — Sensation et volition. — Mouvements instinctifs. — Fonctions de la moelle allongée. — Mouvements de la respiration. — Comment s'opèrent-ils ? — Action réflexe de la moelle allongée. — Effets des lésions de la moelle allongée. — Différentes espèces de l'action réflexe dans l'encéphale.

155. **Encéphale.** — L'encéphale est une grande masse de substance nerveuse qui occupe la cavité du crâne. Il est composé de plusieurs amas de matière grise ou ganglions, unis entre eux et avec le cordon spinal par de nombreux faisceaux de fibres nerveuses blanches.

L'*encéphale*, de même que le cordon spinal, est double. Il est formé de deux grandes masses latérales, situées à côté l'une de l'autre dans le crâne, séparées sur le devant et au-dessus par un sillon profond ou fissure, mais réunies au-dessous par la continuation de la substance nerveuse. Il est aussi séparé par des sillons transversaux et par certaines différences de structure en trois divisions principales, qui diffèrent en grandeur, en apparence et en situation ; ce sont : le *cerveau*, le *cervelet* et la *moelle allongée*.

156. Moelle allongée. — Quand le cordon spinal entre dans la cavité du crâne par la grande ouverture située à la base de cette cavité, il s'étend, comme nous l'avons expliqué dans un chapitre précédent, en une large masse oblongue, qui conserve encore l'apparence générale externe du cordon spinal. C'est la *moelle allongée*. L'augmentation de sa largeur est due en partie à ses fibres, qui commencent, à cet endroit, à se contourner obliquement dans plusieurs directions, et aussi à ce fait, qu'une masse importante de matière grise, connue sous le nom de ganglion de la moelle allongée, s'y trouve cachée dans sa substance. Presque tous les nerfs crâniens aussi prennent leur origine dans cette partie ou dans son voisinage immédiat, et leurs fibres s'ajoutent, par conséquent, à celles qui dérivent du cordon spinal. Ainsi la moelle allongée, comme le cordon spinal, consiste en un amas de matière grise, couvert et caché par les fibres blanches qui se trouvent à sa surface externe.

157. Cervelet. — Au-dessus et derrière la moelle allongée se trouve le *cervelet*. Celui-ci est une masse nerveuse beaucoup plus grande, qui se distingue très-facilement de celles qui précèdent, par son apparence et sa structure particulières. Sa surface externe ne se compose pas de matière blanche, mais d'une matière nerveuse grise ; et cette matière est disposée en lames ou couches abondantes et étroites, ayant, la plupart, une direction transversale, et serrées étroitement, comme un drap ou châle gris, replié plusieurs fois sur lui-même. Dans son intérieur, au contraire, le cervelet est composé de substance blanche. Les colonnes du cordon spinal, en passant au travers de la moelle allongée, renvoient quelques-unes de leurs fibres ; et ces fibres, tournant obliquement par en haut et en arrière, s'épanouissent dans l'épaisseur du cervelet, et finissent par s'unir, à sa surface, avec la matière grise.

Outre cela, les deux moitiés latérales du cervelet sont unies l'une à l'autre d'une façon remarquable. Une multitude de blancs filaments nerveux s'élancent, sur chaque côté, de toute la surface interne de cette matière grise, et se rendent en bas et en avant vers son centre, s'approchant graduellement les uns des autres, et s'unissant en un faisceau aplati de fibres parallèles. Ce faisceau en forme de ruban sort ensuite de la partie inférieure et antérieure du cervelet, se courbe autour de la base du cerveau, immédiatement au-devant de la moelle allongée, puis retourne vers le côté opposé, pour s'épanouir encore dans la substance de l'autre moitié du cervelet.

Ainsi cette masse de fibres nerveuses épanouies à leurs deux extrémités, mais unies à leur milieu en une bande parallèle, forme une communication transversale entre le côté droit et le côté gauche du cervelet.

Dans sa partie moyenne, où elle entoure la base de l'encéphale en forme d'arc, elle s'appelle « pons Varolii », ou le « pont de Varolius », parce que les fibres de la moelle allongée, en suivant leur cours, passent sous lui comme une rivière sous un pont.

158. Protubérance cérébrale. — A l'endroit où les fibres de la moelle allongée passent sous le pont de Varolius, on trouve un autre dépôt de matière grise dans l'intérieur de la masse. Cette réunion de matière grise au dedans, avec la proéminence du pont de Varolius au dehors, donne à cette partie du cerveau l'apparence d'une protubérance circulaire semblable à un anneau. C'est pour cela qu'on lui a donné le nom de *tubercule* ou *protubérance annulaire,* et la matière grise qu'elle contient dans son centre, se nomme le « ganglion de la protubérance cérébrale ».

Au delà et au-devant de la protubérance annulaire, les fibres qui viennent du cordon spinal et de la moelle allongée, passent en haut et en avant en deux grands faisceaux arrondis qu'on nomme « *les pédoncules du cerveau* ». Ils ont reçu ce nom, parce que les deux moitiés du cerveau sont soutenues sur ces pédoncules, comme une fleur sur sa tige. Leurs fibres se dirigeant toujours en haut, aussitôt après avoir dépassé le niveau du cervelet, se déploient en forme d'éventail par devant et par derrière, à droite et à gauche, et vont se terminer dans la substance grise du cerveau.

159. Cerveau. — Le cerveau est de beaucoup la plus grande de toutes les masses nerveuses contenues dans le crâne. Elle s'étend sur toutes les autres parties, sur le devant, au-dessus et par derrière, de sorte qu'elle les couvre toutes comme un toit voûté ou un dôme. La partie externe et supérieure de ce dôme est formée de matière grise pliée et enroulée dans un grand nombre de directions. Son intérieur se compose, en grande partie, de substance blanche, c'est-à-dire de fibres qui, comme nous l'avons déjà vu, passent de bas en haut et unissent ainsi cette partie principale du cerveau avec la moelle allongée et le cordon spinal. Les deux moitiés du cerveau sont aussi réunies, comme celles du cervelet, par un grand faisceau de fibres transversales, convergentes, qui partent de la matière grise et passent d'un côté à l'autre ; seulement ce faisceau transversal ne sort pas du cerveau, comme le pont de Varolius, mais reste caché et comme enseveli dans sa substance.

A la base du cerveau, sur chaque côté, on trouve

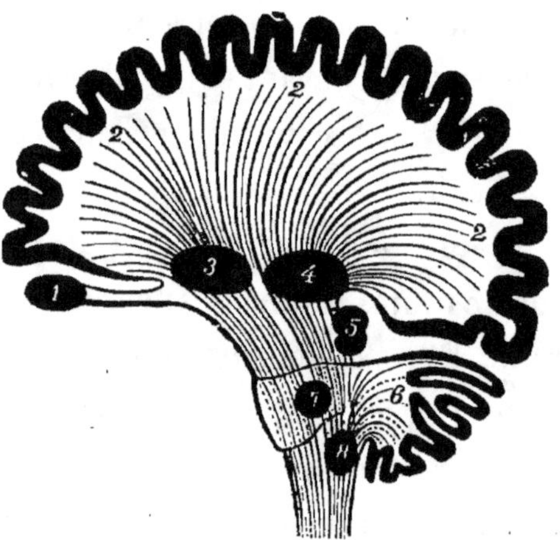

Fig. 53. — Diagramme d'une section verticale de l'encéphale de l'homme, montrant la situation des différents ganglions et la direction des fibres (*).

auss deux autres dépôts de matière grise, un sur le devant et l'autre par derrière, appelés respective-

(*) 1, ganglion du sens de l'odorat ; 2, 2, 2, cerveau ; 3, corps strié ; 4, couche optique ; 5, ganglion du sens de la vue ; 6, cervelet ; 7, ganglion de la protubérance annulaire ; 8, ganglion de la moelle allongée.

ment « les corps striés et les couches optiques ». Ces ganglions forment une partie de la substance du cerveau, et sont situés, pour ainsi dire, à sa porte ou entrée ; et c'est à travers ces ganglions que les fibres venant d'en bas se dirigent vers la surface du cerveau (*fig.* 53). Dans la substance du cerveau, au-dessus de la couche pliée de sa matière grise, il y a aussi des piliers, des voûtes, des rideaux, des galeries, des passages et plusieurs détails variés de structure anatomique, trop compliqués pour qu'on puisse en donner une description complète. Plusieurs de ces parties anatomiques servent à des usages qui nous sont encore inconnus ; mais nous connaissons la structure et les fonctions de la masse principale et ses relations avec les autres parties du cerveau.

160. **Fonctions du cerveau.** — Le cerveau est l'organe de l'intelligence. Nous entendons, par là, que c'est par cette partie du système nerveux que les facultés intellectuelles sont mises en rapport avec le corps. La raison, le jugement, la mémoire sont les facultés mentales dont les opérations sont en rapport avec la fonction du cerveau. Nous savons cela, parce que, lorsque cette partie de l'encéphale est lésée, ce sont ces facultés qui en souffrent, et si la première vient à s'affaiblir, celles-ci s'affaiblissent elles-mêmes à un degré correspondant et même disparaissent.

21.

Quelle est la nature de ces facultés, et comment se manifestent-elles par l'action du cerveau ?

La plus simple et la plus fondamentale de ces facultés, c'est la mémoire. Cette faculté est la base de tout progrès intellectuel, et même l'opération mentale la plus simple serait impossible sans elle. Par elle seulement nous sommes capables de retenir les noms des choses et la signification des mots, ce qui nous permet d'écrire et de parler. Presque toutes nos actions sont guidées par ce qui s'est passé auparavant, et, par conséquent, si nous étions privés de mémoire, la plupart de nos actes seraient capricieux et déraisonnables. Un défaut de mémoire est le premier indice d'idiotisme chez les enfants ; et c'est par le défaut de cette faculté que ces enfants ne peuvent pas apprendre à lire, et, dans plusieurs cas, ne peuvent même pas parler. Le défaut de mémoire est aussi la plus infaillible conséquence d'une lésion de cette partie de l'encéphale. Quand une attaque d'apoplexie menace, une perte de mémoire est un des premiers symptômes qui se manifestent ; et dans les affections plus persistantes du cerveau, ce défaut de mémoire s'accroît graduellement à un tel point, qu'on perd d'une manière permanente jusqu'à la faculté de se rappeler les jours de la semaine ou les événements du jour.

L'importante faculté intellectuelle qui vient après, c'est le *jugement*. Par ce mot nous entendons la faculté d'apprécier la véritable importance des choses et les relations de la cause avec l'effet. Une personne faiblement douée de cette faculté est sujette à donner trop d'attention aux choses qui sont de peu de valeur, et à négliger celles qui ont une véritable importance. Elle est aussi incapable de reconnaître que ce qui arrive, en un temps, est causé par quelque événement qui a précédé. Elle sait seulement que les deux choses sont arrivées, mais elle ne perçoit pas la relation qu'il y a entre les deux. Par conséquent, il est inutile de punir un idiot, parce qu'il ne comprend pas que cette punition est une conséquence de ce qu'il a fait auparavant.

Enfin, la *raison* est la faculté par laquelle nous comprenons les causes et les conséquences des choses, de manière à pouvoir nous guider dans nos actions. Nous pouvons faire usage des connaissances acquises par la mémoire et par le jugement, pour éviter des difficultés et obtenir des succès. Une personne déraisonnable est, par conséquent, celle qui ne fait pas usage des moyens convenables pour accomplir ses projets. C'est le trait caractéristique de l'idiotisme et de quelques espèces de folie.

Toutes ces facultés mentales sont susceptibles

d'être développées à un degré plus ou moins grand, chez différentes personnes, ou même chez la même personne, à des âges différents. Comme la sensibilité de la peau, elles sont quelquefois intenses et quelquefois faibles. Elles sont toujours affaiblies, quand le cerveau est lésé, même lorsque les autres fonctions du système nerveux s'accomplissent d'une manière normale.

Or, tous les actes qui sont d'une nature intellectuelle requièrent cette opération de l'entendement, depuis le plus simple jusqu'au plus profond et au plus compliqué. Par exemple, nous sentons que l'air de la chambre est froid, et, en conséquence, nous fermons la fenêtre. C'est une action réflexe du système nerveux : son principe, c'est la sensation du froid ; sa fin, c'est l'acte volontaire de fermer la fenêtre. Mais, entre les deux, il y a une opération intellectuelle, par laquelle nous comprenons la cause de notre sensation et la manière dont nous pouvons la détruire par un acte volontaire. Cette fonction mentale est en rapport spécial avec la fonction du cerveau.

161. Fonctions de la protubérance annulaire. — La fonction des centres nerveux que nous allons maintenant étudier, est la double fonction de *sensation* et de *volition*. Nous avons déjà parlé de ces facultés en relation avec la sensibilité et la puissance motrice dans les nerfs spinaux. Mais nous avons trouvé que ces organes ne servent que de conducteurs, et que les fonctions réelles ont leur siége dans l'intérieur de l'encéphale.

Ces facultés, cependant, ne sont pas situées dans le cerveau. La substance du cerveau n'est pas même sensitive; et, pourvu qu'aucune autre partie de l'encéphale ne soit lésée, on peut la couper ou la lacérer de toute manière, sans produire de douleur, comme cela est arrivé plusieurs fois dans des accidents et dans des opérations chirurgicales. Les physiologistes ont des raisons pour croire que les facultés de sensation et de volition sont logées plus bas, dans la matière grise de la *protubérance annulaire*. Quelle est la nature de ces fonctions, et quel est le rapport qu'elles ont entre elles ?

Une sensation complète est toujours accompagnée de la conscience de cette sensation. Cela est bien différent de la simple impression nerveuse reçue par un nerf sensitif. Car le nerf lui-même ne sent pas, il ne fait que conduire l'impression, et la sensation n'est perçue que lorsqu'elle arrive à l'encéphale où réside la conscience. C'est le ganglion de la protubérance annulaire qui reçoit ainsi l'impression transportée par le nerf, et la convertit instantanément en une sensation consciente.

Ce ganglion est aussi le siége de la volition. Par ce terme nous entendons cette action nerveuse par laquelle nous commandons aux muscles par l'influence de la volonté. Ce commandement est transmis par les nerfs ; mais son origine est dans l'encéphale.

Or, la volition est entièrement distincte de la raison. L'intention ou le désir d'accomplir un acte est une chose différente de son exécution positive. Même lorsque nous avons déjà décidé de soulever un bras, ou de faire un pas, il reste encore un procédé nerveux par lequel les muscles sont alors mis en mouvement. Ce procédé est l'acte de la volition, et tout mouvement ainsi exécuté est ce qu'on appelle *un mouvement volontaire*.

Mais il y a des actes volontaires qui sont exécutés indépendamment de l'intelligence. Ils n'ont rien à faire avec la mémoire ou le jugement, et sont exécutés instantanément, toutes les fois que nous recevons une sensation particulière. C'est la nature de tous les actes qui sont exécutés par *instinct*. Ainsi la vue d'un objet menaçant inspire la terreur, et nous tâchons immédiatement d'y échapper ou de nous défendre. La sensation de la faim nous pousse à chercher l'aliment ; mais c'est simplement parce que nous le désirons, et non parce que nous réfléchissons qu'il nourrira le corps par le procédé de la digestion, et bien moins encore, parce que nous nous rappelons comment s'accomplit cette opération. Toutes les actions de ce genre sont volontaires, mais elles ne résultent pas d'un raisonnement qui les précède. Elles obéissent à une impulsion aveugle, dans laquelle nous reconnaissons seulement les sensations que nous recevons, et les désirs qu'elles excitent. Ces mouvements instinctifs et volontaires sont exécutés par l'action réflexe de la protubérance annulaire.

162. Fonctions de la moelle allongée. — Il y a une autre action réflexe, qui a lieu dans l'encéphale, et qui est plus importante que toutes les autres, parce qu'elle intéresse plus immédiatement la continuation de la vie. C'est celle qui préside *aux mouvements de la respiration.*

Nous n'avons pas encore dit pourquoi ces mouvements ont lieu. Nous avons vu seulement qu'ils sont soumis à une action continuelle et harmonieuse, la poitrine se soulevant et retombant avec une régularité persistante, et le diaphragme suivant ce mouvement par ses contractions et ses relâchements alternatifs.

Mais ces mouvements ne sont ni intentionnels ni volontaires. Ils ne sont le résultat d'aucun effort de la raison ; car ils sont exécutés aussi bien par les idiots et par les animaux que par les personnes d'âge mûr et de la plus haute intelligence. Ils ne sont pas davantage dirigés par la volonté ; car ils se font, même quand nous n'y pensons pas, aussi bien pendant le sommeil qu'en tout autre temps. Même dans les cas où l'encéphale se trouve considérablement lésé par la violence ou la maladie, lorsque toutes les facultés mentales sont abolies, lorsque la volition et la connaissance sont suspendues, les mouvements de la respiration continuent souvent avec la même exactitude et la même régularité qu'auparavant. La masse entière du cerveau et du cervelet, et les deux substances blanche et grise de la protubérance annulaire peuvent être comprimées ou détruites sans arrêter cette fonction essentielle de la vie.

Il y a, cependant, une autre partie de l'encéphale cachée dans la région postérieure et plus basse du crâne, et qui est plus petite que les autres, mais, en même temps, la plus importante de toutes ; car elle préside directement au procédé de la respiration : c'est le ganglion de la *moelle allongée*.

Lorsque les autres parties de l'encéphale sont lésées, plusieurs fonctions nerveuses et mentales sont altérées ou détruites ; mais la vie elle-même continue. Quand la moelle allongée est détruite, la respiration cesse instantanément, et la vie s'éteint au même instant.

Par conséquent, la nature a pourvu à la sûreté de ce ganglion si important, en le cachant profondément sous le reste de la masse de l'encéphale, et en le protégeant ainsi contre toute violence extérieure. Un coup sur la tête, qui brise la partie supérieure du crâne, peut déchirer la substance de l'encéphale et causer la perte de la mémoire et de la connaissance, mais il pénètre rarement ou même jamais jusqu'à la moelle allongée. Cette partie ne peut pas non plus être facilement atteinte par en bas, parce qu'elle repose sur la base du crâne, exactement au-dessus du sommet de la colonne spinale. Même une apoplexie par cause interne n'affecte ordinairement que les parties supérieures ou moyennes du cerveau. Si elle attaque la moelle allongée, la mort est certaine et immédiate.

Quelquefois, lorsque l'épine est fracturée à la partie supérieure, juste au niveau de sa jonction avec le crâne, les fragments osseux pénètrent dans la moelle allongée et en déchirent la substance. Nous disons alors que le « cou est cassé » ; et un tel accident devient, à l'instant, fatal, parce qu'il arrête du coup les mouvements de la respiration.

De quelle manière ce ganglion conserve-t-il la fonction de la respiration ?

163. Nature réflexe de l'acte de la respiration. — Comme nous l'avons déjà indiqué, c'est par le moyen d'une action réflexe que cet acte s'accomplit. Tous les nerfs qui sont distribués parmi les vaisseaux sanguins reçoivent une impression du sang circulant. A mesure que le sang perd son oxygène et se charge d'acide carbonique, l'impression est transportée en dedans par les nerfs, et est ainsi transmise à la moelle allongée. Parmi les nerfs plus spécialement sensibles à cette impression, se trouve le *nerf pneumogastrique*, qui, comme nous l'avons déjà vu, est distribué parmi les vésicules aériennes des poumons, et, là, perçoit les premières impressions de l'altération du sang. Arrivée à la moelle allongée, l'impression ainsi transportée est reçue par la matière grise du ganglion ; elle est ensuite convertie en une impulsion motrice, qui est renvoyée par les nerfs intercostaux et phréniques, et les muscles de la respiration sont, à l'instant, mis en mouvement. Le nouvel air introduit dans les poumons soulage alors le système nerveux par sa provision d'oxygène, et les muscles, par conséquent, se détendent, pour être de nouveau mis en action, quelques instants après, par une répétition du même procédé. Telle est l'action réflexe de la moelle allongée.

Mais cette impression nerveuse n'est pas habituellement perçue, parce qu'elle n'excite naturellement aucune sensation consciente ; mais on peut la sentir très-aisément.

Si on retient pendant quelques secondes sa respiration, on éprouve immédiatement dans la poitrine une sensation qui n'est pas habituelle. Ce n'est pas une douleur ordinaire, ou une sensation comme celle du chaud ou du froid ; c'est un sentiment particulier de souffrance qui devient, à chaque instant, plus intolérable : nous éprouvons bientôt dans la poitrine une sensation de suffocation ; et la souffrance se répand ensuite dans tout le corps, qui appelle à grands cris l'air et la respiration, dont le besoin est devenu irrésistible. Quand la résistance volontaire vient à cesser, les mouvements de la respiration recommencent d'eux-mêmes, et le sentiment de suffocation disparaît, à mesure qu'un air nouveau reprend son chemin vers les poumons.

Par conséquent, l'impression nerveuse qui excite les muscles respiratoires est alternativement produite et soulagée, pendant que l'air entre dans les passages des poumons et en est expulsé ; et les mouvements de la respiration se répètent à des intervalles réguliers, aussi souvent qu'ils sont nécessaires à la rénovation du sang.

Ainsi les ganglions nerveux exécutent diverses actions réflexes dans les différentes parties de l'encéphale. Quelques-unes d'entre elles sont accompagnées de l'exercice de la raison et des autres facultés intellectuelles ; quelques-unes ne mettent en action que les pouvoirs de la sensation et de la volonté ; tandis que d'autres, qui sont les plus indispensables à la vie, s'exercent à notre insu, par la simple opération de la force nerveuse.

Ici nous finissons l'étude des grandes masses nerveuses du cordon spinal, de l'encéphale, et celle des nerfs qui sont en rapport avec eux. Pris ensemble, ils forment la division du système nerveux, à laquelle on donne le nom de *système cérébro-spinal,* à cause des deux principaux centres nerveux qu'il contient. Ce système préside à toutes les fonctions qui mettent le corps animal en rapport avec tous les objets extérieurs, telles que la sensation, la volonté, les instincts, la voix et l'introduction de l'aliment et de l'air du dehors dans le corps.

Mais il y a une autre classe de fonctions exclusivement internes dans leur opération, telles que la digestion, l'absorption, la sécrétion, la nutrition et la circulation du sang. Ces fonctions sont aussi réglées et contrôlées par un système de nerfs et de ganglions, avec lesquels leurs organes sont plus spécialement en rapport ; et cette partie du système nerveux se nomme le *système du grand sympathique*.

Nous allons nous occuper de l'étude de ce système dans le chapitre suivant.

QUESTIONNAIRE

1. Quelle est la structure des parties dont l'*encéphale* est composé ?

2. Comment les deux côtés de l'encéphale sont-ils séparés l'un de l'autre ?

3. Comment sont-ils soudés ?

4. Nommez les trois parties ou divisions principales de l'encéphale.

5. Quelle est la forme et la situation de la *moelle allongée* ?

6. Quelle masse importante de matière grise contient-elle ?

7. De quoi est-elle composée à sa surface externe ?

8. Quelle est la situation du *cervelet* ?

9. De quoi est-il composé à sa surface externe ?

10. Quelle est la disposition ou l'arrangement de la matière grise à son extérieur ?

11. De quoi est-il composé à l'intérieur ?

12. Comment les deux moitiés latérales du cervelet sont-elles unies l'une à l'autre ?

13. Quel nom donne-t-on à la bande transversale connective du cervelet ? et pourquoi ?

14. Qu'est-ce que la *protubérance annulaire*, et pourquoi est-elle ainsi appelée ?

15. Quel amas de matière grise contient-elle dans son intérieur ?

16. Quels sont les *pédoncules du cerveau*, et pourquoi les nomme-t-on ainsi ?

17. Où se terminent les fibres des pédoncules ?

18. Quelle est la plus grande division de l'encéphale ?

19. Quelle est la structure de sa surface externe ?

20. Comment les deux moitiés latérales du cerveau sont-elles jointes l'une à l'autre ?

21. Où sont situés les *corps striés* et les *couches optiques* ?

22. Quelle est la fonction du *cerveau* ?

23. Comment savons-nous que le cerveau est l'organe de l'intelligence ?

24. Quelle est la plus simple et la plus importante des facultés mentales ?

25. Quelle est la définition de la *mémoire* ?

26. Comment la mémoire est-elle affectée dans les cas de lésion ou de faiblesse du cerveau ?

27. Qu'est-ce que la faculté du *jugement* ?

28. Qu'est-ce que la faculté de la *raison* ?

29. Comment sont exécutés les actes de nature *intelligente* ?

30. La *sensation* et la *volition* dépendent-elles du cerveau ?

31. Dans quelle partie du cerveau ces facultés résident-elles ?

32. Quelle est la différence entre une *impression nerveuse* et une *sensation consciente* ?

33. Quelle est la différence entre l'*intelligence* et la *volition* ?

34. Un acte peut-il être volontaire sans être le résultat de l'intelligence ?

35. Qu'est-ce qu'un acte *instinctif* ?

36. Où est dans l'encéphale le siége de la sensation simple et de la volition ?

37. Quelle est la plus importante action réflexe qui a lieu dans l'encéphale ?

38. Les mouvements de la respiration sont-ils volontaires ou involontaires ?

39. Requièrent-ils la coopération de la conscience, ou de la sensation ?

40. Quelles sont les parties de l'encéphale qui peuvent être détruites, sans arrêter la respiration ?

41. Quelle partie de l'encéphale préside à l'acte de la respiration ?

42. Comment la moelle allongée est-elle protégée par sa situation ?

43. Qu'entendons-nous en disant que « le cou est cassé » ?

44. Pourquoi cet accident est-il immédiatement fatal ?

45. Comment l'action réflexe de la respiration est-elle exécutée par la moelle allongée ?

46. Quel nerf est le principal agent pour transporter l'impression à la moelle allongée.

47. Cette impression est-elle habituellement perçue ?

48. Comment peut-elle devenir perceptible ?

49. Quelle action musculaire excite-t-elle ?

50. Par quels nerfs l'excitation est-elle portée au dehors vers les muscles ?

51. Pourquoi les mouvements de la respiration sont-ils répétés à des intervalles réguliers ?

52. Qu'est-ce que le système nerveux *cérébro-spinal?*

53. Quelle est la fonction générale du système nerveux cérébro-spinal ?

CHAPITRE XVI

LE SYSTÈME DU NERF GRAND SYMPATHIQUE.

Structure générale du grand sympathique. — Ses ganglions. — Ses nerfs. — Plexus artériels. — Leur distribution. — Connexion avec le système cérébro-spinal. — Opération lente des nerfs sympathiques. — Effet du froid et de l'humidité. — Inflammation des organes internes. — Comment évite-t-on les effets des vicissitudes atmosphériques. — Différentes espèces de l'action réflexe à travers les systèmes sympathique et cérébro-spinal.

164. Disposition générale du système sympathique. — Le système du grand nerf sympathique consiste en une double chaîne de très-petits ganglions, qui s'étendent d'une extrémité du corps à l'autre, au devant de la colonne spinale, parcourant les parties les plus profondes du cou et renfermés dans les cavités de la poitrine et de l'abdomen. Les ganglions successifs sont attachés les uns aux autres par des fibres nerveuses très-fines, qui courent en haut et en bas dans la direction de la chaîne. Des ganglions partent aussi de nombreux nerfs qui s'entrelacent, et qui sont distribués dans les grands organes internes du corps, dans le cœur, dans les poumons, dans l'estomac, dans le pancréas, dans le foie, dans l'intestin et dans les reins. Ces nerfs sont plus petits que ceux du système cérébro-spinal, et sont moins distinctement visibles, ce qui est dû à leur couleur grisâtre et à la plus grande délicatesse de leur tissu.

Une particularité frappante du cours des nerfs appartenant au système sympathique, c'est qu'ils suivent exactement la distribution des vaisseaux sanguins. Partant du cœur, ils enveloppent les grands vaisseaux d'une sorte de réseau ou plexus de nerfs déliés qui s'entrelacent, lequel se nomme le *plexus artériel* des nerfs sympathiques. Chaque réseau ou plexus est renforcé par des fibres venant des ganglions adjacents, et envoie des divisions correspondantes aux branches artérielles, qui suivent leurs ramifications successives, et les accompagnent ainsi dans tout le corps, et pénètrent avec elles dans la substance de tous les organes.

Dans le cou et dans la poitrine, les ganglions sympathiques sont régulièrement disposés en paires, une sur chaque côté du corps, au devant de la colonne spinale. Cette régularité se remarque particulièrement dans la poitrine, dans laquelle les ganglions sont au nombre de douze, chacun reposant sur la tête de la côte correspondante. Mais dans la partie supérieure de l'abdomen leur disposition est diffé-

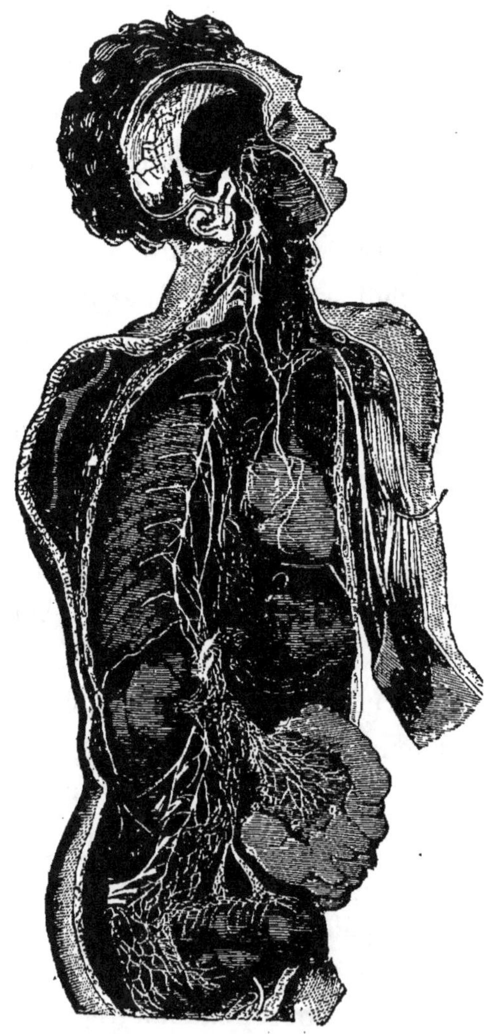

Fig. 54. — Direction et distribution du grand sympathique.

rente. Immédiatement derrière l'estomac et près des grands vaisseaux qui viennent de l'aorte vers cette région, il y a un amas de ganglions sympathiques, qui varient de forme et de grandeur. De ces ganglions, il y en a, sur chaque côté, un qui est plus grand que les autres, et qui, en raison de sa forme demi-circulaire, semblable à une demi-lune, se nomme le *ganglion semi-lunaire*. Tous ces ganglions sont unis entre eux et à ceux du côté opposé par un réseau de filaments, qui forment un plexus central à mailles serrées et compliquées.

De ce réseau partent d'autres faisceaux de filaments entrelacés, qui suivent le cours des vaisseaux sanguins vers tous les organes abdominaux. Il a pour cela reçu le nom de *plexus solaire*, parce que les autres réseaux abdominaux rayonnent de lui dans toutes les directions, comme les rayons divergents du soleil. Ainsi le plexus solaire occupe, pour ainsi dire, le centre dans le système nerveux de l'abdomen, et par ses filaments irradiants il contrôle l'action des divers organes contenus dans la cavité abdominale (*fig.* 54).

Ici aussi, comme dans les autres parties du corps, les réseaux sympathiques et leurs branches suivent le cours des vaisseaux sanguins, en les enveloppant de tous côtés d'un filet de fibres entrelacées.

165. Action des nerfs sympathiques sur les organes internes. — Par conséquent, ces nerfs sont partout en relation intime avec le système vasculaire. C'est ainsi que les différentes parties de la circulation sont soumises à une sorte de contrôle, de manière que le cours du sang peut être hâté ou retardé, et sa quantité augmentée ou diminuée dans les différents organes. Ainsi les fonctions de la sécrétion, de la nutrition et autres semblables, qui dépendent à un si haut degré de l'état de la circulation, sont amenées à sympathiser entre elles dans des régions éloignées ; et pour cette raison le système des nerfs, que nous venons de décrire, a reçu le nom de « système sympathique ».

L'action de ce système, cependant, et celle de tous les organes qui sont sous son influence, sont involontaires dans leur caractère et complétement indépendantes de notre contrôle.

Malgré cela, le système sympathique des nerfs est en connexion avec le système cérébro-spinal ; car chaque ganglion principal envoie une branche de communication, laquelle se joint à une autre branche venant du nerf spinal ou cérébral, qui lui est voisin ; et ainsi les organes internes peuvent être influencés, d'une manière détournée, par des impressions produites sur les nerfs sensitifs. Mais cette influence est toujours secondaire et indirecte dans ses opérations.

166. Action continue et lente des nerfs sympathiques. — Le caractère spécial de l'action nerveuse du système sympathique est d'être lente et graduelle dans son opération. Les nerfs cérébro-spinaux, au contraire, répondent instantanément au stimulant qui leur est appliqué. La sensibilité de la peau produit à l'instant sur nous l'impression de tout corps étranger qui est en contact avec elle, et la contraction des muscles volontaires est immédiate et instantanée. Mais, dans les organes internes, un certain temps est requis pour l'opération du stimulant nerveux ; et son action, une fois excitée, est lente et uniforme. Le mouvement péristaltique des intestins, par exemple, n'est pas une contraction prompte et instantanée, comme celle des muscles volontaires, mais un mouvement lent, continu et vermiculaire, par lequel l'aliment est porté en avant d'une manière constante et graduelle.

L'effet produit par l'action nerveuse du système sympathique sur les organes internes requiert souvent un intervalle plus long encore. Ainsi, lorsque nous sommes exposés au froid ou à l'humidité, nous sentons immédiatement l'impression sur la surface sensitive de la peau; mais l'inflammation qui s'ensuit dans les organes internes, telle que la pleurésie ou le mal de gorge, ne vient que vingt-quatre heures plus tard ; et le trouble de la circulation ainsi produit, lorsqu'il est une fois établi, continue longtemps après que la cause a disparu. Ainsi un rhume ou une pleurésie qui dure une semaine, peut être causé parce qu'on aura été imprudemment exposé au froid pendant quelques minutes.

167. Protection contre les lésions produites par le froid et l'humidité. — Par conséquent, on doit prendre le plus grand soin pour éviter ces refroidissements. Le malaise et la souffrance produits immédiatement par le froid et l'humidité sont un avis donné au système nerveux, que, si l'exposition se prolonge, il en résultera des conséquences plus sérieuses, et que les organes internes souffriront à leur tour. Ainsi, le plus tôt possible, après avoir été mouillé ou refroidi, le corps doit être entièrement réchauffé et séché. Dans ce cas, le danger principal, c'est le délai. Car le froid et l'humidité ne causent aucun mal, en général, aux personnes fortes et vigoureuses, *pendant tout le temps que le corps est maintenu en exercice actif,* et que la circulation se conserve dans un degré de rapidité convenable. Mais, après que l'exercice est terminé ou pendant que le système est en repos, la même exposition qui, d'abord, n'a produit qu'une chaleur et une réaction saine, si elle continue plus longtemps, affaiblira les puissances vitales et causera une lésion dangereuse des organes internes.

Ainsi, même dans des températures glaciales, un homme peut se promener activement et avec impunité à l'air libre; mais, s'il reste assis tranquillement dans une chambre froide, il court toujours un danger, et se trouve exposé à des résultats très-sérieux.

La meilleure protection contre les conséquences d'une exposition inévitable est l'exercice actif des muscles et des membres, aussi longtemps que dure la cause de l'exposition; ensuite la chaleur du corps doit être rétablie dans le plus bref délai par des moyens artificiels.

168. Diverses espèces de l'action réflexe. — Le système sympathique est ainsi un moyen de communication entre les différents organes internes; et, à cause de sa connexion avec le système cérébro-spinal, les organes internes sont aussi mis en rapport avec les surfaces sensitives et les muscles volontaires. Il y a, par conséquent, dans le corps vivant des actions réflexes de trois espèces différentes, qui s'effectuent, en tout ou en partie, au moyen du système sympathique.

1° *Actions réflexes qui partent des organes internes*

vers les muscles volontaires et les surfaces sensitives. Les convulsions des enfants viennent souvent de l'irritation causée par l'aliment non digéré dans le canal alimentaire. Les attaques d'indigestion produisent aussi quelquefois une cécité temporaire, une double vision, le strabisme et même l'hémiplégie.

2° *Actions réflexes qui partent des surfaces sensitives vers les muscles involontaires et les organes internes.* Une exposition imprudente de la peau au froid et à l'humidité causera souvent une affection dans les intestins. Des impressions mentales et morales transportées au moyen des sens, affecteront les mouvements du cœur et troubleront la digestion et la sécrétion. La terreur ou la surprise produira une dilatation de la pupille et communiquera ainsi à l'œil une expression extraordinaire et frappante. Des vues ou des odeurs désagréables ou même des circonstances déplaisantes peuvent troubler plusieurs des fonctions internes du corps chez les personnes douées d'une grande sensibilité.

3° *Actions réflexes qui partent à travers le système sympathique, d'une partie des organes internes à une autre.* Le contact de l'aliment avec la membrane interne de l'intestin excite le mouvement péristaltique de sa couche musculaire. L'action combinée de l'estomac, du foie et des autres parties de l'appareil digestif s'effectue au moyen des ganglions sympathiques et de leurs nerfs; et la congestion vasculaire des différents organes abdominaux, au moment de leur activité fonctionnelle, dépend de la même influence. Ni la conscience ni le système cérébro-spinal n'ont aucune part immédiate dans ces actions.

QUESTIONNAIRE

1. Quelle est la disposition générale du système nerveux du *grand sympathique* ?

2. Quel est le cours et la distribution générale des nerfs sympathiques ?

3. Qu'est-ce que le *plexus* ou *réseau artériel* des nerfs sympathiques?

4. Quelle est la disposition des ganglions et des nerfs sympathiques dans le cou et dans la poitrine ? dans l'abdomen ?

5. Quelle est la situation du *ganglion semi-lunaire ?*

6. Qu'est-ce que le *plexus solaire* du grand sympathique?

7. À quelles fonctions préside le système sympathique ?

8. Pourquoi le nomme-t-on « Système sympathique » ?

9. L'action du système sympathique est-elle volontaire ou involontaire ?

10. Comment le système sympathique est-il en connexion avec le système cérébro-spinal ?

11. En quoi l'action du système sympathique diffère-t-elle de celle du système cérébro-spinal ?

12. Quels effets nuisibles peuvent être produits sur les organes internes par l'*exposition* du corps au froid et à l'humidité?

13. Quelles précautions doit-on prendre pour éviter ces effets?

14. Quelles actions réflexes ont lieu en tout ou en partie au moyen du système sympathique ?

CHAPITRE XVII

Définition des sens spéciaux. — Nerfs de sens spécial. — Organes de sens spécial. — Le sens de la *vue*. — Nerf optique. — Globe de l'œil. — Ses différentes parties. — Champ de la vision. — Ligne de la vision distincte. — Appréciation de la distance. — Solidité et projection. — Stéréoscope. — Thaumatrope. — Impressions internes. — Muscles du globe oculaire. — Paupières. — Larmes. — Clignotement. — Glandes de Meïbomius. — Canal lacrymal. — Usages nuisibles à la vue. — Sens de l'*ouïe*. — Nerf auditif. — Labyrinthe. — Tympan. — Chaîne des os. — Tube d'Eustache. — Oreille externe. — Direction, contraste et élévation des sons. — Sens de l'*odorat*. — Nerf olfactif. — Passages nasaux. — Os turbinés. — Deux espèces de sensibilité du nez. — Usages du sens de l'odorat. — Sens du *goût*. — Papilles de la langue. — Deux espèces de sensibilité de la langue. — Nerf glosso-pharyngien. — Usages du sens du goût.

La dernière partie du système nerveux que nous allons étudier est celle des *sens spéciaux*. Par ce terme nous entendons les sens qui nous donnent la connaissance de certaines sensations, différentes de celles du tact ordinaire, telles que les sensations de la lumière, des sons, des odeurs et du goût.

169. **Nerfs de sens spécial.** — Chaque sens spé-

cial a un nerf qui lui est propre, et qui s'appelle le *nerf de sens spécial*. Chacun de ces nerfs est constitué de manière à sentir la sensation particulière avec laquelle il est en relation, mais il n'en peut sentir aucune autre. Ainsi le nerf de l'œil est sensible à la lumière, mais non aux sons; et le nerf de l'oreille est sensible aux sons, mais non au goût et aux odeurs. Ainsi chaque nerf est doué d'une sensibilité spéciale qui le rend apte à remplir sa fonction spéciale.

170. Organes de sens spécial. — Pour chaque sens spécial il y a aussi un organe particulier, d'une structure plus ou moins compliquée, dans lequel le nerf est distribué et qui s'appelle l'*organe de sens spécial:* Ainsi, pour le sens de l'odorat, nous avons le nez; pour celui du goût, la langue; pour celui de la vue, l'œil; pour celui de l'ouïe, l'oreille. Chaque organe de sens spécial, outre son nerf, est pourvu de vaisseaux sanguins, de membranes internes, de muscles et autres parties qui aident à l'accomplissement de la fonction entière.

Nous examinerons successivement : 1° le sens de la vue; 2° celui de l'ouïe; 3° celui de l'odorat, et 4° celui du goût.

171. Le sens de la vue. — Le nerf optique. — Nous sommes capables de percevoir l'impression de

la lumière au moyen d'un nerf particulier, situé à la
base du cerveau, et qui se nomme le *nerf optique*. Ce
nerf prend son origine sur chaque côté d'une paire
de ganglions arrondis, situés entre le cerveau et le
cervelet, et qui sont les ganglions du sens de la vue
(*fig.* 53) (5). Comme ils donnent naissance aux nerfs
optiques, et parce qu'ils ont la forme de petites proéminences arrondies, ils sont appelés les « tubercules
optiques ». De ces ganglions les nerfs optiques se
courbent en dehors et en avant, embrassant les pédoncules du cerveau, et continuant leur course
le long de la base du cerveau, ils quittent la cavité
du crâne, chacun par une ouverture arrondie, appelée « le trou optique », et se terminent dans la
partie postérieure des deux globes des yeux.

Mais, vers le milieu de leur course, ces nerfs présentent une connexion ou union remarquable de l'un avec
l'autre sur la ligne médiane. Ils se rapprochent l'un
de l'autre sur chaque côté, jusqu'à ce qu'ils se réunissent à la fin et se consolident en une seule masse.
A ce point, il y a échange de fibres entre les deux
nerfs, de sorte que quelques-unes des fibres appartenant au nerf optique droit passent au côté gauche,
et quelques-unes de celles qui appartiennent au
nerf optique gauche, passent au côté droit ; cela s'appelle *la décussation des nerfs optiques* (*fig.* 53).

Sur ce point il y a aussi connexion entre les deux tubercules optiques, quelques-unes des fibres passant

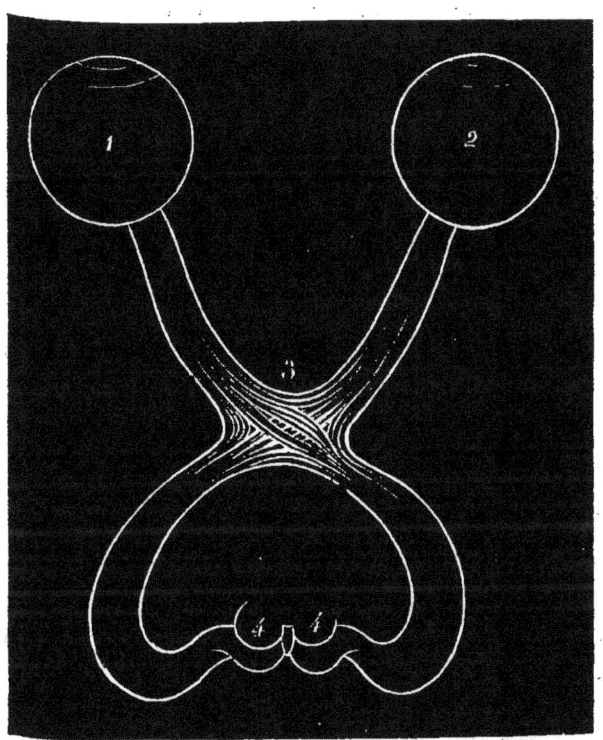

Fig. 55. — Direction du nerf optique chez l'homme (*).

directement en travers, derrière la décussation, et retournant au tubercule optique du côté opposé; et aussi une autre connexion entre les deux globes oculaires, quelques fibres passant directement en

(*) 1, 2, globe de l'œil droit et gauche; 3, décussation des nerfs optiques; 4, 4, tubercules optiques.

travers, sur le devant de la décussation, d'un côté à l'autre. Ainsi les yeux ne sont pas tout à fait deux organes distincts, mais un double organe, dont les parties sont associées dans l'opération d'une seule fonction.

Du point de la décussation les nerfs optiques divergent encore; et, passant à travers les trous optiques, arrivent au globe de l'œil. Ici chaque nerf s'épanouit en une matière nerveuse, mince, délicate et grisâtre, qui couvre la plus grande partie de l'intérieur du globe de l'œil. Cette expansion de matière se nomme la *rétine* : elle est la terminaison du nerf optique.

172. Fonction des nerfs optiques. — Les nerfs optiques sont les conducteurs du sens de la vue. Lorsqu'un rayon de lumière tombe sur la rétine, l'impression est portée à l'intérieur le long des fibres du nerf, jusqu'à ce ce qu'elle arrive à la matière grise du tubercule optique. Là, elle devient une sensation, et nous percevons, par conséquent, l'impression de la lumière qui vient du dehors. Nous percevons aussi ses variations d'intensité et de couleur ; nous voyons si elle est forte ou faible, si elle est bleue, jaune ou rouge.

Par conséquent, si les nerfs optiques sont divisés ou détruit par la maladie, il en résulte une cécité complète ; car les impressions de la lumière ne peuvent plus arriver aux tubercules optiques ni produire aucune sensation.

Une importante action réflexe a lieu aussi dans les tubercules optiques. Chaque fois qu'une lumière intense frappe la rétine, la pupille se contracte immédiatement ; si la lumière diminue d'intensité, la pupille se dilate de nouveau. Le stimulant de la lumière transporté au dedans par le nerf optique est converti en une action réflexe par les tubercules optiques, et de là est dirigé au dehors, par certains nerfs moteurs, vers les fibres musculaires qui servent à contracter la pupille. Cela explique ce qu'on appelle « la sensibilité de la pupille ». C'est une action involontaire, qui a lieu même dans un état inconscient, pourvu que les tubercules optiques, aussi bien que les nerfs, ne soient pas lésés.

173. Structure du globe de l'œil. — Jusqu'ici nous avons vu que l'appareil de la vision consiste seulement en un nerf sensitif et un ganglion, destinés à recevoir et à transporter la simple impression de la lumière. Mais, pour bien comprendre les moyens par lesquels le sens de la vue est exercé dans toute sa perfection, il faut examiner l'organe spécial auquel est attaché le nerf optique. Cet organe est le *globe de l'œil*.

Le globe de l'œil est une masse globulaire ferme, située dans la cavité osseuse, au-dessous du front, et qui se nomme « l'orbite ». Une petite partie seulement du devant du globe de l'œil est visible entre les paupières; mais, en plaçant les doigts sur ces paupières, et entre le globe et les os de l'orbite, nous pouvons facilement sentir sa forme globulaire. Il se compose à l'extérieur d'une forte membrane fibreuse, opaque et blanche, qui enveloppe comme un sac les parties internes; ce sac, à cause de sa texture forte et résistante, se nomme la membrane *sclérotique* du globe de l'œil.

Cette membrane sclérotique s'étend sur toute la surface du globe, excepté à sa partie antérieure. Là il y a une membrane circulaire d'un cinquième à peu près de toute la surface du globe, sur laquelle la sclérotique blanche et opaque est remplacée par une membrane incolore, ferme, mais parfaitement transparente, à travers laquelle la lumière pénètre dans l'intérieur de l'œil. Dans sa contexture et son apparence, cette partie de l'œil est comme un morceau de corne ou d'écaille incolore et transparente, et pour cela est appelée la *cornée*. En regardant directement l'œil de front, nous ne distinguons pas la cornée; parce que, en raison de sa transparence, nous ne voyons que les parties colorées de l'œil qui se trouvent derrière elle. Mais, si nous regardons de près et de profil l'œil d'une autre personne, nous verrons la surface vitreuse de la cornée, qui se projette en une forme arrondie, en avant des autres parties.

Le globe de l'œil est donc partout couvert d'une enveloppe dense et résistante, dont la partie antérieure ou la cornée est incolore et transparente, tandis que celle des côtés et du derrière, ou la sclérotique, est blanche et opaque.

Il ressemble, par conséquent, à une chambre munie d'une seule fenêtre. La lumière pénètre à travers cette fenêtre et va tomber sur la paroi postérieure de la chambre, mais ne peut traverser aucune autre ouverture ou fente sur les côtés.

Immédiatement au-dessous de la sclérotique, se trouve une seconde enveloppe ou membrane du globe de l'œil, nommée *membrane choroïde*, d'une couleur noire brunâtre. Cette membrane est entièrement opaque comme la sclérotique, mais d'une consistance beaucoup plus molle et abondamment pourvue de vaisseaux sanguins. La choroïde est excessivement importante dans l'œil pour absorber la lumière qui arrive et en empêcher les réflexions; car ces réflexions troubleraient la netteté de l'illumination dans le fond de l'œil. Si on regarde à une petite distance un tableau sous verre, et que la lumière arrive par une fenêtre située derrière, on ne peut pas voir distinctement le tableau, à cause de la réflexion de la lumière sur la surface du verre. C'est pour cette raison que les fabricants de lunettes, de longues-vues et de microscopes, ont appris à couvrir l'intérieur de leurs tubes d'une couche de peinture d'un noir mat, de manière que toute la lumière puisse traverser en ligne droite les lentilles, et qu'aucun rayon ne puisse être réfléchi sur les côtés de l'instrument. La membrane choroïde remplit le même objet dans l'œil.

Au-dessous de la membrane choroïde se trouve la *rétine*. Celle-ci, comme nous l'avons déjà dit, forme la terminaison du nerf optique; elle est, par conséquent, la partie la plus importante de tout le globe de l'œil. Le nerf, en pénétrant dans la partie postérieure de ce globe, passe à travers les deux enveloppes sclérotique et choroïde, et s'épanouit ensuite en une couche mince, molle, délicate et semi-transparente, qui recouvre toute la surface interne du globe de l'œil, excepté sur le devant, juste à l'ouverture de la cornée. La rétine est la partie sensitive de l'œil. C'est cette membrane qui reçoit les rayons de la lumière entrant par devant, et qui communique leur impression, à travers les fibres du nerf optique, au cerveau, qui se trouve plus en arrière. Mais, quoique la rétine soit si sensible à la lumière et à la couleur, elle ne peut pas transporter les sensations ordinaires du tact. Lorsque la membrane elle-même est divisée ou piquée, comme dans les opérations chirurgicales faites sur l'œil, elle ne transporte pas la sensation du tact ou de la blessure, mais seulement la sensation d'un jet de lumière. C'est pour cette raison qu'un coup soudain sur le globe de l'œil produit l'apparence d'une explosion d'étincelles brillantes. Lorsque les parties les plus profondes de l'œil sont enflammées ou troublées de toute autre manière, le patient voit quelquefois des lueurs irrégulières ou des points de lumière qui naissent de l'irritation anormale de la rétine; et, quand cette membrane est fortement lésée par la maladie, elle devient insensible, et l'œil, par conséquent, demeure aveugle.

Ainsi, en raison de la sensibilité spéciale de la rétine, sa fonction est exclusivement destinée à la perception de la lumière qui du dehors arrive à sa surface.

La cavité globulaire renfermée dans la rétine est occupée par une substance transparente, semblable à de la gelée, et qu'on appelle le *corps vitré*, à cause de son apparence incolore et vitreuse. Cette substance remplit l'intérieur de l'œil, et maintient les autres parties à leur place, en les préservant de la tension des enveloppes externes.

174. Lentille cristalline. — Juste au milieu et sur le devant du corps vitré se trouve une autre partie transparente de l'œil, extrêmement importante, qui se nomme le *cristallin* ou *lentille cristalline*. Elle a la forme d'un grain de chapelet en verre, mais circulaire et aplati, plus épais vers le milieu et plus mince sur ses bords. La lentille est retenue dans sa position par une membrane très-mince et délicate, qui recouvre sa surface par devant et par derrière. Cette

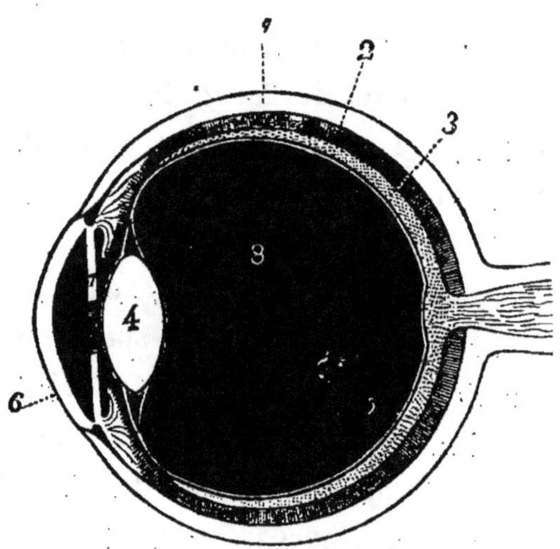

Fig. 56. — Section verticale du globe de l'œil (*).

membrane s'étend ensuite, en dehors des bords de la lentille en une double couche, qui bientôt se conso-

(*) 1, sclérotique; 2, choroïde; 3, rétine; 4, lentille cristalline ou cristallin; 5, membrane hyaloïde; 6, cornée; 7, iris; 8, corps vitré.

lide en une seule membrane, nommée « la membrane hyaloïde », et, dans cette forme, elle s'étale sur toute la surface du corps vitré. C'est ainsi que la lentille cristalline est maintenue à sa place sur le devant de la partie centrale du corps vitré (*fig.* 56).

175. Fonctions de la lentille cristalline. — C'est au moyen de la lentille cristalline seule que nous sommes capables de percevoir la *forme* et les *contours* des objets. Car la rétine elle-même n'est sensible qu'aux impressions de la lumière et de la couleur, c'est-à-dire qu'elle peut percevoir la différence entre la lumière et les ténèbres, entre les diverses couleurs, comme le rouge, le bleu, le jaune et le vert ; mais elle n'a pas par elle-même le pouvoir de distinguer la forme des objets. L'œil reçoit

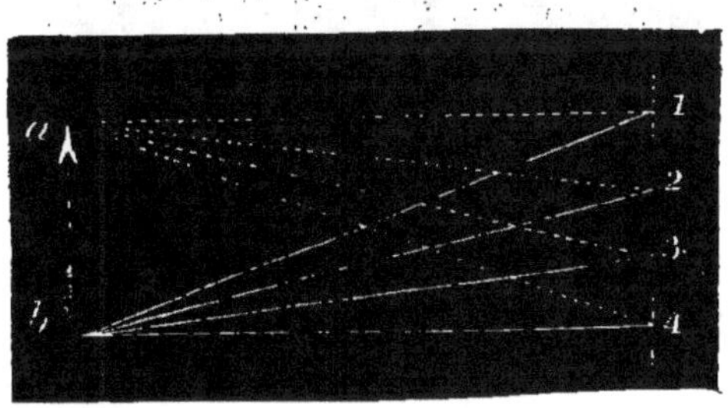

Fig. 57. — Vision sans lentille.

la lumière indifféremment de chaque partie d'un objet qui peut être situé au devant de la cornée ; et, par conséquent, s'il n'était pourvu que de la seule rétine, les rayons de lumière partant de toutes les parties de l'objet, et divergeant également dans toutes les directions, entreraient dans l'œil et arriveraient ensemble à chaque partie de la rétine, comme dans la figure 57, où la flèche *ab*, représente l'objet, et la ligne pointée à droite représente la rétine. Ici toutes les parties de la rétine, 1, 2, 3, 4, recevraient deux rayons partant de la pointe *a* de la flèche et de l'extrémité *b*. Ainsi le sommet, le bas et les côtés des objets seraient mêlés confusément à

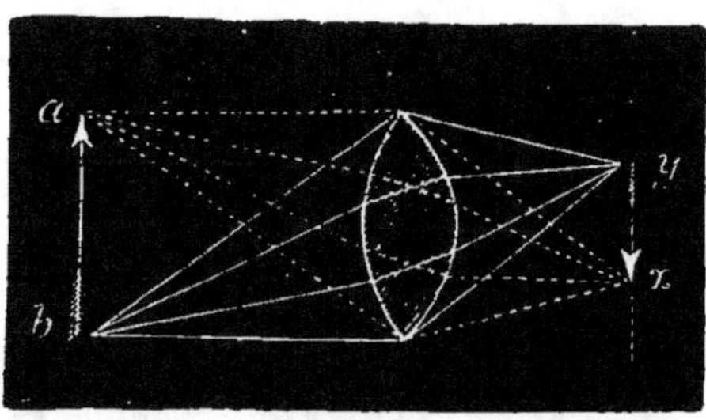

Fig. 58. — Vision avec lentille.

la surface de la rétine ; nous ne serions pas capables de distinguer leurs différentes parties, et nous ne recevrions que l'impression d'une clarté confuse.

Une lentille est tout corps transparent, ayant la forme décrite plus haut, c'est-à-dire arrondi sur ses deux surfaces opposées, et plus mince sur ses bords. Cette lentille a une action telle sur les rayons de lumière qui la traversent, qu'elle les réunit et les concentre à une certaine distance derrière elle. Par conséquent, tout point lumineux, situé au devant d'une telle lentille, produit derrière elle un autre point lumineux, parce que ses rayons, qui divergent pour arriver à la lentille, sont de nouveau réunis ensemble en la traversant. Nous pouvons observer cet effet avec toute lentille de verre convexe, telle que ces grands verres grossissants dont on se sert pour regarder des tableaux. Si l'on tient à la main un écran blanc ou une feuille de papier à une distance de six à huit pieds d'une lumière de gaz, toute la surface du papier est également et modérément éclairée, parce que la lumière venant de toutes les parties de la flamme est répandue uniformément sur cette surface. Mais, si l'on tient une lentille entre la lumière et le papier, on voit sur ce dernier un point plus éclatant que le reste ; et si l'on rapproche peu à peu et de plus en plus près la lentille du papier, le milieu de ce point devient de plus en plus brillant, jusqu'à ce qu'on ait une image distincte et éclatante de la flamme dans son centre, tandis que les parties environnantes restent obscures. Non-seulement toute la lumière qui traverse la lentille est ainsi concentrée dans un petit espace ; mais encore toute la lumière qui vient du sommet de la flamme, est concentrée sur un seul point, et toute celle qui vient du bas est concentrée sur un autre, de manière qu'on peut alors percevoir distinctement sa forme et ses contours.

La lentille cristalline rend le même service dans l'intérieur de l'œil. Au moyen de la lentille interposée, tous les rayons qui émanent de la pointe a de la flèche (*fig.* 58) sont concentrés en x, et tous ceux qui émanent de l'extrémité b, sont concentrés en y. Ainsi la rétine reçoit l'impression de la pointe de la flèche séparément de celle de l'autre bout, et toutes les parties de l'objet sont de même distinctement et parfaitement aperçues.

La rétine est, par conséquent, l'écran sensitif sur lequel la lumière est ainsi concentrée.

Le point où une lentille concentre ainsi la lumière qui la traverse s'appelle son *foyer*, et c'est seulement à une certaine distance que cette concentration devient parfaite. Si l'on meut l'écran ou la lentille en arrière ou en avant, de manière à augmenter ou à diminuer la distance entre eux, le point brillant disparaît, pour reparaître, lorsqu'ils seront replacés dans la position qui leur convient. Car la lentille cristalline est naturellement placée à une distance telle des parties les plus profondes de l'œil, qu'elle concentre la lumière à un foyer situé exactement à la surface de la rétine.

176. L'iris et la pupille. — Au devant de la lentille cristalline est suspendu un rideau musculaire, avec une ouverture ou perforation circulaire à son centre. Ce rideau ou compartiment, c'est l'*iris*. On l'appelle ainsi à cause de ses variations de couleur ; sa surface présentant un mélange de teintes différentes, qui produisent toutes ensemble un effet de noir, de brun, de bleu et de gris. C'est le cercle coloré que nous voyons derrière la cornée transparente ; et l'ouverture circulaire qui se trouve à son centre, c'est la *pupille*.

L'iris se compose de fibres musculaires très-déliées, disposées en deux séries. Celles de la première série rayonnent des bords de la pupille en dehors, et servent à élargir l'ouverture. La seconde série court en cercle autour de la pupille, et sert à la rétrécir comme l'ouverture d'une bourse. La surface postérieure de l'iris est couverte d'une couche de matière colorante noire, semblable à celle de la membrane choroïde. L'iris lui-même est, par conséquent, opaque, et n'admet la lumière à l'intérieur de l'œil que par l'ouverture de la pupille.

177. Mouvements de la pupille. — La pupille pourtant est mobile. Par l'action alternative des fibres radiées et circulaires de l'iris, son ouverture peut être augmentée ou diminuée, et une plus grande ou plus petite quantité de lumière peut être introduite dans l'œil. Nous avons déjà décrit l'action réflexe par laquelle ce mouvement s'exécute. Quand la lumière qui frappe la rétine est intense et éblouissante, la pupille se contracte et en repousse une partie ; quand la lumière est faible et insuffisante, la pupille se dilate et en admet une plus grande quantité.

Par conséquent, lorsque nous entrons tout d'un coup dans un appartement brillamment illuminé, l'œil est d'abord ébloui par l'intensité de la lumière ; mais il s'accommode bientôt au changement par la contraction de la pupille, et la lumière ne lui cause plus aucune gêne. D'autre part, lorsqu'on passe tout d'un coup de la lumière dans une chambre obscure, tout est dans les ténèbres, et aucun des objets qui y sont renfermés n'est visible. Mais, à mesure que la pupille se dilate, et que plus de lumière pénètre dans l'œil, les divers objets deviennent perceptibles, jusqu'à ce que la chambre, qui d'abord avait paru dans une obscurité complète, semble enfin assez bien éclairée pour notre vue.

Cette action réflexe de la pupille a lieu au moyen d'une partie du système sympathique. Dans la partie postérieure de l'orbite, il y a un menu ganglion nerveux appelé *ganglion ophthalmique*. Il communique par des filaments déliés avec le réseau artériel du nerf sympathique dans l'intérieur du crâne, et aussi avec des branches motrices et sensitives des nerfs crâniens. De sa partie antérieure se dégagent de dix à quinze nerfs délicats, qui pénètrent bientôt dans la membrane sclérotique du globe de l'œil, et suivent leur cours en avant, au-dessous de cette membrane, jusqu'à ce qu'ils arrivent à l'endroit occupé par l'iris. On les appelle les *nerfs ciliaires*. Ils sont enfin distribués dans les fibres musculaires de l'iris, et les excitent alternativement à contracter et à dilater la pupille.

Le mouvement de la pupille est donc une de ces actions réflexes qui s'exécutent en partie au moyen du système nerveux cérébro-spinal, et en partie au moyen du système sympathique. L'impression sur la rétine est d'abord portée au tubercule optique dans le cerveau, tandis que l'impulsion réflexe est transportée de là au ganglion ophthalmique, et arrive finalement aux fibres musculaires de l'iris par les nerfs ciliaires.

Entre le devant de l'iris et la surface intérieure de la cornée, il y a un espace rempli par un fluide clair et transparent. Ce fluide, à cause de sa consistance aqueuse, a reçu le nom d'*humeur aqueuse*. Il complète l'ensemble des éléments anatomiques qui entrent dans la composition du globe de l'œil.

Il y a dans la fonction de l'œil plusieurs particularités qui requièrent notre attention.

178. Champ de la vision. *D'abord il n'y a qu'un petit espace sur le devant de l'œil, dans lequel les objets peuvent être vus distinctement.* — Comme la pupille admet des rayons de lumière qui viennent obliquement de diverses directions, il y a naturéllement un champ ou cercle d'une certaine étendue, dans lequel les objets peuvent être perçus. Cet espace s'appelle le *champ de la vision;* et, au delà de ces limites, aucun objet ne peut être vu, parce que les rayons de la lumière, venant directement de côté ou par derrière, ne peuvent pas entrer dans la pupille.

179. Ligne de la vision distincte. — Mais, même dans ce champ, il n'y a qu'un seul point, à son centre, dans lequel les objets puissent être vus distinctement. Ainsi, si nous nous plaçons devant une rangée de bâtons ou de perches debout, nous pouvons voir ceux qui sont directement devant l'œil, d'une manière tout à fait distincte ; mais ceux qui sont placés à une petite distance, sur chaque côté, ne sont aperçus que d'une manière confuse et incertaine. Nous pouvons voir qu'ils sont là, mais nous ne pouvons distinguer facilement leurs contours.

Si nous regardons au milieu d'une page imprimée qui se trouve directement devant nous, nous voyons distinctement les formes des lettres ; mais à des distances successives de ce point, si l'œil est tenu fixé, nous ne pouvons distinguer d'abord que les contours confus des lettres séparées, ensuite les mots seulement, et enfin rien que les lignes et les espaces.

Cela vient de ce que les rayons de lumière qui entrent dans la lentille cristalline directement du

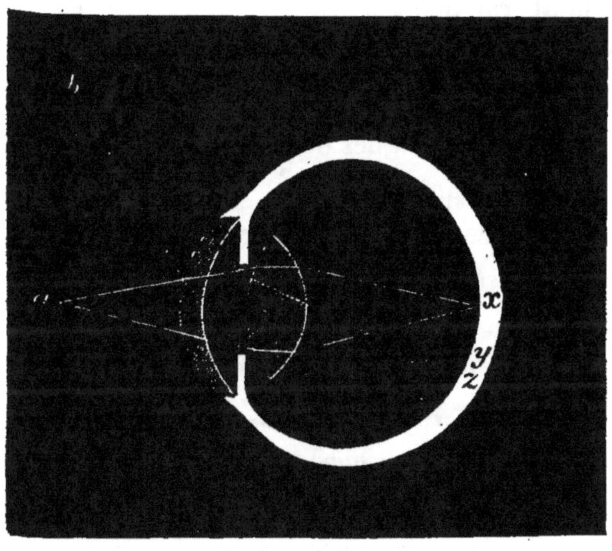

Fig. 59. — Lignes de vision distincte et indistincte.

devant (comme de *a*, *fig.* 59), sont concentrés par elle au foyer de la rétine (*x*), et produisent une vision distincte; mais ceux qui y entrent dans une direction très-oblique (comme de *b*), se croisent entre eux dans la cavité du globe de l'œil, et arrivent ainsi séparément à la rétine (à y, z), produisant ainsi une vision indistincte et imparfaite.

Il n'y a, par conséquent, qu'une seule ligne qui s'étend directement au-devant de chaque œil, et sur laquelle les objets sont vus distinctement. Cette ligne s'appelle la *ligne de la vision distincte.*

C'est grâce à la grande mobilité des yeux, qui se tournent rapidement vers toutes les parties d'un paysage, que nous pouvons en voir distinctement l'ensemble. En lisant une page imprimée, les yeux suivent aussi les lignes de gauche à droite, et voient ainsi d'une manière distincte chaque lettre et chaque mot successivement. Au bout de chaque ligne ils retournent soudainement au commencement de la suivante, et répètent ce mouvement depuis le haut jusqu'au bas de la page.

180. **Vision unique et distincte avec les deux yeux.** *Outre cela, et même directement devant nous, il n'y a qu'une certaine distance à laquelle les objets puissent être vus distinctement par les deux yeux.* — Comme les yeux sont situés à deux ou trois pouces l'un de l'autre dans leur orbite, lorsqu'ils sont dirigés tous les deux vers le même objet, les lignes de la vision, pour les deux yeux, convergent et se rencontrent à la place qu'occupe l'objet. C'est pour cette raison que nous ne voyons qu'un

seul objet, quoique nous le regardions avec deux yeux; car, comme les deux lignes de la vision se rencontrent en un seul point, les deux images distinctes se couvrent exactement l'une l'autre, et n'en forment ainsi qu'une seule (*fig.* 60 n° 1).

Mais en deçà ou au delà de ce point, la vision devient imparfaite et en même temps double. Si on lève un des doigts devant la face à une distance d'un ou de deux pieds, et dans la direction où se trouve, de l'autre côté de la chambre, un petit objet, tel que le bouton d'une porte, quand les deux yeux sont dirigés sur le doigt, nous le voyons seul et distinctement; mais le bouton de la porte nous apparaît double, avec une image de chaque côté du doigt. Maintenant, si nous changeons la direction des deux yeux,

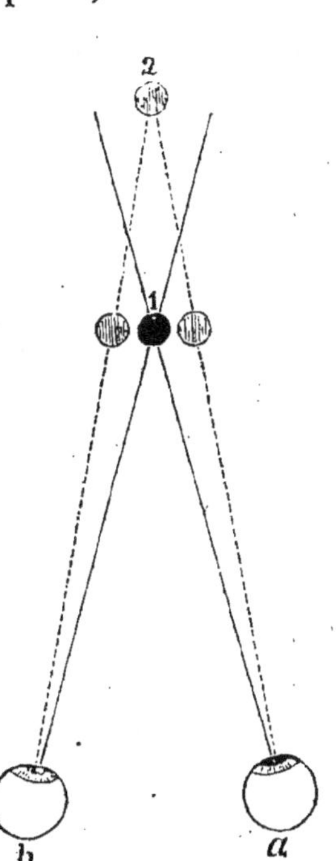

Fig. 60. — Vision à différentes distances (*).

et que nous regardions le bouton, celui-ci à son tour sera vu distinctement et seul, tandis que le

(*) *a*, œil droit; *b*, œil gauche; 1, objet rapproché; 2, objet éloigné.

doigt apparaîtra double, ou de chaque côté du bouton.

Cela vient de ce que, quand les deux yeux sont dirigés sur l'objet le plus proche (*fig.* 60, n° 1), le plus éloigné (2) sera vu aussi; mais il sera vu indistinctement, parce qu'il est en dehors de la ligne de la vision distincte. Pour l'œil droit, il sera à droite de la ligne de vision, et pour l'œil gauche, à gauche de cette ligne. Ainsi les deux images ne correspondent pas en situation, et l'objet, par conséquent, apparaît double.

Lorsqu'on regarde un paysage, et que les deux yeux sont dirigés sur le premier plan, le plan du milieu et l'espace ou le ciel apparaissent tous deux troubles et indistincts; et lorsque les yeux sont dirigés vers l'espace, le premier plan, à son tour, n'est distingué qu'imparfaitement.

Ainsi nous jugeons instinctivement de la distance des différents objets par la direction des deux yeux et par leurs lignes de vision distincte.

181. Appréciation de la solidité et de la projection. — Mais l'action combinée des deux yeux est utile aussi sous un autre rapport : elle nous rend capables d'apprécier les qualités de *solidité* et de *projection*.

Quand on regarde un objet solide, telle qu'une

boîte carrée (*fig. 6!*), à une courte distance devant soi, les deux yeux se trouvant séparés l'un de l'autre par l'intervalle de leurs orbites verront l'objet de deux directions différentes.

Tous les deux verront le devant de la boîte (*a*), mais, de plus, l'œil droit verra une petite partie de son côté droit (*b*), et l'œil gauche une petite partie de son côté gauche (*c*). On peut facilement s'en convaincre en regardant un tel objet, si l'on ferme alternativement d'abord l'œil droit et ensuite l'œil gauche (comme dans la fig. 62); on trouvera alors que la boîte

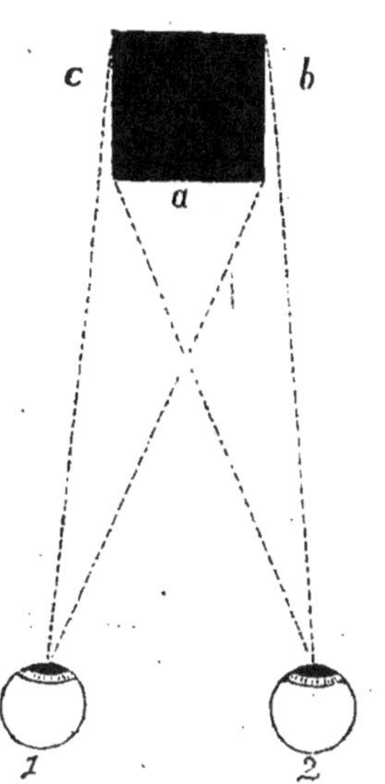

Fig. 61. — Vision des objets solides (*).

apparaît à l'œil gauche comme en *a*, et à l'œil droit elle apparaît comme en *b* (*fig.* 62).

Par conséquent, les images de cet objet solide, telles qu'elles sont perçues par les deux yeux, sont différentes. Mais comme elles sont toutes les deux dans la ligne de la vision distincte et occupent le même point, elles sont unies l'une à l'autre, et apparaissent comme une seule. C'est par cette union et

(*) 1, 2, œil droit et œil gauche; *a b c,* objet solide.

cette fusion des deux images différentes que nous acquérons la perception de la solidité et de la projection.

Par conséquent, un tableau plat, quelque bien peint qu'il soit, ne peut jamais nous tromper sous ce

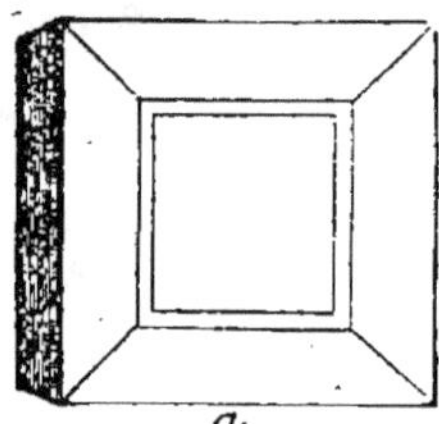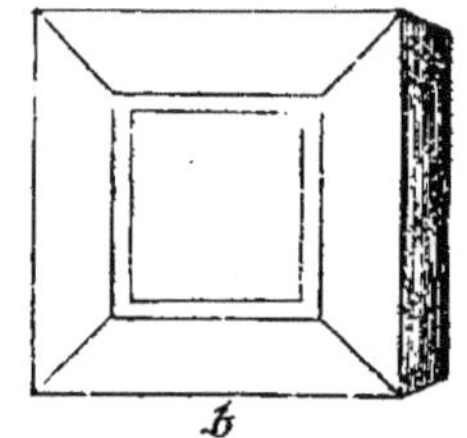

Fig. 62. — Objets solides (*).

rapport; car nous savons que précisément la même image se présente aux deux yeux, et que, par conséquent, il ne peut avoir aucune projection réelle.

Mais lorsque deux tableaux d'un même objet, pris dans deux positions différentes, se présentent de manière à ce que seulement l'un d'eux soit vu par l'œil droit, et l'autre seulement par l'œil gauche, le même effet peut être produit comme par l'objet réel, et l'apparence de solidité et de projection peut être parfaitement imitée.

C'est ce qui s'accomplit en effet dans l'invention connue sous le nom de *stéréoscope*. C'est un appareil qui consiste tout simplement dans une boîte conte-

(*) *a*, tel qu'on le voit avec l'œil gauche; *b*, avec l'œil droit.

nant deux images ordinairement photographiées du même objet. Une des photographies, qui représente l'objet tel qu'il serait aperçu réellement par l'œil droit, est vue par l'œil droit; et l'autre, pris tel qu'il serait aperçu par l'œil gauche, est vu par l'œil gauche. Ainsi les deux images combinées paraissent n'en former qu'une seule, et il se produit une ressemblance singulièrement trompeuse de l'objet réel.

Ainsi, à des distances modérées, nous percevons la projection des corps solides par l'action combinée des deux yeux. Nous percevons aussi les variations de distance par la direction différente des deux lignes de vision, et par l'angle où elles se rencontrent. Mais, à de longues distances, ces deux distinctions cessent, parce que la direction des deux yeux est alors tellement parallèle que nous ne pouvons percevoir la différence des deux lignes de vision entre elles. Les couleurs des objets aussi deviennent moins brillantes à mesure que ces objets s'éloignent de nous, et sont aussi un peu changées par l'atmosphère interposée. Nous pouvons, par conséquent, percevoir la solidité et la variation de couleur d'un rocher, d'un arbre ou d'une maison peu éloignés de nous; mais à une distance de quelques milles, même un objet d'une grandeur considérable, telle qu'une montagne, perd ses projections, et paraît plat et gris à l'horizon.

182. Effet du contraste dans la lumière et dans la couleur. — En second lieu, la force des impressions que nous éprouvons par la vue dépend de *leur contraste*. Les parties éclairées d'un objet solide apparaissent non-seulement plus brillantes, mais aussi d'une autre couleur que celles qui sont dans l'ombre, et plus est grand le contraste entre ces teintes, plus est rapide la distinction de ces différentes parties. Le plus grand des contrastes est celui qui existe entre le blanc et le noir, et c'est pour cela que nous lisons aisément une page imprimée, qui est composée de lettres noires sur un fond blanc. Il est encore plus aisé de distinguer des lettres blanches sur un fond noir, parce que l'œil est plus attiré par la surface blanche, qui est éclairée, que par la surface noire, qui est sombre. Des couleurs différentes sont aussi modifiées dans leur apparence par d'autres couleurs auxquelles elles sont associées : ainsi une surface blanche qui paraîtra bleue par le contraste avec le jaune ou l'orangé, prendra une teinte rose par son contraste avec le vert. Si l'on regarde à travers des lunettes bleues, chaque objet paraîtra d'abord être teint de la couleur bleue du verre ; mais cette impression passera, après un certain temps, et, lorsqu'on retire les lunettes, les mêmes objets paraîtront d'une couleur jaunâtre par le contraste.

Quand des couleurs différentes sont bien mêlées ensemble, elles produisent une teinte intermédiaire. Ainsi le bleu et le jaune, lorsqu'ils sont intimement mélangés, produisent le vert ; le jaune et le rouge produisent la couleur orangée ; le rouge et le bleu produisent la couleur de pourpre ; et des grains blancs et noirs uniformément mêlés ont l'apparence d'une couche unie grise.

183. Persistance des impressions visuelles. — Troisièmement, *les impressions vives produites sur l'œil y restent pendant quelque temps, lorsque leur cause a disparu.* Si l'on tourne rapidement en cercle un bâton allumé dans une chambre obscure, on voit un cercle de lumière non interrompu. La cause en est que l'impression de la lumière, à un point quelconque du cercle, persiste jusqu'à ce que le bâton, en tournant, revienne au même point ; et une succession d'étincelles qui partent rapidement de la roue d'un rémouleur. produisent l'apparence d'un courant continu de feu. Ce phénomène est aussi prouvé par un jouet très-connu, nommé le *thaumatrope*. Dans cet instrument une série de dessins d'un même objet dans différentes positions, comme un cheval sautant une barrière, paraissent passer successivement devant l'œil sur une carte tournante. Les différentes figures se suivent si rapidement, que l'œil ne peut pas percevoir l'intervalle entre elles, et elles apparaissent comme une seule et même figure exécutant des mouvements actifs.

184. Impressions visuelles d'origine interne. — Enfin, les impressions de la vue *peuvent être imitées par l'action interne du système nerveux,* de telle sorte que nous croyons voir des objets qui ne sont pas présents à nos yeux. Cela est vrai aussi de tous les sens ; mais les impressions internes, qui appartiennent au sens de la vue, sont beaucoup plus vives que les autres. Ainsi, dans un songe, ou même dans une rêverie, nous voyons souvent des objets externes avec toutes leurs particularités de lumière, de couleurs et de forme, presque, ou même aussi distinctement que si nous étions éveillés, et beaucoup plus distinctement que nous ne percevons des sons imaginaires ou des sensations tactiles. Ce même sens est aussi beaucoup plus facilement excité dans certains désordres nerveux, comme dans le délire, lorsque le patient voit passer devant ses yeux des personnes, des figures, des paysages, des villages, des villes, qui se peignent à son imagination avec une force et une netteté remarquables.

Ainsi, comme le sens de la vue ne dépend pas aussi directement que les autres sens du contact réel des objets externes, il est plus rapidement mis en activité, lorsqu'il est soustrait à l'influence de ces objets.

L'organe de la vue est pourvu de certaines parties accessoires qui le rendent apte à remplir ses fonctions d'une manière plus parfaite.

185. **Mouvements du globe de l'œil.** — En premier lieu, le globe de l'œil est *mobile* dans son orbite. Dans cette cavité osseuse, il est logé sur une couche de graisse, qui agit comme un coussin mou et élastique ; et sur ce coussin le globe de l'œil peut se tourner dans plusieurs directions. Des parois osseuses du fond de l'orbite quatre muscles minces partent en avant, en ligne droite, pour aller s'insérer dans la membrane sclérotique, un au-dessus, un au-dessous, un au côté interne et l'autre au côté externe du globe oculaire ; ce sont les « muscles droits du globe de l'œil ». Lorsqu'ils se contractent, ils font tourner l'œil en haut ou en bas, en dedans ou en dehors. Un autre muscle, d'une disposition très-curieuse, se nomme « le muscle oblique supérieur du globe de l'œil ». Il se détache comme les autres de la partie postérieure de l'orbite et court en avant, jusqu'à ce qu'il arrive à sa partie supérieure et interne, près du pont du nez. Là le tendon passe à travers une coulisse fibreuse attachée à l'os, et tourne ensuite en arrière et en dehors, pour s'insé-

rer dans la partie supérieure de la membrane sclérotique, près de son milieu. Le tendon et la coulisse fibreuse forment ainsi une poulie, au moyen de laquelle le muscle agit sur le globe de l'œil. C'est pour cela qu'on le désigne quelquefois sous le nom de « trochléateur » ou muscle à poulie. Enfin un sixième muscle, « muscle oblique inférieur », part de la partie inférieure et interne de l'orbite, et se tourne au dehors, au-dessous du globe de l'œil, pour s'attacher à la partie externe de la sclérotique, presque à un point opposé à celui de l'insertion du muscle trochléateur.

Les deux muscles obliques font tourner le globe de l'œil sur son axe. Si on se place devant un miroir et qu'on incline lentement la tête d'un côté à l'autre, on verra que les yeux se tournent en même temps dans une direction opposée, se mouvant facilement dans leurs orbites, de manière que tous deux conservent leur niveau propre avec l'horizon. Cela s'accomplit par l'action des muscles obliques. Tous les muscles du globe de l'œil, par cette contraction combinée ou alternative, mettent ainsi l'œil en état de se mouvoir dans plusieurs directions; et élargissent le champ de la vision, en même temps qu'ils aident à l'expression du visage.

186. Protection du globe de l'œil contre toute

lésion. — Le globe de l'œil est protégé contre les lésions extérieures par les bords osseux de son orbite. Ceux-ci sont disposés de telle sorte, qu'avec les os des joues et ceux du nez ils forment une barrière ou rempart presque continu au-devant de l'œil. Par conséquent, un coup de bâton ou de toute autre arme ne peut presque jamais blesser le globe de l'œil, parce qu'il est reçu par les bords proéminents de cette barrière. Pour atteindre l'œil même, l'arme ou le projectile doit être dirigé presque en ligne droite d'avant en arrière, et, comme cela arrive rarement, l'œil échappe ordinairement à la lésion.

187. Les paupières et leurs mouvements. — Au devant du globe de l'œil se trouvent les *paupières*. Ce sont deux rideaux horizontaux ou portes à deux battants, qui s'ouvrent et se ferment pour admettre ou exclure la lumière. Chacune d'elles est renforcée par une lame cartilagineuse mince, mais ferme, située sous la peau. La paupière supérieure est de beaucoup plus grande et la plus mobile des deux, et, quand les yeux sont ouverts, elle est soulevée par un muscle attaché à son bord supérieur, et attirée sous le toit de l'orbite. Lorsqu'elle tombe, elle couvre la pupille entière et la plus grande partie de la cornée. Elle est, par conséquent, comme un écran ou comme un store de fenêtre vénitienne, qui peut se soulever ou s'abaisser à volonté sur le devant des parties transparentes de l'œil (*fig.* 63).

L'intérieur des paupières est doublé d'une membrane mince et transparente appelée la *conjonctive,*

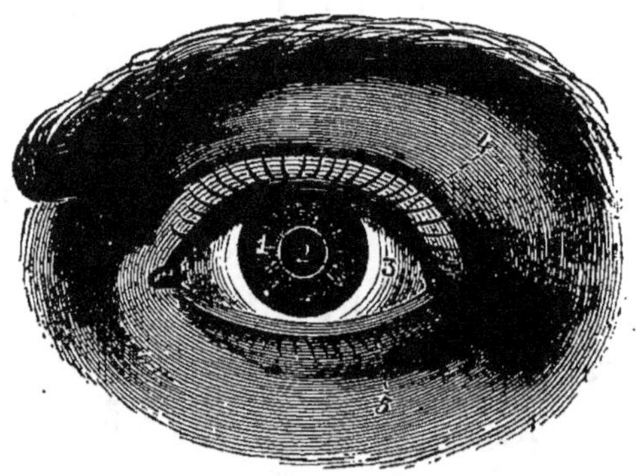

Fig. 63. — Parties extérieures de l'œil (*).

qui s'étend aussi sur toute la partie exposée du globe de l'œil. La conjonctive est pourvue d'une sécrétion aqueuse très-importante, qui baigne constamment sa substance, et conserve en parfait état son éclat et sa transparence. Cette sécrétion forme les larmes. Celles-ci se produisent dans une petite glande nommée la « glande lacrymale », située dans la partie supérieure et externe de l'orbite, et de là sont transportées vers l'œil par plusieurs conduits

(*) 1, iris; 2, pupille, qui se montre à travers la cornée transparente; 3, partie antérieure de la membrane sclérotique, que l'on voit entre les paupières, et que l'on appelle, à cause de sa couleur blanche, le *blanc* de l'œil; 4, paupière supérieure; 5, paupière inférieure.

fins, qui s'ouvrent sur la conjonctive, près de l'angle externe de l'œil. Le fluide aqueux court ensuite le long du bord de la paupière inférieure, vers l'angle interne de l'œil.

188. L'acte du clignotement. — Mais cinq ou six fois environ par minute, les larmes sont versées sur la surface de la conjonctive par le clignotement. Ce mouvement s'accomplit au moyen d'un muscle de forme ovale, situé immédiatement au-dessous de la peau des paupières, lequel entoure leur ouverture d'une couche large et mince de fibres circulaires. C'est le *muscle orbiculaire*, ainsi nommé à cause de sa forme orbiculaire ou annulaire. Par sa contraction, il rapproche soudainement les paupières, et celles-ci, en se séparant instantanément, distribuent les larmes en une couche mince sur la surface de la conjonctive.

Ce mouvement est extrêmement important, car, comme la surface antérieure du globe de l'œil est constamment exposée à l'air, elle perd sa moiteur par l'évaporation, et elle deviendrait bientôt sèche, ridée et opaque. C'est pour cette raison qu'immédiatement après la mort, l'œil devient morne et terne, et perd son éclat naturel. Mais, durant la vie, le muscle orbiculaire veille constamment à la sûreté du globe de l'œil; et peu de secondes après que le petit amas de larmes s'est accumulé au-dessous, il rapproche les paupières par un mouvement vif et rapide, saisit le fluide aqueux sur leurs bords et le répand ainsi également sur la surface de la cornée.

Le mouvement du clignotement est une action réflexe. Il se fait généralement à notre insu, et même il est difficile de lui résister longtemps par un effort volontaire. Il s'effectue si rapidement, qu'habituellement il n'attire pas notre attention. Car nous avons déjà vu que les impressions visuelles faites sur l'œil persistent pendant quelque temps, après qu'elles ont cessé, et, quoique les paupières se ferment à chaque mouvement du clignotement, ce mouvement est si instantané qu'il n'interrompt pas les sensations de l'œil, et, par conséquent, passe inaperçu.

189. Les glandes méïbomiennes et leur sécrétion. — Pour empêcher que les larmes ne se perdent en sortant des paupières, les bords de celles-ci sont enduites d'une épaisse sécrétion oléagineuse, semblable à la matière sébacée de la peau. L'eau et les matières grasses ont une telle répulsion les unes pour les autres, qu'un peu de graisse étendue sur les bords d'une tasse retiendra l'eau et l'empêchera de se répandre au dehors, quoique la tasse soit remplie même par-dessus ses bords. Le même effet est produit par la sécrétion grasse des paupières. Celle-ci est fournie par plusieurs glandes longues et fines, appelées *glandes méïbomiennes*, entourées de follicules groupés et situés dans l'intérieur de chaque paupière, juste au-dessous de la membrane interne qui la recouvre. Ces glandes s'ouvrent par d'étroits orifices le long de la marge de la paupière, et maintiennent cette partie couverte d'une couche mince de leur sécrétion.

Ordinairement la matière sébacée est suffisante pour retenir les larmes au dedans des paupières; mais les glandes lacrymales sont très-sensibles à certaines émotions mentales. Ces émotions, par une action sympathique du système nerveux, excitent quelquefois dans les glandes une activité qui n'est pas habituelle, de manière à leur faire répandre au dehors leurs sécrétions en grande abondance; et les larmes ainsi produites en quantité excessive inondent les bords des paupières, et ruissellent sur les joues et les autres parties du visage. C'est l'acte de *pleurer*.

190. Passage des larmes dans la cavité des narines.—Du devant de l'œil les larmes vont pénétrer, par un étroit orifice, à l'angle interne de chaque paupière et s'y accumulent. Ces deux orifices conduisent les larmes dans deux tubes ou canaux étroits, nommés les *canaux lacrymaux*, qui les transportent dans une cavité élargie ou sac située à la partie supérieure et externe du nez. Ce sac se continue par le bas, jusqu'à un conduit nommé « le conduit nasal », qui s'ouvre vers la partie moyenne de l'intérieur du nez. Ainsi les larmes, après avoir rempli leur rôle dans la protection du globe de l'œil, sont conduites, à travers les passages lacrymaux, pour être finalement déchargées dans la cavité des narines.

191. Sensibilité de la conjonctive. — La surface de la conjonctive possède une extrême sensibilité. Celle-ci ne ressemble pas à la sensibilité du toucher; c'est plutôt une irritabilité, comme celle de la glotte, par laquelle la conjonctive ressent l'intrusion des substances étrangères entre les paupières. Elle est protégée contre cette intrusion par l'activité du muscle orbiculaire, qui se contracte spasmodiquement, et ferme les paupières à la moindre approche des objets extérieurs vers l'œil. Elle est, de plus, protégée par les *cils*. Ce sont des poils roides et courbés qui naissent sur les bords extérieurs des paupières, et font saillie sur le devant de leur ouverture. Ceux de la paupière supérieure sont recourbés par en haut, ceux de la paupière inférieure le sont par en bas, et lorsque les paupières sont réunies ensemble, ces deux rangées de poils se tiennent comme des sabres croisés, ou comme des espèces de chevaux de frise qui gardent l'entrée de l'œil.

Mais, si quelque corps étranger s'y introduit accidentellement, alors la sensibilité de la conjonctive est excitée. Chacun peut avoir senti l'extrême irritation produite par l'entrée d'un grain de poussière ou de cendre, ou de limaille de métal sous les paupières. La partie antérieure du globe de l'œil, devient rouge de sang ; les larmes se répandent en abondance, les mouvements du clignotement se suivent les uns les autres avec rapidité, et l'attention est distraite de tout autre objet par la gêne de l'organe souffrant.

Cette irritabilité de la conjonctive est la sauvegarde de l'œil. Car, s'il était permis à la substance étrangère de rester, elle produirait, après un certain temps, une lésion sérieuse dans les parties les plus profondes, et troublerait la vue d'une manière permanente. Ces parties plus profondes, quoique très-importantes, sont elles-mêmes insensibles. Mais la conjonctive est placée au-devant d'elles, pour donner avis de l'approche du danger ; et, si le corps étranger n'est pas immédiatement expulsé, cette membrane est jetée dans une irritation excessive, et ne nous laisse aucun repos, jusqu'à ce que l'œil soit débarrassé de la substance offensive, et délivré du danger de sa présence.

192. Précautions à prendre dans l'emploi des

yeux. — L'œil, comme les autres organes du corps, est susceptible de fatigue. Lorsqu'il a été exposé pendant un long temps à une lumière brillante, sa fatigue se fait bien sentir, et le nerf optique se remet par le repos que procure le crépuscule ou la lumière douce d'un appartement peu éclairé. Il n'y a aucun doute que le rafraîchissement régulier procuré par le sommeil pendant la nuit est aussi nécessaire au sens de la vue qu'il l'est au système musculaire; et ce sens, le plus délicat et le plus important de tous, est celui qui est le plus affaibli par le défaut anormal de sommeil.

La vue peut aussi être lésée par un emploi excessif ou contre nature des yeux pendant le jour.

Cet effet peut se produire d'abord par l'exposition de l'œil à une *lumière trop brillante*. Si nous regardons d'une manière fixe, même pendant un instant, le soleil ou une très-forte lumière artificielle, nous sentons, pendant quelques secondes après, que l'œil est presque aveuglé. Il ne peut plus percevoir distinctement les objets environnants; et, si nous avons été assez imprudents pour nous exposer plus qu'il ne convient à cette lumière contre nature, son effet aveuglant dure longtemps après. L'œil peut même être lésé d'une manière permanente par l'action trop violente ou trop prolongée d'un stimulant de ce genre.

Secondement, l'œil ne doit pas être appliqué pendant trop longtemps à *l'examen attentif d'objets trop menus.* Ces menus objets, vus à une courte distance, exigent de l'œil un effort plus grand que des objets plus volumineux que l'on peut percevoir plus aisément. Ainsi, il est excessivement fatigant et nuisible de lire un livre imprimé en caractères trop petits, ou dont les lettres sont trop rapprochées, ou pas assez distinctes. C'est, par conséquent, la pire des économies que de lire habituellement des livres mal imprimés ; car c'est aux dépens de la vue, qui ne peut pas être restaurée, quand elle a été une fois sérieusement troublée.

Mais l'examen des menus objets, ou l'application de l'œil à lire ou à écrire, est beaucoup plus nuisible, quand elle est continuée avec une *lumière insuffisante.* Sans doute, la lumière ne doit jamais être éblouissante, mais elle doit être toujours suffisante pour éclairer entièrement la page imprimée, ou tout autre objet qu'on examine. Autrement l'œil est surmené et fatigué au delà de sa puissance naturelle de résistance, et la répétition d'un tel traitement doit inévitablement affaiblir la vue. C'est pour cette raison que la lecture, pendant le crépuscule, est particulièrement dangereuse, parce que la lumière, à ce moment, tombe lentement et imperceptiblement, et devient ainsi insuffisante, avant que nous remarquions sa diminution.

La lumière dont nous faisons usage doit être parfaitement uniforme et constante. Ainsi, la lumière diffuse du jour est la meilleure pour lire et pour écrire. Une lumière artificielle, qui varie et qui vacille, est la pire de toutes; car ces passages rapides et irréguliers de l'éclat à l'obscurité fatiguent le nerf optique, et épuisent promptement la sensibilité de l'œil.

Par conséquent, l'application de l'œil à l'étude de menus objets doit être faite avec modération, et de manière à préserver l'organe d'une irritation et d'une fatigue contre nature.

193. **Le sens de l'ouïe.** — Le son est produit par la vibration de l'atmosphère. Plusieurs corps solides aussi sont capables de vibration, tels qu'une cloche métallique ou les cordes d'un violon; mais leurs vibrations doivent être communiquées à l'atmosphère pour arriver à nos oreilles et produire ainsi la sensation du son. Par conséquent, si l'on sonne une cloche sous le récipient d'une machine pneumatique, d'où l'air a été expulsé, nous ne percevons aucun son. Le métal lui-même peut vibrer comme toujours, mais ses mouvements ne sont pas communiqués à l'atmosphère, et ne peuvent, par conséquent, atteindre nos organes de perception.

L'ouïe est donc le sens par lequel nous percevons les sons qui sont conduits par l'atmosphère.

194. Nerf auditif. — Le sens de l'ouïe dépend d'un nerf spécial nommé le *nerf auditif*. Ce nerf prend son origine à la partie supérieure et postérieure de la moelle allongée, d'où il passe en dehors, se courbe autour de cette partie de l'encéphale, et, après avoir parcouru une courte distance, pénètre par une ouverture arrondie dans une partie épaisse et triangulaire de la base du crâne. Cette partie des parois osseuses du crâne est beaucoup plus dense et plus dure que le reste, et a reçu pour cela le nom de « rocher, ou partie pierreuse ou pétrée de l'os temporal ».

En dedans de cet os pierreux, le nerf auditif présente une forme singulière et compliquée.

195. Le labyrinthe. — Il se trouve dans une cavité creusée dans la substance de l'os, et il y est préservé contre toute lésion externe par l'épaisseur et la densité des parois osseuses. Cette cavité, en raison de sa configuration remarquable et variée, se nomme *labyrinthe*. Celui-ci se compose d'abord d'une petite chambre ronde qui sert au reste de la cavité comme d'une espèce d'entrée ou d'antichambre, et se nomme pour cela le « vestibule ». Ce vestibule communique avec trois passages étroits et courbés qui se nomment les « canaux semi-circulaires ». Ces canaux sont disposés de manière que l'un se dirige un peu en haut et en avant; le second un peu en haut et sur le côté, tandis que le troisième est horizontal. Le vestibule, ainsi que les canaux semi-circulaires, est rempli d'un fluide clair, transparent comme la lymphe, et dans cette lymphe se trouve suspendu un fourreau ou sac membraneux, qui présente dans sa forme une répétition exacte des cavités osseuses qui l'entourent, s'élargissant à l'endroit du vestibule, et envoyant des prolongements tubulaires. Son intérieur aussi est rempli de lymphe, et il flotte ainsi dans le fluide du labyrinthe, mais sans toucher les parois de la cavité.

Le nerf auditif est distribué dans le fourreau, et ses fibres se répandent dans la substance de ses parois membraneuses.

Le reste du labyrinthe n'est pas moins remarquable dans sa forme. Juste à côté du vestibule, il y a un canal tubulaire double, qui tourne autour d'un axe central creux, faisant à peu près trois tours complets, et formant ainsi une espèce de cône en spirale, comme l'écaille d'un limaçon, avec sa pointe dirigée en avant et en dehors. En raison de sa ressemblance avec l'écaille du limaçon, cette partie du labyrinthe se nomme « la cochlée ou limaçon de l'oreille interne ». Les canaux en spirale de la cochlée, qui communiquent par un bout avec le vestibule, sont eux-mêmes remplis de lymphe ; et les autres fibres du nerf auditif s'élèvent le long de l'axe creux, et se répandent successivement dans un compartiment membraneux, interposé entre les deux parties du double canal.— Ainsi, lorsqu'elles arrivent au sommet du cône, les fibres nerveuses sont entièrement terminées, et la distribution du nerf est complète.

Toute cette partie de l'appareil auditif, qui se compose du labyrinthe, du sac membraneux qu'il contient, avec le nerf auditif et sa distribution, toutes parties qui sont contenues dans l'intérieur de la base osseuse du crâne, se nomme l'*oreille interne*.

196. Fonction du nerf auditif. — Le nerf auditif, comme le nerf optique, est un nerf de sens spécial : il peut communiquer l'impression des vibrations sonores, mais il n'est doué, autant que nous pouvons le savoir aujourd'hui, d'aucune autre espèce de sensibilité.

197. Le tympan de l'oreille. — L'oreille interne communique avec l'atmosphère extérieure par un appareil compliqué d'os et de membranes mobiles.

Dans la partie extérieure de la paroi osseuse du vestibule, se trouve une petite perforation de forme ovale, qui n'a pas plus d'un huitième de pouce de longueur et un seizième de pouce de largeur. Cette perforation dans l'os, que l'on nomme « la fenêtre ovale », est fermée par une mince membrane fibreuse, qui empêche le fluide du vestibule de s'échapper. Le nom donné à cette ouverture est bien approprié ; car la perforation de l'os est véritablement une espèce de fenêtre, et la membrane fibreuse est le châssis qui la ferme. Comme la lumière entre dans une chambre à travers le vitrage de la fenêtre, de même le son entre dans le vestibule à travers la membrane de cette fenêtre ovale.

Immédiatement en dehors des parois du vestibule, mais encore en dedans de la substance de l'os pierreux, se trouve une cavité de forme irrégulière, beaucoup plus spacieuse que le vestibule lui-même. A une distance un peu moindre qu'un quart de pouce de la membrane de la fenêtre ovale, l'ouverture de cette cavité est close par une autre membrane tendue d'un côté à l'autre, et attachée tout autour aux bords de ses parois osseuses. Cette membrane externe s'appelle « la membrane du tympan », et la cavité qu'elle ferme, se nomme « le tympan » ou *tambour* de l'oreille.

Ce nom aussi est bien choisi ; car l'extérieur de la membrane du tympan est en contact avec l'atmosphère, et les vibrations sonores de l'air frappent sur elle, comme les baguettes sur la peau d'un tambour.

198. Chaîne des os. — Mais les sons sont transmis de la membrane du tympan à la membrane de la fenêtre ovale par une curieuse chaîne d'osselets, qui s'étend de l'une à l'autre. Ces petits os sont au nombre de trois, et sont nommés respectivement, à cause de la ressemblance frappante de leur forme : « le marteau, l'enclume et l'étrier ». Le marteau est

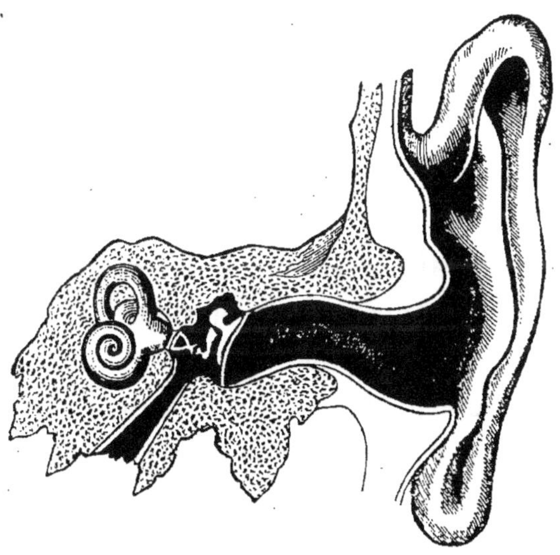

Fig. 64. — Appareil auditif de l'homme montrant l'oreille externe. Orifice et conduit auditif ; le tympan ; la trompe d'Eustache ; la chaîne des os et le labyrinthe.

attaché à la membrane du tympan par le manche ; l'enclume est articulée avec lui par une jointure mobile, et l'étrier aussi est articulé avec l'enclume par sa pointe ou bout étroit, et par l'intermédiaire d'un quatrième os excessivement petit, arrondi et un peu aplati, appelé « os lenticulaire », tandis que, par sa base ovale ou soutien du pied, il est attaché à la membrane de la fenêtre ovale (*fig.* 64).

Il est, par conséquent, facile de voir comment les vibrations de l'atmosphère, frappant sur la membrane du tympan, sont transmises par la chaîne des osselets à la membrane de la fenêtre ovale, et comment elles arrivent ainsi au fluide du labyrinthe, pour être enfin reçues par les fibres épanouies du nerf auditif.

199. Trompe d'Eustache et sa fonction. — Comme les tambours ordinaires, la cavité du tympan est remplie d'air, et, comme eux aussi, elle communique à l'extérieur par une ouverture latérale. Cela est fort essentiel ; car, pour que la membrane puisse vibrer librement, la pression de l'air doit être égale des deux côtés. Or, nous savons par les variations du baromètre que la pression de l'atmosphère extérieure varie de temps en temps, et, par conséquent, elle serait quelquefois plus grande et quelquefois plus faible que celle du même air renfermé dans la cavité close. La puissance de vibration de la membrane serait, par conséquent, diminuée et moins capable de produire et de conduire le son. C'est pour cette raison qu'il y a toujours une petite ouverture sur le côté d'un tambour, et par elle l'air extérieur et l'air intérieur sont constamment mêlés et maintenus à un même degré de pression.

Il y a une ouverture de ce genre dans le tambour de l'oreille. De la partie antérieure du tympan un canal étroit se dirige en bas et en avant, et, après avoir continué son cours dans cette direction, à la distance d'un pouce et demi environ, il s'ouvre par un orifice arrondi sur le côté, et à la partie supérieure du pharynx. Ce canal est appelé la *trompe d'Eustache*, du nom de l'anatomiste qui, le premier, l'a décrit. En pressant la bouche et le nez, et forçant l'air à sortir des poumons, on peut sentir cet air passer à travers la trompe d'Eustache et pénétrer enfin dans la cavité du tympan, qui se détend sous la pression augmentée. Le tympan cependant se remet aussitôt après que la pression a cessé, et l'air s'échappe de nouveau par le même passage par lequel il est entré.

Si la trompe d'Eustache est obstruée par une inflammation ou par le gonflement de sa membrane interne, l'ouïe s'affaiblit aussitôt, à cause de la vibration imparfaite de la membrane du tympan. C'est pour cette raison qu'un rhume ordinaire de cerveau est souvent accompagné d'une surdité partielle.

200. Variations dans la tension de la membrane du tympan. — Comme la peau d'un tambour, la membrane du tympan peut être relâchée ou tendue. Cela s'effectue par l'action de trois petits muscles qui naissent des parties osseuses dans le voisinage, et viennent s'insérer dans les petits os appelés « le marteau et l'étrier ». Par leur contraction et leur relâchement alternatifs, ils tirent ces os en arrière et en avant, et augmentent ou diminuent ainsi la tension de la membrane.

201. Oreille externe et conduit auditif. — La membrane du tympan, comme nous l'avons déjà vu, est en contact avec l'atmosphère extérieure ; mais elle est située au fond d'un passage ou canal profond d'environ un pouce de longueur, qui pénètre dans le côté de la tête de dehors en dedans. Ce canal est le *conduit auditif externe* ; il est recouvert par une continuation de la peau, qui cependant est très-mince et très-délicate près du fond. Il est protégé contre l'intrusion des insectes ou d'autres corps étrangers par des poils nombreux et fins qui croissent à sa surface, et par une sécrétion glutineuse et semblable à de la résine, qu'on nomme « cire de l'oreille ».

À l'orifice extérieur du conduit auditif se trouve l'*oreille externe* (fig. 65). C'est une expansion cartilagineuse irrégulière, semblable à une trompette, recouverte de la peau, et ployée de plusieurs manières, afin qu'elle puisse servir de réceptacle aux sons qui approchent de l'oreille, et qu'elle dirige vers l'ouverture du conduit auditif. Son bord externe est replié en dedans dans presque toute sa circonfé-

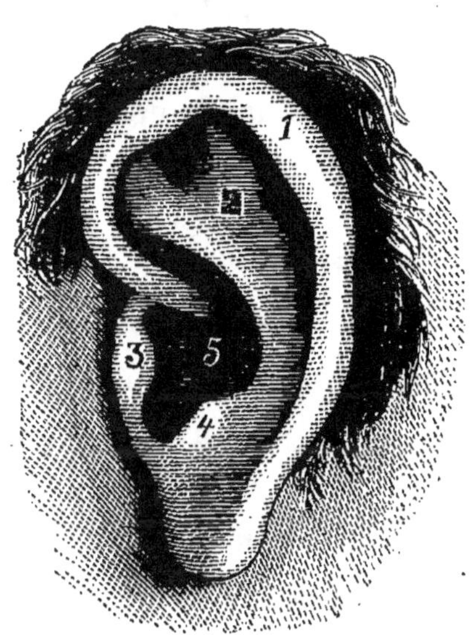

Fig. 65. — Oreille externe (*).

rence, et forme ainsi un rebord courbé nommé « hélix ». A l'intérieur et au devant de cet hélix, il y a un autre bord courbé, double à son extrémité supérieure, mais terminé en bas en une seule extrémité. Cet autre bord se nomme « l'anthélix ».

(*) 1, hélix ; 2, anthélix ; 3, tragus ; 4, anti-tragus ; 5, conque. L'entrée du conduit auditif est la partie visible juste en arrière du tragus.

Vers le milieu de la partie antérieure de l'orifice du conduit auditif se trouve une petite élévation ou tubercule, appelée le « tragus »; en face et un peu au-dessous du tragus, une autre éminence conique nommée « l'anti-tragus ». Au devant du bord courbé de l'anthélix, et occupant la partie moyenne de l'oreille, il existe une cavité profonde, ayant la forme d'une coupe; et qu'on nomme la « conque ». Au fond de celle-ci se trouve l'entrée du conduit auditif, presque cachée derrière l'éminence du tragus.

L'oreille externe, qui est faiblement attachée aux os, possède plusieurs muscles qui lui sont adhérents, et disposés de manière à pouvoir la mouvoir en haut, en avant et en arrière. Dans l'espèce humaine, ces muscles sont presque inactifs, et il est très-rare de trouver des personnes qui puissent mouvoir leurs oreilles. Mais chez plusieurs des animaux inférieurs, tels que le chien, le cheval, le daim, le lapin, etc., les muscles de l'oreille sont très-actifs, et ses mouvements, par conséquent, sont rapides et variés. L'organe externe est aussi plus grand et plus étendu chez ces animaux, et forme une espèce de trompette naturelle, qu'ils tournent dans plusieurs directions pour saisir à distance les plus faibles indications des sons.

202. Appréciation de la direction des sons. —

Il n'est pas aussi facile de distinguer la *direction* du son que celle de la lumière. En effet, chaque fois que nous voyons la lumière, nous voyons nécessairement la direction d'où elle part; mais il n'en est pas ainsi des sons. Nous pouvons entendre parfaitement un son, et être pourtant incapables de dire de quel point il nous arrive; comme lorsque nous entendons le cri d'un grillon dans une chambre fermée, ou le son d'une cloche à travers un épais brouillard. Ordinairement, cependant, nous pouvons juger de la direction des sons, en remarquant par quelle oreille ils sont plus vivement perçus, et dans quelle direction ils sont réfléchis par les objets environnants.

203. Effet du contraste dans les sons. — L'ouïe, comme la vue, est plus excitée par le *contraste* des impressions que par les impressions elles-mêmes. Un son continu et uniforme, comme le grondement sourd des voitures ou le sifflement monotone de l'eau bouillante, passe inaperçu pendant quelque temps; mais, si le son cesse, notre attention est excitée, nous sommes frappés du silence qui s'ensuit, et c'est alors que le contraste nous fait remarquer le son.

204. Persistance des impressions sonores. — **Notes musicales.** — Comme dans le cas de la vue, une impression sonore persiste dans l'oreille, pendant un court espace de temps, après qu'elle a été produite. Cet intervalle a même été mesuré par le sens de l'ouïe ; car on sait que, si la même vibration est répétée plus de seize fois par seconde, elle cesse d'être une succession d'impulsions distinctes, et devient un son continu ou une *note musicale*. Si elle est encore plus rapidement répétée, la note est plus élevée en degré, et ainsi de suite. Ainsi, une note basse est une note dans laquelle les vibrations sont comparativement lentes, et une note élevée est une note dans laquelle les vibrations sont rapides.

Par conséquent, il y a des limites dans le degré des notes hautes ou basses que l'oreille peut percevoir. Si les vibrations sont excessivement rapides, le tympan ne peut pas les transmettre, et le son devient trop aigu pour être perçu. Si la vibration est répétée plus lentement ou moins de seize fois par seconde, nous entendons alors les impulsions distinctes, mais aucune note musicale continue.

Par le sens de l'ouïe nous apprécions, en conséquence, le ton, l'intensité, le degré et la direction des vibrations sonores. Par le moyen des mots articulés et des expressions du langage humain, nous acquérons aussi des idées et des connaissances, qui ne sont pas inférieures en valeur à celles que nous obtenons par le sens de la vue.

205. Le sens de l'odorat.— Nerfs olfactifs. — Par le sens de l'odorat nous recevons les impressions des substances par les gaz ou les vapeurs qui s'en dégagent. Ces vapeurs s'élèvent des corps qui les produisent, et se répandent dans l'atmosphère. Elles pénètrent ensuite dans les passages des narines, et se mettent en contact avec leur membrane interne, donnant ainsi au sens de l'odorat la sensation des odeurs.

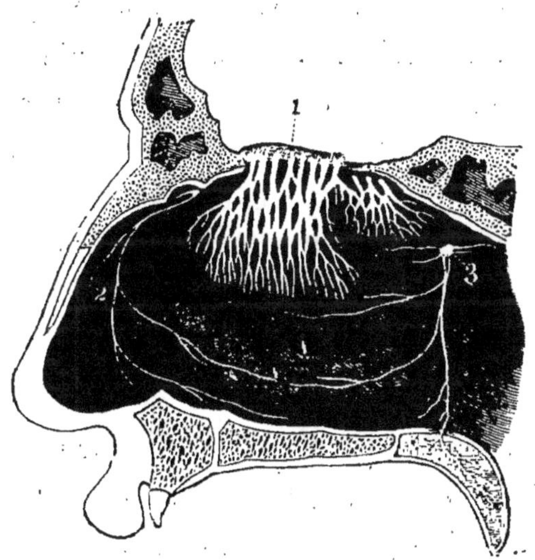

Fig. 66. — Distribution des nerfs dans les passages nasaux (*).

Les nerfs spéciaux du sens de l'odorat sont les *nerfs olfactifs*. Ils prennent naissance sur chaque

(*) 1, nerf olfactif; 2, branche nasale de la cinquième paire; 3, ganglion de Meckel et ses nerfs.

côté de la partie antérieure de la base du cerveau, et ensuite marchant droit en avant, ils s'élargissent en deux masses ovales, contenant de la matière grise, et situées presque côte à côte, juste derrière le milieu de la base du front, et immédiatement au-dessus des cavités du nez. La partie de la base du crâne, sur laquelle ces masses ovales reposent, a la forme d'une lame mince, et est tellement perforée d'une multitude de petites ouvertures, qu'elle a reçu le nom « de lame crébriforme », ou semblable à un « crible ». Un grand nombre de fines branches nerveuses descendent à travers ces ouvertures, et, après s'être divisées et s'être réunies entre elles dans plusieurs directions, elles se distribuent dans la membrane interne de la partie supérieure des passages nasaux (*fig.* 66).

206. **Les passages nasaux.** — Les passages nasaux sont deux canaux hauts et étroits, qui s'étendent des ouvertures des narines sur le devant au sommet du pharynx par derrière. C'est à travers ces canaux que l'air passe aux poumons dans la respiration, quand la bouche est fermée. Ils sont séparés l'un de l'autre par une cloison mince et droite, située exactement dans la ligne médiane. Cette cloison se compose en partie d'os et en partie de cartilage. Sa partie antérieure, qui est cartilagineuse, peut

être sentie au milieu de l'entrée des deux narines.

La paroi interne de chaque passage nasal, formée par la cloison qui vient d'être décrite, est polie et droite. Mais sa paroi externe est rendue très-inégale par trois lames d'os très-curieusement enroulés ou tordus, nommés à cause de leur forme les *os turbinés* ou cornets, et qui de cette paroi font saillie vers le passage. Ces os sont placés l'un sur l'autre comme autant de tablettes inclinées, et sont pour cela appelés « os turbinés ou cornets, inférieur, moyen et supérieur ». Ils sont tous recouverts par la membrane interne du nez, qui suit partout leurs détours et leurs inégalités, de sorte que sa surface est considérablement augmentée en étendue.

207. Différentes espèces de sensibilité dans les passages nasaux. — Or, les ramifications du nerf olfactif sont distribuées dans la membrane interne de deux des os turbinés, le supérieur et le moyen. C'est là, par conséquent, qu'est logé le sens de l'odorat. Chaque fois qu'une vapeur odoriférante passe à travers le nez avec l'air atmosphérique, une partie s'élève à la région supérieure des passages nasaux, et, venant en contact avec la membrane interne qui la recouvre, nous donne la sensation de son odeur particulière.

La partie inférieure des passages nasaux, au contraire, n'a pas le sens de l'odorat, car elle est pourvue d'autres fibres nerveuses d'origine différente. Une petite branche de la cinquième paire des nerfs (*fig.* 66 (2)) pénètre par la partie supérieure et latérale de la narine, et ensuite, suivant une direction courbe, en avant, en bas et en arrière, elle est distribuée dans la membrane interne de l'os turbiné inférieur et dans les parties adjacentes. Par ce nerf les parties inférieures de la membrane interne sont pourvues de sensibilité ordinaire. Elles peuvent sentir le contact de corps solides ou de vapeurs fortes et irritantes.

Ainsi les passages du nez sont doués dans leurs diverses parties de deux espèces différentes de sensibilité. Dans leurs parties supérieures, par le moyen des nerfs olfactifs, ils sont pourvus de la sensibilité spéciale de l'odorat, par laquelle nous percevons les odeurs douces ou âcres, et toutes les différentes variétés de *parfums*, qui, bien qu'ils se reconnaissent très-facilement, n'ont reçu aucun nom défini. Dans leurs parties inférieures, par le moyen de la branche nasale de la cinquième paire, ils possèdent la propriété de la sensibilité ordinaire, par laquelle nous sentons le contact des *vapeurs fortes* et *piquantes*, telles que celles de l'esprit de corne de cerf ou de la moutarde. Ces vapeurs piquantes sont entièrement différentes, dans leur nature, de celles qui ont une qualité odoriférante. Car les véritables odeurs, comme celles des différentes fleurs et d'autres objets, ne peuvent être perçues que par le nez. Mais les vapeurs piquantes sont irritantes aussi pour d'autres membranes internes, telles que celles des yeux et de la bouche et même de la peau, si elles restent assez longtemps en contact avec elle ; la membrane interne du nez est seulement plus sensible que les autres à ces vapeurs.

Bien souvent une odeur réelle et une vapeur piquante s'exhalent ensemble de la même substance ; comme, par exemple, de la moutarde, du vinaigre ou de l'eau de Cologne. Mais, dans ces cas, la qualité odoriférante est toujours perçue par la partie supérieure des passages nasaux, et la qualité piquante ou irritante par leurs parties inférieures.

208. Nerfs sympathiques dans les passages nasaux. — L'organe de l'odorat est pourvu aussi de nerfs appartenant au système sympathique. Immédiatement derrière la limite postérieure des passages nasaux, et au-dessous de la base du crâne, il se trouve un petit renflement de matière nerveuse grise, appelée du nom de celui qui l'a découvert, le *ganglion de Meckel* (*fig.* 66 (3)). Ce ganglion est uni par de minces filaments au réseau sympathique des grands vaisseaux sanguins de la tête, et aussi aux branches des nerfs sensitifs et des nerfs moteurs crâniens. Les fibres de ce ganglion sont envoyées à la membrane interne du nez, et aux petits muscles qui soulèvent le voile du palais, et protégent ainsi l'ouverture postérieure des passages nasaux.

209. Utilité du sens de l'odorat. — Le sens de l'odorat est un de ceux que quelques-uns des animaux inférieurs possèdent d'une manière plus parfaite que l'homme. Chez le chien, le cheval, le mouton, le daim et plusieurs autres animaux, les passages nasaux sont beaucoup plus hauts et plus profonds; les os turbinés plus largement enroulés, et les nerfs olfactifs eux-mêmes beaucoup plus gros et plus sensitifs. Ces animaux peuvent, par conséquent, distinguer des odeurs qui nous sont tout à fait imperceptibles. Ils peuvent percevoir les odeurs d'autres animaux qui sont à distance et hors de vue. Le chien peut même distinguer entre les odeurs de différentes personnes, et suivre la trace de son maître à travers une foule d'autres passants. Quelques animaux, lorsqu'ils sont irrités, répandent des odeurs fortes et désagréables, qui excitent la peur ou le dégoût chez leurs ennemis, et qui, par conséquent, leur servent de moyens de défense. Plusieurs vapeurs qui sont dangereuses à la santé de l'espèce humaine, et la plupart des aliments putréfiés et insalubres sont aussi accompagnés d'une odeur désagréable qui nous les fait éviter, et nous délivre ainsi de leurs effets nuisibles.

210. Le sens du goût. — Nerf gustatif. — La sensibilité du goût réside dans la langue. Comme nous l'avons déjà dit, la langue est un organe musculaire, enveloppé d'une membrane à sa surface supérieure, sur ses bords, et à une partie de sa surface inférieure. Sur toute la partie moyenne et sur le devant de la langue, cette membrane est pourvue de sensibilité par une branche de la cinquième paire des nerfs, et, comme c'est par le moyen de cette branche que les parties correspondantes de la langue exercent le sens du goût, elle a reçu le nom de *nerf gustatif*.

211. Distribution du nerf gustatif sur la langue. — A la surface inférieure de la langue, la membrane qui la recouvre est mince et polie, et permet de voir facilement les vaisseaux sanguins à travers sa substance transparente. Mais, à la surface supérieure de cet organe, la membrane est parsemée d'une foule de proéminences fixes et filiformes, qui ressemblent aux villosités de la membrane du canal alimentaire, et qui lui donnent une apparence opaque et veloutée. Ces proéminences se nomment les *papilles de la langue*. Le nerf gustatif, en se divisant et se subdivisant dans la substance de la membrane, envoie dans les papilles de menues ramifications qui les pénètrent de bas en haut, et

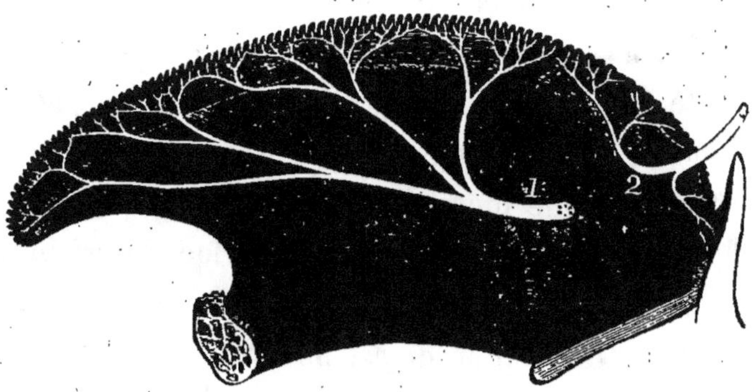

Fig. 67. — Diagramme de la langue avec ses nerfs sensitifs et ses papilles (*).

se terminent près de leurs extrémités libres (*fig.* 67). Ainsi la surface supérieure de la langue est recouverte d'une menue distribution de filaments nerveux au moyen desquels elle reçoit les impressions du goût.

212. Conditions requises pour le sens du goût. — Le sens du goût diffère des autres sens spéciaux,

(*) 1, branche linguale de la cinquième paire, ou nerf gustatif ; 2, nerf glosso-pharyngien.

en premier lieu, parce qu'il requiert le *contact réel* de la substance à déguster avec la membrane qui enveloppe l'organe. Nous ne pouvons pas percevoir les goûts à distance comme les odeurs et les sons. La substance doit être introduite dans la bouche et placée sur la surface de la langue, avant qu'on puisse en distinguer la saveur. Outre cela, elle doit aussi être à l'*état fluide*, ou déjà en dissolution dans quelque autre liquide. Une substance dure et insoluble n'a pas de goût. Si nous plaçons sur la langue un morceau de sucre ou de sel sec, nous n'en percevons la saveur que lorsqu'une partie en est dissoute par les fluides de la bouche. Ces fluides sont ensuite absorbés par les papilles de la langue, et, comme ils se trouvent ainsi en contact avec leurs filaments nerveux, ceux-ci nous communiquent la sensation du goût.

Par ce qui précède, on peut comprendre que le sens du goût est facilité à un haut degré par les *mouvements* de la langue dans la mastication et la déglutition. Car ces mouvements, en hâtant la dissolution des substances solides, et en apportant constamment de nouvelles portions du fluide en contact avec la langue, favorisent l'absorption des liquides, et les rendent capables de pénétrer dans les papilles en plus grande quantité. Par conséquent, l'aliment qui a été mâché précipitamment, est imparfaitement goûté ; et, de cette manière, des substances nuisibles peuvent être introduites dans l'estomac sans être senties, tandis qu'elles auraient été découvertes et arrêtées par une mastication convenable.

213. Usages du sens du goût. — Le sens du goût est par conséquent, aussi bien que celui de l'odorat, un moyen de distinguer l'aliment sain de l'aliment nuisible. Quelques substances, lorsqu'on les met dans la bouche, excitent la répulsion, et sont en conséquence rejetées. Toutefois, chez plusieurs des animaux inférieurs, cet office est rempli exclusivement par le sens de l'odorat. Le chien, par exemple, goûte très-rarement l'aliment avant de le manger. Il le flaire avec le bout du nez, et l'avale ensuite avec avidité ou le refuse tout à fait. C'est parce que, chez lui, le sens de l'odorat est plus délicat que celui du goût, tandis que, chez l'homme, le sens du goût est plus délicat que celui de l'odorat.

Le sens du goût est utile aussi pour exciter le flux de la salive et d'autres sécrétions, par lesquelles l'aliment est préparé pour l'opération digestive. Les substances qui sont dépourvues de saveur n'offrent aucun stimulant aux glandes salivaires ou aux muscles de la mastication, et celle-ci est, par conséquent, négligée ou lentement et laborieusement effectuée.

Mais les substances qui sont saines et qui ont un goût agréable excitent les actes naturels de la sécrétion et de la mastication, en sorte que les mouvements se suivent presque involontairement, et l'aliment reçoit dans la bouche la préparation qui lui convient.

214. Le *sens du goût associé au sens du toucher*. Une autre particularité de ce sens est que le nerf spécial du goût *est aussi un nerf de sensibilité ordinaire*. Nous avons déjà vu que les mêmes parties de la langue douées du sens du goût ont aussi le sens du toucher développé à un degré remarquable, et ces deux propriétés sont fournies l'une et l'autre par la branche de la cinquième paire qui est distribuée dans cet organe. Dans les passages nasaux, le sens spécial de l'odorat, et la faculté de sensibilité ordinaire résident dans différentes portions de la membrane intérieure; mais, dans la langue, le sens spécial du goût et la sensibilité ordinaire sont exercées par les mêmes parties, et résident dans les filaments du même nerf.

Par conséquent, cet organe est capable de distinguer deux qualités différentes dans les substances. La première est la qualité du *goût* proprement dit, que nous qualifions de « douce, aigre, salée, amère, etc. ». Toutes ces différences sont perçues par la sensibilité spéciale du nerf gustatif, et leur appréciation appartient seulement à la langue. La seconde est la qualité qui dépend de la *consistance*, de la *douceur* ou de l'*âcreté* de la substance, tel qu'un goût « aqueux, visqueux, huileux, piquant ou brûlant ». Toutes ces différences sont perçues par la sensibilité ordinaire de la langue, et peuvent aussi être distinguées, quoiqu'à un moindre degré, par la surface de la peau ou par les autres membranes internes.

Il y a certaines substances qui ont un goût bien prononcé et ordinairement agréable, en même temps qu'une odeur pénétrante et très-parfumée, telles que le café, la menthe, le gingembre et les épices en général. Celles-ci se nomment *substances aromatiques*. Plusieurs d'entre elles ont aussi une propriété plus ou moins piquante, unie à d'autres qualités; elles sont employées ou seules ou pour donner de la saveur à d'autres substances alimentaires.

215. *Partie postérieure de la langue*. La partie de la langue qui est située tout à fait à l'arrière-bouche, est plus lisse que le reste, et se trouve pourvue de follicules muqueux au lieu de papilles. Cette partie de l'organe est aussi pourvue d'un nerf différent, qui, étant distribué, en partie dans la langue et en partie dans le pharynx, est nommé le nerf *glosso-*

pharyngien (*fig*. 67 [2]). Ce nerf possède aussi la sensibilité du goût, qui est développée à un degré perceptible, particulièrement pour les substances aromatiques, dans la région postérieure de la langue et les parties environnantes du gosier. Cependant les sensations du goût ne sont pas spécialement excitées dans cette partie, si ce n'est au moment d'avaler l'aliment. Au même instant, l'aliment repoussé en arrière par la langue se met en contact avec la membrane qui recouvre ces parties, et, étant aussi comprimé par l'action des muscles, il excite la sensibilité du nerf glosso-pharyngien ; une fois que l'aliment est passé, il se trouve au delà de la région du sens spécial , et son goût ne se perçoit plus dans l'œsophage ni dans l'estomac.

QUESTIONNAIRE

1. Qu'entend-on par les *sens spéciaux* ?
2. Quelle est la particularité d'un *nerf* de *sens spécial* ?
3. Quelle est la structure d'un *organe* de *sens spécial* ?
4. Quel est le nerf spécial du *sens de la vue* ?
5. De quels ganglions partent les nerfs optiques ?
6. Quelle est la direction et la terminaison des nerfs optiques ?
7. Qu'est-ce que la *décussation* des nerfs optiques ?
8. Comment les deux tubercules optiques sont-ils en connexion l'un avec l'autre ?
9. De quelle manière les deux globes de l'œil sont-ils en connexion l'un avec l'autre ?

10. Doit-on considérer les yeux comme deux organes distincts ou comme un double organe ?

11. Comment les nerfs optiques se terminent-ils dans l'intérieur des globes de l'œil ?

12. Quelle est la propriété ou la fonction des nerfs optiques ?

13. Quel est l'effet d'une lésion on d'une division des nerfs optiques ?

14. Quelle action réflexe a lieu à travers les tubercules optiques ?

15. Qu'entend-on par la *sensibilité de la pupille ?*

16. Cette sensibilité est-elle nécessairement accompagnée de la conscience ?

17. Quel est l'*organe* spécial de la vue ?

18. Dans quelle cavité se trouve situé le globe de l'œil ?

19. Quelle est la forme du globe de l'œil ?

20. Qu'est-ce que la *membrane sclérotique* du globe de l'œil ? Quelle est sa structure et sa consistance ?

21. Qu'est-ce que la *cornée* et où est-elle située ?

22. En quoi la cornée diffère-t-elle de la sclérotique ?

23. Par quelle partie la lumière entre-t-elle dans la cavité du globe de l'œil ?

24. Qu'est-ce que la *membrane choroïde* de l'œil ? Quelle est sa couleur et sa consistance ?

25. Quel est l'usage de la membrane choroïde ?

26. Quelle est la place qu'occupe la *rétine ?* Quelle est sa structure ?

27. Quelle est la fonction de la rétine ?

28. La rétine possède-t-elle la sensibilité ordinaire ?

29. A quelle espèce d'impressions est-elle sensible ?

30. Quel est l'effet d'une lésion ou d'une maladie de la rétine ?

31. Qu'est-ce que le *corps vitré* de l'œil ? Et pourquoi l'appelle-t-on ainsi ?

32. Quel est son usage ?

33. Quelle est la place qu'occupe la *lentille cristalline ?* Quelle est sa forme ?

34. Comment la lentille est-elle maintenue à sa place ?

35. Quel est l'usage de la lentille cristalline ?

36. Qu'est-ce que le *foyer* d'une lentille ?

37. Où est le foyer de la lentille cristalline dans l'œil ?

38. Qu'est-ce que l'*iris?* Et pourquoi le nomme-t-on ainsi ?

39. Qu'est-ce que la *pupille ?*

40. De quel tissu l'iris est-il composé ?

41. Quelles sont les deux séries de fibres musculaires qu'il contient ?

42. Quelle est l'action des fibres divergentes ?

43. Quelle est l'action des fibres circulaires ?

44. Quels sont les mouvements de la pupille lorsqu'elle passe de l'obscurité à la lumière et de la lumière à l'obscurité ?

45. Quel ganglion et quels nerfs du système sympathique prennent part aux mouvements réflexes de la pupille ?

46. Quelle est la place qu'occupe le *ganglion ophthalmique ?*

47. Quelle est la direction et la terminaison des *nerfs ciliaires ?*

48. Qu'est-ce que l'*humeur aqueuse de l'œil ?*

49. Qu'est-ce que le *champ de la vision ?*

50. Dans quelle partie du champ de la vision les objets peuvent-ils être vus *distinctement ?*

51. Qu'est-ce que la *ligne de la vision distincte ?*

52. Pourquoi, hors de cette ligne, les objets sont-ils vus indistinctement ?

53. Comment compensons-nous cet inconvénient dans l'usage des yeux ?

54. Pourquoi un objet ne peut-il être vu distinctement par les deux yeux qu'à une certaine distance ?

55. Pourquoi un objet apparaît-il comme seul, quoique étant vu par les deux yeux ?

56. Comment pouvons-nous voir un objet indistinctement et en même temps double ?

57. Pouvons-nous en même temps voir distinctement toutes les parties d'un paysage? Et pourquoi ?

58. Comment jugeons-nous de la *distance* de divers objets?

59. Comment l'apparence de *solidité* ou de *projection* se produit-elle dans la vision avec les deux yeux ?

26.

60. Un seul tableau plat peut-il représenter un objet solide, de manière à tromper l'œil ? Et pourquoi ?

61. Qu'est-ce qu'un *stéréoscope?* Et comment produit-il l'apparence de solidité ?

62. Quel est l'effet du *contraste* sur les impressions visuelles ?

63. Quelles couleurs font le plus fort contraste ?

64. Comment une couleur peut-elle paraître différente par son contraste avec une autre ?

65. Quel effet produit-on en mêlant deux couleurs différentes, du bleu et du jaune, du jaune et du rouge, du rouge et du bleu, du noir et du blanc ?

66. Les impressions de la vue disparaissent-elles immédiatement, ou persistent-elles encore un peu de temps? Donnez un exemple.

67. Qu'est-ce que le *thaumatrope?* et comment se produit son effet ?

68. Comment les impressions de la vue peuvent-elles se produire sans objets *visibles?*

69. Comment la nature a-t-elle pourvu aux *mouvements* du globe de l'œil ?

70. Quelles sont la direction et les attaches des *muscles droits du globe de l'œil?* Quelle est leur action ?

71. Quelles sont la direction et les attaches du *muscle oblique supérieur du globe de l'œil?*

72. Pourquoi ce muscle est-il appelé le *muscle trochléateur ?*

73. Quelles sont la direction et les attaches du *muscle oblique inférieur du globe de l'œil?*

74. Quelle est l'action des deux muscles obliques du globe de l'œil ?

75. Quels sont les deux usages des mouvements du globe de l'œil ?

76. Comment le globe de l'œil est-il protégé contre les lésions extérieures ?

77. Quelle est la structure des *paupières?*

78. Quelle est la plus large et la plus mobile des deux ?

79. Comment est-elle soulevée et abaissée au-devant de l'œil ?

80. Qu'est-ce que la *conjonctive* ?

81. Comment la conjonctive est-elle conservée humide et transparente ?

82. Dans quelle glande les larmes se produisent-elles ? Et où est située cette glande ?

83. Où s'ouvrent les conduits de la glande lacrymale sur la conjonctive ?

84. Comment les larmes sont-elles répandues sur la surface de la conjonctive ?

85. Par quel muscle s'exécute l'acte du *clignotement* ?

86. Quel est l'usage du clignotement, et combien l'œil souffrirait-il, si cet acte n'était pas exécuté ?

87. L'acte du clignotement est-il volontaire ou involontaire ?

88. Pourquoi passe-il habituellement inaperçu ?

89. Comment les larmes sont-elles empêchées de s'épancher sur les bords des paupières ?

90. Par quelles glandes la sécrétion sébacée des paupières est-elle produite ?

91. Comment se produit l'acte de *pleurer* ?

92. Comment les larmes sont-elles transportées de la surface du globe de l'œil ? Et où sont-elles finalement déposées ?

93. Qu'est-ce que les *cils* ? Et quel est leur usage ?

94. La conjonctive est-elle sensible ou insensible ?

95. Comment la sensibilité sert-elle à protéger l'œil contre toute lésion ?

96. Comment la vue peut-elle être lésée par un usage excessif ? Par une lumière trop brillante ? Par l'examen continu de menus objets ?

97. Par la lecture à une lumière insuffisante ?

98. Quelle est la meilleure espèce de lumière pour lire ou étudier ?

99. Quelle est la pire ?

100. Comment se produit le *son* ?

101. Comment la vibration de l'*atmosphère* est-elle nécessaire pour qu'on entende les sons ?

102. Quelle est la définition du sens de l'*ouïe* ?

103. Quel est le *nerf spécial* du sens de l'ouïe ?

104. Quelle est l'origine et la marche du nerf auditif ?

105. Quelle est la situation de l'*os pierreux* ? Et pourquoi se nomme-t-il ainsi ?

106. Qu'est-ce que le *labyrinthe* ? Et pourquoi se nomme-t-il ainsi ?

107. Quelle est la forme et le nom de la première portion du labyrinthe ?

108. Qu'est-ce que les *canaux semi-circulaires,* et comment diffèrent-ils entre eux de position ?

109. Qu'est-ce qui est contenu dans les cavités du *vestibule* et des canaux semi-circulaires ?

110. Sur quoi sont distribuées les fibres du nerf auditif dans le vestibule et dans les canaux semi-circulaires ?

111. Quel est le nom de la portion restante du labyrinthe, et pourquoi est-elle ainsi appelée ?

112. Sur quoi sont distribuées les fibres du nerf auditif dans la cochlée ?

113. Quelles sont les parties contenues dans l'*oreille interne* ?

114. Quelle espèce de sensibilité réside dans le nerf auditif ?

115. Quelle est l'ouverture appelée la *fenêtre ovale*, et où est-elle située ?

116. Par quoi la fenêtre ovale est-elle close ?

117. Quel est l'usage de la fenêtre ovale ?

118. Où est la cavité du *tympan* ou *tambour* de l'oreille ?

119. Qu'est-ce que la *membrane du tympan ?*

120. Comment les sons sont-ils transmis du tympan à la fenêtre ovale ?

121. Quels sont les trois osselets de la chaîne, et pourquoi les appelle-t-on ainsi ?

122. Lequel de ces os est attaché à la membrane du tympan ? Lequel à la membrane de la fenêtre ovale ?

123. Qu'est-ce qui est contenu dans la cavité du tympan, outre la chaîne des osselets ?

124. Pourquoi faut-il qu'un tambour communique toujours avec l'atmosphère extérieure ?

125. Par quelle ouverture le tympan de l'oreille communique-t-il avec l'air extérieur, et où est située cette ouverture ?

126. Quel effet est produit par l'obstruction de la trompe d'Eustache ?

127. Comment se relâche et se tend la membrane du tympan ?

128. Qu'est-ce que le *conduit auditif externe ?*

129. Comment est-il protégé contre l'entrée de corps étrangers ?

130. Quelle est la forme et la structure générale de *l'oreille externe ?*

131. Quelle est sa fonction ?

132. Qu'est-ce que *l'hélix,* l'*anthélix,* le *tragus,* l'*anti-tragus,* la *conque ?*

133. Dans quels animaux inférieurs les oreilles externes sont-elles *mobiles ?*

134. Quel est l'usage de ces mouvements ?

135. Comment jugeons-nous de la *direction* des sons ?

136. Comment le sens de l'ouïe est-il affecté par le *contraste* des sons ?

137. Quel est l'effet du même son très-prolongé ?

138. Les impressions du son s'évanouissent-elles immédiatement, ou subsistent-elles pendant une certaine période ?

139. Comment se produit une *note musicale ?*

140. Quelle doit être la fréquence des vibrations pour produire une note continue ?

141. Quelle est la différence de rapidité des vibrations entre une note élevée et une note basse ?

142. Qu'apprenons-nous par le sens de l'ouïe ?

143. Quelle espèce d'impressions est perçue par le *sens de l'odorat ?*

144. Quels sont les *nerfs spéciaux* du sens de l'odorat ?

145. Quelle est l'origine, la marche et la distribution des nerfs olfactifs ?

146. Quelle est la forme et la direction des *passages nasaux ?*

147. Avec quoi communiquent-ils par derrière ?

148. Comment sont-ils séparés entre eux ?

149. Quels sont les *os turbinés* ou les *cornets* ? Et pourquoi sont-ils ainsi nommés ?

150. Combien y a-t-il d'os turbinés dans chaque passage nasal, et comment se distinguent-ils entre eux ?

151. De quoi sont recouverts les os turbinés ?

152. Sur quelle partie sont distribués les nerfs olfactifs ?

153. Dans quelle partie des passages nasaux réside le sens de l'*odorat* ? Dans quelle partie le sens du *toucher* ?

154. Quel nerf sensitif est distribué dans la partie inférieure des passages nasaux ?

155. Quelle est la différence entre les *odeurs et les vapeurs piquantes* ?

156. Donnez des exemples des unes et des autres ?

157. Quel ganglion du système sympathique se trouve en rapport avec l'organe de l'odorat ?

158. Où est situé le *ganglion de Meckel* ? Avec quels autres nerfs est-il en rapport ? Et où ses nerfs sont-ils distribués ?

159. Dans quels animaux le sens de l'odorat est-il plus aigu que dans l'homme, et pourquoi ?

160. Comment le sens de l'odorat sert-il de protection chez les animaux ? chez l'homme ?

161. Qu'est-ce que l'organe du *goût* ?

162. Quel est le *nerf* principal du sens du goût ?

163. Dans quelle partie de la langue le nerf gustatif est-il distribué ?

164. Qu'est-ce que les *papilles* de la langue, et où sont-elles situées ?

165. Qu'est-ce qui est contenu dans les papilles de la langue ?

166. Quelles sont les deux conditions essentielles au sens du goût.

167. Comment les *mouvements* de la langue aident-ils au sens du goût ?

168. Quel est l'usage du sens du goût ?

169. Quelle est la finesse comparative du goût et de l'odorat, chez les animaux inférieurs ? chez l'homme ?

170. Comment le sens du goût aide-t-il à la mastication et à la digestion ?

171. Quelle autre sensibilité réside dans la langue, outre celle du goût ?

172. Quelle est la différence entre les qualités proprement dites du goût et celles qui appartiennent aux substances piquantes et autres semblables ? Donnez-en des exemples ?

173. Qu'est-ce qu'une *substance aromatique ?* Donnez des exemples ?

174. En quoi la *partie postérieure* de la langue diffère-t-elle de la partie antérieure?

175. De quel nerf la première est-elle pourvue ?

176. Quelle espèce de sensibilité est spécialement développée dans la partie postérieure de la langue ?

177. A quel endroit le sens du goût cesse-t-il ?

SECTION IV

LE DÉVELOPPEMENT

CHAPITRE XVIII

LE DÉVELOPPEMENT.

Définition du développement. — Enfant nouveau-né. — Son poids. — Condition de son squelette. — Ossification du squelette. — Colonne vertébrale. — Crâne. — Fontanelles. — Pelvis. — Os longs. — Respiration de l'enfant. — Sa digestion et sa nutrition. — Son système nerveux. — Actions réflexes. — Formation des dents. — Première série. — Enfance. — Système musculaire de l'enfant. — Fonctions nerveuses et mentales. — Prépondérance des instincts. — Formation d'une nouvelle série de dents. — Jeunesse. — Ossification progressive du squelette. — Union des os. — Complément du développement.

216. Le procédé du développement. — L'enfant nouveau-né est dans une condition bien différente de celle de l'enfant ou de l'individu formé. Il est faible, et dépend entièrement des soins des autres pour son existence journalière. Plusieurs de ses organes sont très-imparfaits, et la forme et les proportions de tout son corps sont différentes de celles qu'il acquerra plus tard. Le développement du nouveau-né, jusqu'à ce qu'il soit un enfant formé, et de celui-ci jusqu'à ce qu'il soit devenu adulte, n'est pas seulement une augmentation de grandeur ; c'est une série de changements dans la condition et dans la structure de ses différentes parties, changements par suite desquels il passe par autant d'états aux époques différentes de son existence. Cette série de changements par lesquels le corps de l'enfant arrive enfin à l'état adulte, s'appelle son *développement*.

217. Condition générale de l'enfant à sa naissance. — Le poids d'un enfant nouveau-né est de six à sept livres. La tête et les bras sont plus grands, et le pelvis et les extrémités inférieurs plus petits, en proportion, que dans l'adulte. Les jambes, à leur partie inférieure, sont courbées en dedans, de telle sorte que les plantes des pieds ne sont pas horizontales, mais se regardent l'une l'autre obliquement en dedans. Et même, si l'enfant était assez fort, il ne pourrait pas marcher, parce que les plantes de ses pieds ne poseraient sur le sol que par leur bord externe. Les bras et les jambes aussi sont habituellement repliés en haut et en devant sur la poitrine et sur l'abdomen, et ne peuvent pas s'étendre aisément.

218. Condition du squelette. — Le squelette, au

moment de la naissance, est mou et souple, parce qu'il est en grande partie composé de cartilages. Quelques-uns des os commencent déjà à se montrer dans l'intérieur de ces cartilages; mais ils sont presque tous petits et délicats, et plusieurs d'entre eux sont partout encore cartilagineux. Les parties osseuses, cependant, continuent à s'étendre aux dépens du cartilage, jusqu'à ce que, quelques années après la naissance, le tout a été converti en un tissu osseux. Ce passage graduel des parties de l'état cartilagineux à l'état osseux se nomme l'*ossification* du squelette.

219. **La colonne spinale.** — A la naissance, chaque os de la colonne spinale se compose de trois pièces séparées, dont l'une est sur le devant du cordon spinal et les deux autres sur chaque côté en arrière. Ces pièces sont, bien entendu, attachées l'une à l'autre par des cartilages, et enveloppent ainsi le cordon spinal d'une série d'anneaux mous et élastiques.

220. — **Le crâne.** Les os du crâne sont très minces et flexibles, et leurs bords ne sont pas encore unis les uns aux autres. Le crâne de l'enfant, par conséquent, n'est pas une boîte ferme et solide, comme celui de l'adulte; mais plutôt une bourse élastique formée de lames séparées, jointes ensemble par la peau et les membranes fibreuses. Une particularité remar-

quable du crâne à cette époque, c'est qu'il y a deux ouvertures dans ses parties osseuses ; l'une sur le derrière, et l'autre sur le haut de la tête, où le cerveau est seulement recouvert par la peau et d'autres tissus mous. Ces ouvertures se nomment les *fontanelles* (*fontes pulsatiles*), parce que, en les touchant, on peut sentir manifestement les pulsations ou mouvements d'élévation et d'abaissement du cerveau.

221. Formation des fontanelles. — Les fontanelles se forment de la manière suivante : l'ossification des os sur les côtés et à la partie supérieure du crâne commence par un point arrondi au centre de chaque os. De ce point l'ossification s'étend au dehors et dans toutes les directions, s'approchant ainsi graduellement des bords des os. Par conséquent, lorsque deux os voisins se rencontrent, il y aura une ligne à laquelle leurs bords seront en contact l'un avec l'autre, mais sans être encore unis ; mais, lorsque plus de deux os se recontreront de cette manière, il y aura un espace vide entre eux à leur point de jonction. Ainsi, si l'on place sur une table trois pièces de monnaie se touchant l'une l'autre par leurs bords, il y aura au milieu d'elles un espace triangulaire ; si l'on place quatre pièces de la même manière, l'espace présentera quatre côtés. Or, à la partie postérieure de la tête, il y a un point où trois os se joignent ensemble de cette manière, laissant au milieu d'eux une petite ouverture qui présente trois côtés. Cette ouverture s'appelle « la fontanelle postérieure ». Sur le haut de la tête, quatre os se joignent ensemble, laissant entre eux une large ouverture qui a quatre côtés ; celle-ci se nomme la « fontanelle supérieure ». Ces fontanelles diminuent graduellement de grandeur, en raison de la croissance des parties osseuses autour d'elles, et sont complétement closes, quatre ans après la naissance.

222. **Le pelvis et les membres.** — Le pelvis aussi est d'abord, en grande partie, cartilagineux ; il se compose, sur chaque côté, de trois pièces d'os séparées, mais rattachées les unes aux autres par des couches cartilagineuses. Ces trois os du pelvis se rencontrent dans la cavité de l'articulation de la hanche, où viennent se réunir leurs extrémités presque triangulaires.

Les os des bras et des jambes, au moment de la naissance, sont ossifiés seulement à leur partie moyenne, leurs deux bouts étant encore cartilagineux. Le poignet est entièrement cartilagineux ; il en est presque de même de la cheville. C'est cette prépondérance du cartilage qui rend les os mous et flexibles. Il est évident, par conséquent, que le squelette de l'enfant n'est pas encore en état de soutenir le poids du corps ni de résister à une forte action musculaire.

223. Organes de la respiration. — La fonction de la respiration s'accomplit très-imparfaitement, pendant quelque temps après la naissance. Les poumons ne se dilatent pas complétement tout d'un coup, et l'air ne pénètre dans toutes les dernières vésicules des parties les plus profondes qu'après un intervalle de plusieurs jours. Mais ce qui obvie à cet inconvient, c'est que la peau est très-délicate, transparente, rougeâtre et vasculaire ; et la respiration a lieu sans doute à travers cette peau comme à travers les poumons. Par conséquent, l'enfant est plus sensible au froid qu'une personne plus âgée, et la chaleur du corps doit être plus soigneusement entretenue par un vêtement convenable et par une chaleur artificielle.

224. Organes de la nutrition. — D'autre part, les fonctions de la digestion et de la nutrition sont excessivement actives. Mais l'enfant ne prend qu'une espèce d'aliment qui est le lait de sa mère, et ce fluide, comme nous l'avons déjà vu dans un autre chapitre, contient tous les matériaux nécessaires à la nourriture du corps. Cet aliment doit être donné en abondance, mais à des intervalles convenables et pas trop à la fois ; car l'estomac ne peut pas en digérer

en même temps une grande quantité, et, par conséquent, demande à en recevoir plus fréquemment.

225. Système nerveux. — Le système nerveux
d'un enfant très-jeune est dans une condition particulière. Les sens spéciaux, la vue, l'ouïe, l'odorat,
le goût, sont tous imparfaits et comparativement
inactifs. La conscience et la volonté aussi sont très-
faibles, et il en est de même de l'intelligence. Mais
leurs actions réflexes et involontaires sont fortement
développées. Les mouvements des bras et des jambes,
et les diverses intonations de la voix, sont presque
toutes de nature réflexe, presque entièrement exécutés par l'action du cordon spinal et de la moelle
allongée. Une grande partie du temps est donnée au
sommeil ; car c'est particulièrement pendant le sommeil que les fonctions de la nutrition s'accomplissent
avec la plus grande activité, et que les tissus se consolident par l'assimilation de l'aliment. Toute la vie
de l'enfant consiste à se nourrir et à croître, et l'action de son système nerveux est presque entièrement
asservie à ces deux fonctions. Il ne distingue pas le
langage articulé, et ne donne pas assez d'attention à
ses sons pour se les rappeler et les répéter. C'est pour
cela qu'on l'appelle *enfant*, du mot latin *infans*, qui
signifie « ne parlant pas ».

226. Apparition des dents. — Dans la première

année après la naissance, les *dents* commencent à se montrer. Car l'enfant, après un certain temps, a acquis une telle force, et les différentes parties du corps se sont développées à tel point, qu'il sent déjà le besoin d'un aliment de forme plus solide et d'une plus grande variété. Il aura besoin alors des organes de la mastication, et ces organes, par conséquent, commencent à se développer d'avance. Les dents incisives sont les premières qui sortent des gencives, vers le septième et le huitième mois. A la fin de l'année, il y a une dent molaire de chaque côté des deux mâchoires, ce qui fait quatre en tout. A l'âge d'un an et demi, apparaissent les quatre dents canines, et, à l'âge de deux ans, quatre autres dents molaires sont ajoutées aux précédentes. Il y a alors vingt dents en tout, ou dix sur chaque mâchoire ; c'est-à-dire quatre incisives, deux canines et quatre molaires. Elles sont cependant toutes petites, et adaptées à la grandeur et à la forme des mâchoires à cet âge. On les appelle *les dents de lait*, parce qu'elles apparaissent pendant que l'enfant se nourrit encore principalement de cette sécrétion.

227. Passage de la première à la seconde enfance. — A l'âge de deux ans, l'enfant est tellement accru en force musculaire, et son squelette est devenu si ferme, qu'il peut marcher sans aide, et n'a plus besoin des soins constants ni de l'assistance des autres. Ses dents et ses organes digestifs le mettent en état de consommer une variété d'aliments solides et nutritifs. Son système nerveux aussi est sorti de son état de léthargie, et ses sens commencent à s'occuper activement des objets environnants. Enfin il a appris à comprendre et à parler un langage articulé. Il n'est plus dans la première enfance ; mais il est entré dans la seconde.

228. Croissance des muscles pendant la seconde enfance. — La durée de la seconde enfance s'étend de deux à treize ans. Durant cette période, le système musculaire se développe entièrement ; et le squelette, quoique imparfaitement consolidé, est assez fort pour remplir ses fonctions, à cause du poids léger du corps à cet âge. L'enfant, par conséquent, prend le plus grand plaisir aux exercices actifs, par lesquels il sent s'accroître la vigueur de ses muscles et l'agilité de ses membres. Rien n'est plus approprié ou plus utile à cet âge que ces exercices, parce que le corps alors se développe, non au moyen de soins et d'aliments qu'il ne fait que recevoir, comme dans la première enfance, mais plutôt par l'exercice actif et naturel de ses propres facultés.

229. Développement des sens. — Le système nerveux prend également du développement, et les facultés mentales deviennent en même temps plus actives. L'enfant apprend rapidement et s'intéresse à tout ce qui l'entoure. Mais c'est principalement dans la culture de ses *sens* qu'il fait de plus grands progrès. Il apprend les noms et les formes des choses, la signification des mots et l'emploi de tous les objets d'un usage commun. Ces connaissances ne s'acquièrent pas par une application mentale incessante, qui lui serait nuisible, à cet âge, mais par l'exercice des sens, qui sont alors, pour la première fois, doués de toute leur vigueur et de toute leur sensibilité.

230. **Activité des instincts.** — Le système nerveux de l'enfant se distingue aussi par la prépondérance active des *instincts* et des *impulsions*. C'est par eux que ses actes sont guidés ; et, par conséquent, quoique ses mouvements et ses actes soient tous volontaires dans leur nature, ils ne dépendent pas, pour la plupart, des facultés de la raison, qui sont encore imparfaitement développées. Par conséquent, on doit gouverner l'enfant principalement au moyen de ses instincts et de ses impressions, auxquels il faut donner une direction sage et naturelle. Le règne de la raison n'arrive qu'à une période postérieure, lorsque le développement du système nerveux est complet.

231. Seconde dentition. — Durant la période de la seconde enfance, un changement remarquable s'opère dans les organes de la mastication. Il consiste dans la chute complète de la première série des dents, et dans l'apparition d'une seconde ou série permanente qui prend la place de la première. Voici comment s'opère ce changement.

Au moment de la naissance, quoiqu'on ne voie aucune dent, il s'en trouve pourtant une série complète dans l'intérieur de la mâchoire. Mais ces dents ne sont pas encore ossifiées; chacune d'elles consiste en une molle proéminence vasculaire ou papille, appelée la *pulpe de la dent,* qui est renfermée dans un petit sac ou follicule et profondément cachée dans la substance de la mâchoire. La surface supérieure de la pulpe est couverte d'une très-fine couche ou croûte de tissu calcaire, qui est le principe de la substance dure de la dent future. A mesure que la pulpe de chaque dent augmente de volume, elle s'ossifie de plus en plus, jusqu'à ce qu'enfin elle soit prête à sortir de la gencive. Les dents alors font leur apparition dans l'ordre que nous avons décrit plus haut, complétant ainsi la première série, à l'âge de deux ans révolus.

Mais, en même temps, il y a une autre série de follicules pareilles et de pulpes des dents, formées profondément dans la substance de la mâchoire, et qui se trouvent derrière celles de la première série. Ces pulpes des dents sont toutefois très-petites, et restent dormantes ou croissent très-lentement pendant les premières années de l'enfance; mais, à peu près à la sixième année, elles commencent à croître plus rapidement. Leur ossification aussi s'opère avec une activité correspondante, et elles commencent à s'ouvrir un chemin vers la surface de la gencive. Elles pressent ainsi sur les autres, qui cèdent devant elles, s'ébranlent et finissent par se détacher. C'est ainsi que la première série des dents est chassée de la mâchoire et disparaît. Ce procédé s'appelle la *chute des dents de lait*.

Les dents de lait ainsi expulsées sont remplacées par les nouvelles dents de la seconde série, qui bientôt après leur succèdent. En sortant derrière elles, les dents de la seconde série, cependant, sont différentes de celles de la première; elles sont plus dures dans leur texture, et quelques-unes plus grandes. Elles sont aussi plus nombreuses; car, au lieu de vingt dents dont se composait la première série, il y en a maintenant trente-deux. C'est qu'alors il y a trois nouvelles molaires permanentes ajoutées sur chaque côté de la mâchoire. La mâchoire elle-même augmente de grandeur pour admettre aisément le nombre plus grand des dents qu'elle contient.

La chute des dents de lait commence vers l'âge de sept ans. Pendant la septième et la huitième année, les dents incisives sont changées et remplacées par celles de la série permanente. Dans les neuvième et dixième années, les deux molaires de lait sont chassées et remplacées de la même manière par les deux molaires antérieures permanentes, et dans la douzième année les canines sont changées. La première des trois molaires postérieures a déjà fait son apparition, et, dans la treizième année, la seconde sort de la mâchoire. Il n'en reste plus qu'une à sortir, c'est la troisième molaire postérieure, ou la dernière dans la partie postérieure de la mâchoire sur chaque côté. Ces dents n'apparaissent que de la dix-septième à la vingt-unième année, et sont par conséquent connues sous le nom de « dents de sagesse ». Elles complètent le développement de l'appareil masticatoire.

Par conséquent, à l'exception de la troisième molaire postérieure ou dent de sagesse, le changement complet depuis la première série jusqu'à la série permanente s'accomplit durant la période de l'enfance.

232. Passage de l'enfance à la jeunesse. — A la période de l'enfance succède celle de la jeunesse. Pendant cette époque, la consolidation du squelette s'opère, et se distingue particulièrement par l'union entre elles des différentes parties des os. Ainsi les trois os du bassin s'unissent en un seul de chaque côté, de la treizième à la quinzième année ; et la consolidation des extrémités des os longs des bras et des jambes avec leurs portions moyennes s'effectue généralement de la quinzième à la vingtième année. En même temps ces os prennent une forme et des dimensions qui n'appartiennent qu'à l'adulte, et les attitudes et les mouvements du corps acquièrent plus d'aplomb et de solidité. Le développement général du squelette et des membres peut être considéré comme terminé à l'âge de vingt ans.

233. **Complément du procédé du développement.** — Durant la période de la jeunesse, le système nerveux arrive à son développement complet, et les facultés mentales s'exercent avec une plus grande liberté qu'auparavant. La jeunesse commence à se préparer aux occupations actives de la vie par des études régulières et suivies ; et les facultés de la raison, qui commencent à prédominer, la mettent en état de comprendre non-seulement les propriétés physiques des objets environnants, mais aussi leurs relations entre eux et la manière de les employer dans un but utile. Le corps aussi prend, à cette époque, une apparence différente, et les proportions de

ses diverses parties sont modifiées. Les membres sont plus forts, et les articulations comparativement plus petites que chez l'enfant; et plusieurs des organes internes sont modifiés dans leur volume et leur poids, si on les compare au volume et au poids du corps entier. Ainsi la structure anatomique et les actes physiologiques de la machine corporelle, ayant passé successivement par leurs différents états de préparation et de croissance, arrivent enfin au développement complet et à l'état adulte.

QUESTIONNAIRE.

1. Qu'entend-on par le *développement* du corps ?
2. Quel est le poids de l'enfant nouveau-né ?
3. En quoi les proportions de son corps diffèrent-elles de celles de l'adulte ?
4. Quelles sont la position et la forme des bras et des jambes ?
5. Quelle est la condition du *squelette* à la naissance ?
6. Qu'entend-on par *ossification* du squelette ?
7. Quelle est la condition de la *colonne spinale* à la naissance ? Quelle est celle du *crâne* ?
8. Qu'est-ce que les *fontanelles* ? Et comment sont-elles formées ?
9. Quelles sont la forme et la place de la fontanelle *postérieure* ?
10. Quelles sont la forme et la place de la fontanelle *supérieure* ?
11. A quel âge les fontanelles sont-elles complétement closes ?
12. De combien de pièces séparées se compose le *bassin* ou *pelvis*, au moment de la naissance ?

13. Quelle est la condition des os des bras et des jambes, du poignet et de la cheville ?

14. Pourquoi le squelette de l'enfant est-il incapable de soutenir le poids du corps ?

15. Quel est l'état de la *respiration*, à la naissance ?

16. Combien de temps se passe-t-il avant que les poumons soient capables d'être entièrement remplis d'air ?

17. Comment la nature obvie-t-elle à cet inconvénient chez le jeune enfant ?

18. Pourquoi l'enfant est-il plus sensible au froid que l'adulte ?

19. Quel est l'état de la *digestion* et de la *nutrition* chez l'enfant ?

20. Quel est l'aliment propre à l'enfant ?

21. Pourquoi doit-il être donné à de courts intervalles ?

22. Quel est l'état des *sens spéciaux* chez l'enfant ? De la *conscience* ? De l'*intelligence* ?

23. Quelle espèce de mouvement est plus ordinairement exécutée par l'enfant ?

24. Pourquoi l'enfant a-t-il besoin de beaucoup de *sommeil* ?

25. Pourquoi le nouveau-né s'appelle-t-il *enfant* ?

26. A quelle époque les *dents* commencent-elles à paraître ?

27. Quand les *incisives* se montrent-elles ? Les premières *molaires* ? Les *canines* ? Les autres molaires ?

28. De combien de dents en tout se compose la première série ?

29. Pourquoi les appelle-t-on *dents de lait* ?

30. Quelle est la différence entre la *première* et la *seconde* enfance ?

31. Quelle est la durée de la période de la seconde enfance ?

32. Quels changements ont lieu, durant l'enfance, dans le squelette et dans les muscles ?

33. Pourquoi l'enfant doit-il passer une grande partie de son temps dans des exercices actifs ?

34. Quelle partie du système nerveux se développe plus complétement, durant l'enfance ?

35 Comment l'enfant apprend-il plus aisément et d'une manière plus profitable ?

36. Quelles sont les actions nerveuses qui se développent plus amplement chez l'enfant ?

37. Quel changement a lieu, durant l'enfance, dans les organes de la mastication ?

38. Quelle est la condition de la première série des dents, à l'époque de la naissance ?

39. Qu'est-ce que la *pulpe* de la dent ?

40. Dans quoi est-elle contenue ?

41. Comment la pulpe est-elle convertie en une dent dure ?

42. A quelle époque la *première série* des dents est-elle complétement formée ?

43. Où et quand la *seconde série* des dents est-elle formée ?

44. Combien de temps reste-t-elle dormante ?

45. Quand commence-t-elle à croître et à s'ossifier ?

46. Quel effet produit cette opération sur les dents de la première série ?

47. Que deviennent les dents de la première série ?

48. En quoi les dents de la seconde série diffèrent-elles de celles de la première ?

49. Combien y a-t-il de dents dans la seconde série ?

50. Quel changement a lieu dans la *mâchoire* à cette époque, et pourquoi ?

51. Quand commence la chute des dents de lait ?

52. Quelles sont les premières dents changées ?

53. Quand les molaires se changent-elles ? Quand les canines ?

54. Quand la *première* molaire postérieure se présente-t-elle ? La seconde ? La troisième ?

55. Pourquoi la troisième molaire postérieure se nomme-t-elle *dent de sagesse* ?

56. Quelle est la période qui suit celle de l'enfance ?

57. Quels changements spéciaux ont lieu dans le squelette, durant la période de la jeunesse ?

58. Quand les trois os du *bassin* s'unissent-ils ?

59. Quand a lieu la consolidation des os longs des bras et des jambes ?

60. A quel âge le développement général du corps est-il complet ?

GLOSSAIRE

A

Abdomen (latin *abdo*, cacher). La partie inférieure du corps, située sous le niveau du diaphragme ; le ventre ; ainsi appelé, parce que les organes abdominaux y sont cachés.

Absorption (lat. *ab*, de, et *sorbeo*, sucer). L'imbibition d'un fluide à travers une membrane ou un tissu animal.

Adipeux (Tissu). La graisse.

Air (Vésicules d'). Petite vésicule contenant de l'air, qui entre dans la composition du tissu des poumons.

Albumine (lat. *albus*, blanc). Susbtance animale qui se coagule quand on la chauffe : ainsi appelée, parce qu'elle devient blanche en se coagulant. De là « le blanc de l'œuf ».

Albumineuse (Matière). Toute substance animale qui ressemble à l'albumine.

Albuminose. Substance animale qui n'est pas coagulable par la chaleur, et qui est produite dans la digestion par l'action du suc gastrique sur des substances albumineuses.

Alcali (arabe *al kali*, la plante de soude). Nom donné à certaines substances chimiques, qui ont le pouvoir de se combiner avec des acides, de manière à neutraliser leur acidité ; telles que la soude, la potasse et autres.

Alcalin (Fluide). Un fluide contenant une quantité perceptible d'alcali.

Alimentaire (Canal). Long tube qui varie de forme et de

volume dans ses différentes parties, et dans lequel s'effectuent la préparation et la digestion de l'aliment. Il se compose de la bouche, du pharynx, de l'œsophage, de l'estomac, du petit et du gros intestin.

Anatomie (grec ἀνά *ana*, à travers; et τομή *tomé*, coupure). Littéralement « dissection ». L'étude des différentes parties et de la structure du corps.

Anthélix. Rebord courbe qui se trouve dans l'oreille externe, en dedans et au devant de l'hélice.

Anti-tragus. Élévation au rebord, qui se trouve dans l'oreille externe, derrière et au-dessous du tragus.

Aorte. La grande artère qui se détache du ventricule gauche du cœur, et qui est le tronc principal de tout le système artériel.

Appareil. Un ensemble de différents organes associés pour accomplir la même fonction.

Aqueuse (Humeur) (lat. *aqua*, eau, et *humor*, un liquide). Fluide clair et aqueux, situé dans l'œil, entre la partie antérieure de l'iris et la surface interne de la cornée.

Arc de l'aorte. Courbure semi-circulaire de l'aorte, située à la partie supérieure de la poitrine, et d'où partent les principales artères qui vont aux bras et à la tête.

Artère (gr. ἀήρ *aer*, air, et τηρέω, conserver). Vaisseau qui transporte le sang du cœur aux organes : ainsi nommé parce que les anciens croyaient que ces vaisseaux contenaient de l'air.

Artériel (Sang). Le sang rouge-écarlate, contenu dans le côté gauche du cœur, et dans les artères de la circulation générale.

Aryténoïdes (Cartilages [gr. ἀρυταίνα, *arutaina*, espèce de pot à eau]). Deux cartilages mobiles, situés dans le larynx, et auxquels sont attachées les extrémités postérieures des cordes vocales. Ainsi appelés à cause d'une ressemblance supposée avec la forme d'un pot à eau.

Assimilation. Procédé par lequel les ingrédients de l'aliment sont convertis en ceux des tissus.

Auditif (Nerf [lat. *audio*, entendre]). Le nerf spécial du sens de l'ouïe.

Azote. Voy. *Nitrogène*.

B

Biceps fléxeur. Muscle situé à la partie antérieure du bras, au-dessus du coude, et qui sert à faire plier la jointure du coude.

Bile. La sécrétion produite par le foie.

Biliaire (Conduit). Conduit qui transporte la bile du foie à l'intestin.

Biliaire (Vésicule). Sac ou réservoir communiquant avec le principal conduit biliaire, et dans lequel la bile vient s'accumuler pendant les intervalles de la digestion.

Biliaires (Sels). Deux substances particulières, formées par la combinaison de certaines matières animales avec la soude, et qui sont les ingrédients les plus importants de la bile.

Brachial antérieur. Muscle situé à la partie antérieure du bras, au-dessous du biceps, et qui concourt avec lui pour faire fléchir l'articulation du coude.

Bronches. Deux branches ou tubes dans lesquelles se divise la trachée, au sommet de la poitrine, et qui fournissent d'air chaque poumon.

Bronchiques (Tubes). Petits tubes dans lesquels se divisent les bronches, en entrant dans la substance des poumons.

Butyrine. Substance oléagineuse qui donne au beurre du lait de vache sa saveur et son odeur particulières.

C

Caillot. Masse ferme, rouge, opaque, semblable à de la gelée, formée par la coagulation du sang, et constituée par le mélange de la fibrine et des globules sanguins.

Calcaneum (lat. *calco*, fouler aux pieds). L'os du talon.

Canines (Dents [lat. *canis*, chien]). Les dents pointues, situées immédiatement à côté des incisives, deux dans chaque mâchoire. Ainsi nommées parce qu'elles sont très-saillantes chez le chien, ainsi que chez les autres animaux carnivores.

Capillaires (Vaisseaux sanguins [lat. *capillus*, cheveu]). Les plus petits vaisseaux sanguins qui se trouvent entre les artères et les veines : ainsi appelés à cause de leur très-petit diamètre, qui n'est pas plus grand que celui d'un cheveu.

Carbonique (Acide [lat. *carbo*, charbon]). Gaz formé dans la respiration et exhalé avec l'haleine : ainsi nommé parce qu'il est produit aussi par la combustion du charbon.

Cardia (gr. καρδία, *cardia*, cœur). L'orifice supérieur de l'estomac, par lequel entre l'aliment en quittant l'œsophage : ainsi appelé, parce qu'il est situé près du cœur.

Carie (lat. *caries*, pourriture). Ramollissement et destruction partielle d'un os ou d'une dent.

Carnivores (Animaux [lat. *caro*, *carnis*, chair, et *voro*, dévorer]). Animaux qui se nourrissent de chair.

Carotides (Artères). Les deux principales artères qui montent de chaque côté du cou pour porter le sang à la tête et à l'encéphale.

Cartilage. Substance ferme et élastique, comme le caoutchouc, attachée aux os dans plusieurs parties du corps.

Caséine (lat. *caseus*, fromage). Ingrédient albumineux du lait : ainsi appelé, parce que, lorsqu'il se coagule, il forme la substance du fromage.

Catalyse (gr. καταλύω, *cataluo*, dissoudre ou démolir). Changement chimique particulier, par lequel les éléments d'une substance sont altérés ou décomposés par le simple contact d'une autre substance.

Cellulaire (Tissu). Tissu formé de paquets de fibres lâchement entrelacées, et qui se trouve placé entre les muscles et les autres parties contiguës.

Cellule. Petit corps, qui se trouve dans les tissus animaux et végétaux, quelquefois creux et quelquefois solide : il varie de forme, et est tantôt globulaire, tantôt aplati, tantôt cylindrique, tantôt aussi irrégulier.

Cendrée (Matière nerveuse [lat. *cinis*, *cineris*, cendre]). Substance grise ou de couleur de cendre d'un ganglion nerveux.

Cérébro-spinal (Système nerveux). Partie du système nerveux qui se compose de l'encéphale, de la moelle épinière et des nerfs qui leur appartiennent, et au moyen duquel le corps est mis en communication nerveuse avec le monde extérieur.

Cerveau. La plus grande partie de l'encéphale qui remplit complétement les parties supérieure et antérieure du crâne.

Cervelet. Littéralement, petit cerveau. Ganglion plié en circonvolution, plus petit que le cerveau, et situé à la partie postérieure et inférieure de l'encéphale.

Champ de la vision. Espace circulaire au devant des yeux, dans lequel les objets peuvent être aperçus.

Champignon. Voy. *Fongus*.

Chondrine (gr. χονδρὸς, *chondros*, cartilage). Ingrédient albumineux des cartilages.

Choroïde (Membrane [χώριον, *chorion*, la partie musculaire de la peau, et εἶδος, *eidos*, forme]). Membrane noire brunâtre, formant une des enveloppes du globe de l'œil ; ainsi appelée, parce qu'elle ressemble à la peau par sa vascularité.

Chyle (gr. χυλὸς, *chylos*, suc). Fluide blanc, semblable au lait, produit dans le petit intestin par la digestion des substances grasses.

Ciliaires (Nerfs). Série de nerfs délicats, au nombre de dix ou quinze, qui partent du ganglion ophthalmique et sont finalement distribués dans les fibres musculaires de l'iris.

Circulation. Mouvement du sang dans un circuit continu des artères aux veines et des veines aux artères.

Circulation générale. Mouvement du sang dans les divers tissus et organes, des artères aux veines, et distinct de la circulation dans les poumons ou tout autre organe particulier.

Clavicule (lat. *clavis*, clef). Os mince, un peu en forme de clef, placée horizontalement à la base du cou, entre le sommet de l'os de la poitrine et le sommet de l'épaule ; l'os du cou.

Coagulation. Procédé de solidification particulier aux substances albumineuses.

Cochlée (lat. *cochlea*, de κόγλος, limaçon). Partie du labyrinthe de l'oreille, consistant en un double canal tubulaire, qui tourne en spirale autour d'un axe central, comme la coquille d'un limaçon, et contient les ramifications finales du nerf auditif.

Côlon (gr. κωλύω, *koluo*, restreindre). Nom donné au gros intestin, parce que son contenu se meut lentement.

Conduit. Tube étroit, ordinairement destiné à transporter la sécrétion hors de la glande dans laquelle elle se produit.

Congestion (lat. *congero, congestum,* se gonfler). Gonflement anormal produit par le sang dans les vaisseaux d'une partie du corps.

Conjonctive (lat. *conjungo,* joindre). Membrane mince qui couvre le devant du globe de l'œil et la surface interne des paupières, ainsi appelée parce qu'elle unit les paupières au globe de l'œil.

Conque (lat. *concha,* coquille). Dépression profonde qui présente l'apparence d'une coupe dans le milieu de l'oreille externe, et qui mène à l'entrée du conduit auditif.

Constricteurs du pharynx (lat. *constringo,* lier comme en un faisceau). Trois muscles qui couvrent le contour du pharynx, de manière à comprimer ce canal, et à pousser de haut en bas l'aliment qui s'y trouve.

Contraction. Raccourcissement actif d'un muscle ou d'une fibre musculaire.

Convulsion (lat. *convello,* déchirer). Contraction violente et involontaire de quelques-uns ou de tous les muscles du corps et des membres.

Cornée (lat. *cornu,* corne). Couche solide, transparente et incolore, formant la partie antérieure du globe de l'œil, et à travers laquelle la lumière pénètre à l'intérieur, ainsi appelée à cause de sa ressemblance avec la corne par sa texture et sa consistance.

Cornets du nez. Trois lames osseuses enroulées en forme de cornets et attachées aux parois externes du nez.

Couronne de la dent. Partie de la dent qui fait saillie sur la mâchoire.

Crâne. Boîte osseuse qui contient l'encéphale.

Crâniens (Nerfs). Nerfs qui partent de l'encéphale; ainsi appelés parce qu'ils sortent par des ouvertures qui se trouvent dans le crâne.

Créatine et **Créatinine** (gr. χρέας, chair). Deux substances produites par l'excrétion, formées dans le tissu des muscles et expulsées du corps par les reins.

Cribriforme (lat. *cribrum*, crible). Perforé de plusieurs petits trous, comme un crible.

Cristallin. Voy. *Cristalline* (Lentille).

Cristalline (Lentille). Corps circulaire, transparent, arrondi sur ses deux surfaces antérieure et postérieure, situé dans le globe de l'œil, immédiatement derrière la pupille : elle sert à concentrer la lumière qui la traverse, sur la surface de la rétine.

Cristalline. Ingrédient albumineux de la lentille cristalline.

D

Décussation (lat. *decusso*, couper en croix). Croisement réciproque d'un côté à l'autre.

Déglutition. Acte d'avaler.

Développement. Procédé par lequel l'être humain passe, par des changements ou étapes successives de croissance, de l'enfance à l'âge adulte.

Diaphragme (grec διάφραγμα, *diaphragma*, division). Feuille musculaire voûtée, qui sépare la cavité de la poitrine de celle de l'abdomen.

Digestion. Liquéfaction et préparation de l'aliment dans le canal alimentaire.

E

Émail. Enveloppe calcaire et dense de la couronne de la dent.

Émulsion (lat. *emulgeo*, traire le lait). Mélange permanent de matière grasse finement divisée dans un liquide aqueux, ainsi appelé à cause de son apparence blanche et laiteuse.

Encéphale. Ensemble de la masse de substance nerveuse contenue dans la cavité du crâne.

Enclume. Celui des trois osselets qui se trouvent dans le tympan de l'oreille, placé entre les deux autres, et qui ressemble à une enclume.

Endosmose (gr. ἔνδον, *endon*, dedans, et ὠθισμὸς, *othismos*, impulsion). Force qui fait pénétrer un fluide à travers une substance ou dans un tissu animal.

Enfant (lat. *infans*, qui ne parle pas). L'enfant au-dessous de deux ans, ainsi appelé parce qu'il ne peut pas encore articuler le langage.

Épine. Pointe saillante ou rebord d'un os.

Épinière (Moelle). Masse cylindrique de matière nerveuse, située dans la cavité du canal spinal, en connexion par en haut avec l'encéphale, et distribuant les nerfs spinaux de ses deux côtés opposés.

Épithélium (gr. ἐπὶ, *épi*, sur, et θηλὴ, *thélé*, mamelon). Couche de cellules molles, couvrant la surface des membranes d'enveloppes, et certaines parties de la peau.

Étrier. Celui des trois osselets du tympan de l'oreille qui se trouve le plus au fond, ayant la forme d'un étrier, et attaché à la membrane de la fenêtre ovale.

Eustache (Trompe d'). Canal membraneux qui s'étend de la partie antérieure du tympan de l'oreille au côté du pharynx, et qui sert à établir une communication entre la cavité du tympan et l'atmosphère extérieure. Il tire son nom de celui de Barthelemi Eustachi, anatomiste italien du seizième siècle.

Excrétion (lat. *excerno*, *excretum*, purger au dehors). Procédé par lequel les matières désagrégées du corps sont changées et éliminées. Une substance solide ou fluide, ainsi produite, se nomme aussi *excrétion*.

Expiration. Acte par lequel l'air est expulsé des poumons dans la respiration.

Extenseur (Muscle). Muscle qui sert à étendre ou à redresser une jointure.

Externe (Oreille). Expansion en forme de trompe qui se trouve sur le côté de la tête, et qui sert à transmettre le son vers l'entrée du conduit auditif. C'est cette partie qu'on nomme ordinairement « l'oreille ».

F

Facial (Nerf). Le septième nerf crânien distribué aux muscles qui donnent au visage son expression.

Fémur. L'os de la cuisse.

Fenêtre (lat. *fenestra*, fenêtre). Nom donné quelquefois à une perforation dans les parois d'une cavité, comme, par exemple, « la fenêtre ovale », dans la paroi externe du vestibule de l'oreille.

Ferment. Substance qui produit la fermentation.

Fermentation (lat. *fermentesco*, s'élever, se gonfler). Procédé de la catalyse, par lequel des bulles de gaz se forment dans la substance qui fermente.

Fibrine. Matière animale qui se trouve dans le sang, et qui a la propriété de se coaguler spontanément; ainsi appelée, parce que, lorsqu'elle est coagulée, elle a une texture fibreuse.

Fléxeur (Muscle [lat. *flecto*, *flexum*, courber]). Muscle qui sert à courber un membre ou une jointure.

Follicule. Un petit sac ou bourse, formé d'une membrane animale, et s'ouvrant ordinairement par un petit orifice à une de ses extrémités.

Follicules de Lieberkühn. Simples follicules tubulaires de la membrane interne du petit intestin, ainsi appelées du nom de Jean-Nathaniel Lieberkühn, anatomiste prussien du dix-huitième siècle, par qui elles ont été décrites pour la première fois.

Fonction (lat. *fungor*, *functus*, accomplir). Office accompli par un organe quelconque du corps.

Fongus (lat. *fungus*, champignon). Espèce très-simple de végétation, entièrement formée de cellules.

Fontanelles (ital. *fontanella*, petite fontaine). Nom donné à deux endroits du crâne des enfants très-jeunes, où l'ossification n'est pas encore complète, et par lesquels on peut percevoir les pulsations du cerveau à travers les parties molles, comme les ondulations de l'eau dans une fontaine.

Foramen (lat. *foramen*, trou). Perforation, ordinairement dans un os.

Foyer (lat. *focus*, foyer). Le point où convergent les rayons de lumière qui passent à travers la lentille.

G

Ganglion (gr. γάγγλιον, tumeur). Amas de matière nerveuse grise, contenant des cellules nerveuses et agissant comme centre nerveux.

Ganglion de Gasser. Ganglion considérable, situé sur le nerf cinquième ou trijumeau dans l'intérieur du crâne, au niveau de sa division en trois branches principales, ainsi appelé du nom d'Achille Pirmeisius Gasser, anatomiste allemand du seizième siècle, par lequel, dit-on, il a été découvert.

Ganglion de Meckel. Petit ganglion appartenant au système nerveux sympathique, situé sous la base du crâne et donnant des nerfs qui se distribuent dans les parties internes des passages nasaux et dans les muscles du voile du palais : ainsi appelé du nom de Meckel, anatomiste allemand du dix-huitième siècle.

Gastriques (Tubules). Follicules tubulaires allongées de la membrane interne de l'estomac, et qui sécrètent le suc gastrique.

Gastrocnémien (Muscle [gr. γαστήρ, ventre, et κνήμη, jambe]). Muscle fort, situé sur la partie postérieure de la jambe, et qui sert à tirer le talon par en haut.

Gélatineux (lat. *gelatus*, gelé. Qui ressemble par sa consistance à de la gelée.

Germination (lat. *germino*, germer). Premier développement d'une graine.

Glande. Organe composé de follicules, de lobules et de conduits avec des vaisseaux sanguins entrelacés, et qui produit une sécrétion tirée des matériaux du sang.

Glandule. Petite glande.

Globules du sang. Corps microscopiques, circulaires et aplatis, semi-fluides et en général d'une couleur rouge, qui se trouvent en grande abondance dans le sang.

Glosso-pharyngien (Nerf [gr. γλῶσσα, *glossa*, langue, et φάρυγξ, *pharynx*, gosier]). Le neuvième nerf crânien, distribué dans la partie postérieure de la langue et dans le pharynx.

Glotte. Ouverture étroite ou fente, située dans la partie supérieure du larynx, et par laquelle celui-ci communique avec le gosier.

Gluten. Matière albumineuse de la farine du blé, ainsi appelée à cause de sa consistance adhésive et glutineuse.

Granule. Petit grain.

Gros intestin. Les cinq derniers pieds du canal intestinal, ainsi appelé parce qu'il est plus large que le petit intestin.

Gustatif (Nerf [lat. *gusto*, goûter]). Nerf spécial du sens du goût, formant une branche de la troisième division du cinquième nerf crânien.

H

Hélice (grec ἕλιξ, *hélix*, circonvolution ou spirale). Le bord extérieur de l'oreille externe, qui va s'enroulant vers l'intérieur.

Hémiplégie (gr. ἥμισυς, *hémisus*, moitié, et πλήσσω, *plesso*, frapper). Paralysie d'une moitié latérale du corps et des membres du même côté.

Hépatique (Veine [gr. ἧπαρ, *hépar*, le foie]). Veine qui recueille le sang du foie et le transporte au cœur.

Herbivores (Animaux [lat. *herba*, herbe, et *voro*, dévorer). Animaux qui se nourrissent de matières végétales.

Hyaloïde (Membrane [gr. ὕαλος, *hualos*, verre, et εἶδος, *eidos*, forme]). Membrane très-mince, transparente et incolore, qui couvre la surface interne de la cavité du globe de l'œil.

Hydrophobie (gr. ὕδωρ, *hydor*, eau, et φόβος, *phobos*, crainte). Maladie causée par la morsure d'un chien enragé, et caractérisée par l'extrême irritabilité de la moelle épinière, de telle sorte que la moindre impression extérieure produit de violentes convulsions réflexes, principalement des muscles de la déglutition : ainsi appelée, parce qu'on supposait que les hommes et les animaux qui en étaient atteints avaient une grande frayeur de l'eau.

28.

Hygiène (grec ὑγίεια, *huguieia*, santé). Étude des lois de la santé et des moyens de la conserver.

Hypoglossal (Nerf [grec ὑπὸ, *hupo*, sous, et γλῶσσα, *glossa*, langue]). Nerf moteur, distribué dans les muscles de la langue : ainsi appelé, parce que le tronc de ce nerf s'étend à quelque distance au-dessous de la langue.

I

Incisives (lat. *incido*, *incisum*, couper). Les quatre dents antérieures de chaque mâchoire : ainsi appelées, parce qu'elles sont pourvues d'un bord tranchant et qu'elles sont destinées à couper.

Insensible (Transpiration). Nom donné à la transpiration, quand elle se produit en sa quantité modérée ordinaire, de sorte qu'elle s'évapore instantanément, et reste, par conséquent, imperceptible ou « insensible ».

Inspiration. Acte par lequel l'air est attiré vers les poumons dans la respiration.

Intercostaux (Muscles [lat. *inter*, entre, et *costa*, côte]). muscles situés entre les côtes et qui meuvent celles-ci dans la respiration.

Intercostaux (Nerfs). Nerfs spinaux qui se distribuent dans les muscles intercostaux.

Interne (Oreille). Partie de l'appareil auditif, qui se compose du labyrinthe, de son sac membraneux et de son fluide semblable à la lymphe, avec les ramifications du nerf auditif : le tout contenu dans la substance de l'os pierreux.

Intestinal (Suc). Sécrétion visqueuse produite par la membrane interne du petit intestin.

Iris (lat. *iris*, arc-en-ciel). Rideau musculaire perforé, situé dans l'œil, au devant de la lentille cristalline, ainsi nommé à cause de sa couleur variable ou nuancée.

Irritabilité. Propriété par laquelle les nerfs ou autres organes sont excités par un stimulant appliqué à leur substance.

Ivoire. Substance osseuse, très-dense, qui forme la plus grande partie de la substance des dents.

K

Kératine (gr. κέρας, *kéras*, corne). Ingrédient albumineux des cheveux et des ongles : ainsi nommé, parce que la même substance est l'ingrédient principal de la corne.

L

Labyrinthe. Cavité d'une forme particulière et compliquée, située dans la substance de l'os pierreux, et contenant les ramifications finales du nerf auditif.

Lacrymale (Glande [lat. *lacrimay*, larme]). Glande lobulée, située dans la partie supérieure et externe de l'orbite de l'œil, et dans laquelle les larmes sont sécrétées.

Lacrymaux (Canaux). Deux canaux ou conduits étroits, l'un supérieur et l'autre inférieur, se dirigeant de l'angle interne des paupières vers le nez, et servant à transporter les larmes de la surface de l'œil.

Lactés (Vaisseaux [lat. *lac*, lait]). Vaisseaux lymphatiques du petit intestin, qui se remplissent d'un chyle blanc, semblable au lait, pendant la digestion.

Lactique (Acide). Acide qui se produit, lorsque le lait tourne ou s'aigrit. Il existe aussi dans le suc gastrique.

Lait (Dents de). La première série des dents, au nombre de vingt, qui font leur apparition pendant la première enfance ; ainsi appelées, parce qu'à cette époque, l'aliment consiste principalement en lait.

Larynx (gr. λάρυγξ, *larynx*, larynx). Boîte cartilagineuse, située au sommet du conduit de la respiration, et par laquelle l'air passe du gosier dans la trachée.

Ligament (lat. *ligo*, *ligare*, lier). Bande ou corde fibreuse qui sert à attacher deux os l'un à l'autre.

Ligne (de vision distincte). La ligne droite qui s'étend au devant de chaque œil, et sur laquelle seulement l'œil peut percevoir les objets distinctement.

Lobule. Amas de petites follicules ou vésicules ou toute division d'un organe glandulaire, communiquant avec un seul conduit.

Lymphatiques (Vaisseaux). Série de vaisseaux très-minces et délicats, qui absorbent la lymphe des tissus du corps, et la transportent à l'intérieur vers le centre du système veineux.

Lymphe. Fluide transparent, incolore, absorbé par les vaisseaux lymphatiques de divers tissus du corps.

M

Margarine (gr. μάργαρον, *margaron*, perle). Substance grasse ou oléagineuse, intermédiaire, par sa consistance, entre la stéarine et l'oléine.

Marteau. Le plus externe des trois petits os du tympan de l'oreille, qui a la forme d'un marteau et est attaché à la membrane du tympan.

Masséter (Muscle [gr. μασσάομαι, *massaomai*, mâcher]). Fort muscle situé sur le côté du visage, qui meut la mâchoire inférieure de bas en haut dans la mastication.

Masticateur (Nerf). Branche motrice de la troisième division du cinquième nerf crânien, distribué dans les muscles de la mastication.

Mastication. Broyage ou désagrégation de l'aliment par l'action des dents.

Méat (lat. *meatus*). Passage ou canal.

Méïbomiennes (Glandes). Glandes situées sur la surface interne des cartilages des paupières, et par lesquelles est produite la sécrétion oléagineuse de l'œil ; ainsi appelées du nom d'Henri Méïbom, anatomiste allemand du dix-septième siècle, qui a décrit la structure des paupières.

Membrane. Expansion mince et flexible d'un tissu.

Membrane du tympan. Membrane fibreuse qui bouche le fond du conduit auditif externe, et forme la paroi externe du tympan.

Mésentère (gr. μέσος, *mesos*, milieu, et ἔντερα, *en'era*, entrailles). Large membrane par laquelle les intestins sont attachés à la colonne spinale.

Moelle. Substance molle et vasculaire, contenue dans la cavité des os.

Moelle allongée. Masse nerveuse, de forme oblongue, située à la partie inférieure de l'encéphale et de laquelle partent plusieurs des nerfs crâniens. Elle contient le ganglion de la respiration.

Moelle épinière. Voy. *Épinière*.

Molaires (Dents [lat. *mola*, meule]). Dents de derrière et de côté, destinées à broyer l'aliment, comme des meules de moulin broient les grains.

Motrices (Fibres nerveuses). Fibres nerveuses qui transmettent l'excitation au mouvement des centres nerveux vers les muscles.

Mucosité (lat. *mucus*). Sécrétion gluante et lubricante, produite par les follicules et les glandules dans diverses parties du corps.

Musculine. Ingrédient albumineux particulier des fibres musculaires.

N

Nasal (Conduit). Conduit qui reçoit les larmes apportées de l'œil par les canaux lacrymaux, et les verse dans la cavité du nez, vers sa partie moyenne.

Nerf. Cordon blanc, composé de fibres ou filaments nerveux

Nerfs (Cellules des). Cellules arrondies, souvent avec de minces prolongations qui en sortent, et qu'on trouve dans la substance grise des ganglions nerveux.

Nerveux (Centre). Amas de matière nerveuse grise, qui reçoit les impressions et donne naissance aux impulsions nerveuses.

Nerveux (Filament ou fibre). Fil blanc, mince, formant la substance des nerfs, et jouissant du pouvoir de conduire le stimulant nerveux.

Nerveux (Système). L'ensemble de tous les organes composés de tissus nerveux, c'est-à-dire les ganglions et les nerfs avec toutes leurs connexions dans toutes les parties du corps.

Névralgie gr. νεῦρον, *neuron*, nerf, et ἄλγος, *algos*, douleur). Affection douloureuse produite par l'irritation des nerfs sensitifs, sans aucune maladie perceptible des autres tissus.

Névrilème. Gaîne fibreuse qui enveloppe les filaments d'un nerf, et les protége contre les lésions.

Nitrogène ou Azote. Gaz n'ayant que peu d'activité chimique, et qui forme environ les quatre cinquièmes du volume de l'atmosphère.

Noyau (lat. *nucleus*). Point rond ou oval qu'on trouve dans certaines cellules, comme, par exemple, dans les cellules épithéliales et les cellules nerveuses.

Nutrition. Acte interne de la réparation du corps ou d'une de ses parties par l'aliment.

O

Œsophage (grec φέρω, *phéro*, futur οἴσω, *œso*, porter, et φάγω, *phago*, manger). Tube musculaire, qui transporte l'aliment de la bouche à l'estomac ; le gosier.

Oléine (grec ἔλαιον, *élaion*, huile). Substance oléagineuse, fluide à la température ordinaire.

Olfactifs (Nerfs [lat. *olfacio*, sentir des odeurs]). Nerfs spéciaux du sens de l'odorat.

Ophthalmique (Ganglion [grec οφθαλμὸς, *ophthalmos*, œil]). Petit ganglion qui appartient au système nerveux sympathique, et se trouve placé dans la partie postérieure de l'orbite de l'œil, et d'où sortent les nerfs ciliaires pour se transporter à l'iris.

Optiques (Nerfs [gr. ὄπτομαι, *optomai*, voir]). Nerfs spéciaux du sens de la vue, distribués à l'intérieur du globe de l'œil.

Optiques (Talami ou Couches). Deux ganglions nerveux, situés sous le cerveau et derrière les corps striés ; ainsi appelés, parce qu'on supposait primitivement qu'ils étaient les origines des nerfs optiques.

Optiques (Tubercules). Paire de petits ganglions arrondis, situés vers le milieu du cerveau, d'où les nerfs optiques prennent leur origine.

Orbiculaire (Muscle). Muscle qui entoure l'ouverture des paupières, et à l'aide duquel l'œil se ferme soudainement et forcément, comme dans le clignotement.

Orbite. Cavité osseuse au-dessous du front, dans laquelle est placé le globe de l'œil.

Oreillette (lat. *auricula*, petite oreille). La chambre la plus mince et la plus petite du cœur, sur chaque côté, qui reçoit le sang directement des veines; ainsi appelée à cause d'une sorte de ressemblance qu'elle présente avec l'oreille d'un chien.

Organe (gr. ὄργανον, *organon*, instrument). Une partie quelconque du corps, appropriée à un office particulier, tels que le cœur, l'estomac, le cerveau.

Os du cou. Voy. *Clavicule.*

Ossification (lat. *os, ossis*, os, et *facio*, faire). Conversion d'un cartilage ou d'un autre tissu mou en os.

Ostéine (gr. ὀστέον, *ostéon*, os). Ingrédient albumineux des os.

Oxygène. Gaz formant la cinquième partie du volume de l'atmosphère, et qui est essentiel à la respiration.

P

Palais (Voile du). Rideau musculaire suspendu à la partie postérieure de la voûte de la bouche, et qui sépare en partie la cavité de la bouche de celle du pharynx.

Pancréas. Glande située dans la partie supérieure de l'abdomen, près du bord inférieur de l'estomac.

Pancréatine. Ingrédient albumineux du suc pancréatique.

Pancréatique (Suc). Sécrétion produite par le pancréas.

Papille (lat. *papilla*, mamelon). Petite proéminence ou élévation conique sur la surface d'une membrane animale, comme « les papilles de la langue ».

Paralysie (gr. παραλύω, *paraluo*, relâcher). Suspension ou abolition du pouvoir de sensation ou de mouvement; plus fréquemment de tous les deux.

Paraplégie (gr. παραπλήσσω, *paraplésso*, frapper avec derangement). Paralysie des membres inférieurs et de la partie inférieure du tronc.

Parotide (Glande [gr. παρὰ, *para*, près, et οὖς, ὠτὸς, *ous, ôtos*, l'oreille]). Glande salivaire située juste au devant de l'oreille.

Par vagum (lat.). Littéralement « paire errante » : nom donné aux nerfs pneumogastriques, à cause de leur long cours et de leur distribution multiple.

Pédoncules du cerveau. Deux faisceaux arrondis de fibres nerveuses, qui de la base de l'encéphale se dirigent en haut et en avant, et se terminent de chaque côté dans la substance du cerveau ; ainsi appelés du terme botanique « pédoncule », qui signifie la tige d'une fleur.

Pelvis (lat. *pelvis*, bassin). L'os du bassin ; ainsi appelé, parce qu'il ressemble par sa forme à un bassin.

Pepsine (gr. πέπτω, *pepto*, faire cuire ou désagréger par la cuisson). L'ingrédient le plus important du suc gastrique, qui agit comme un ferment dans la digestion de l'aliment.

Péristaltique (Action [gr. περιστέλλω, *peristello*, envelopper). Mouvement particulier, produit par la contraction successive des fibres musculaires circulaires, qui enveloppent un tube cylindrique, comme l'œsophage ou l'intestin.

Perspiration (lat. *per*, à travers, et *spiro*, exhaler ou souffler). Sécrétion aqueuse exsudée à la surface de la peau.

Perspiratoires (Glandes). Petits corps glandulaires, en forme de tubes enroulés, situés immédiatement au-dessous de la peau, et par lesquels la perspiration est sécrétée.

Petit intestin. Les vingt-cinq premiers pieds de l'intestin qui suit immédiatement l'estomac : ainsi appelé à cause de son petit calibre qui n'a qu'un pouce et demi.

Pharynx (gr. φάρυγξ, *pharynx*, gosier). Passage musculaire qui conduit de la partie postérieure de la bouche à l'œsophage.

Phrénique (Nerf). Le nerf du diaphragme.

Physiologie (gr. φύσις, *physis*, nature, et λόγος, *logos*, traité). Étude des actes naturels du corps vivant.

Pierreux (Os [gr. πέτρα, *petra*, roc]). Un des os formant la base du crâne et contenant l'oreille interne et le tympan ; ainsi appelé à cause de sa densité pierreuse.

Plexus (gr. πλέκω, πλέξω, *pléco, plexo*, entrelacer). Réseau de corps filamenteux entrelacés comme des vaisseaux sanguins ou des nerfs.

Pneumogastrique (Nerf [gr. πνεύμων, *pneumon*, poumon, et γαστήρ, *gaster*, estomac]). Le dixième nerf crânien, distribué principalement dans les poumons et dans l'estomac.

Poitrine. Partie supérieure du tronc du corps, renfermée entre la colonne spinale par derrière, les côtes sur les côtés, et l'os de la poitrine ou *sternum* par devant.

Pons Varolii (lat.). Littéralement le « pont de Varolius. » Bande transversale des fibres nerveuses qui passent, en forme recourbée, d'un côté à l'autre du cervelet, et s'étendent sur les fibres longitudinales de la moelle allongée, comme un pont sur un ruisseau : ainsi appelée du nom de Varolius, anatomiste italien du seizième siècle, qui le premier a décrit cette bande.

Porte (Veine [lat. *porta*, porte]). Tronc veineux formé par la réunion de toutes les veines qui viennent de l'intestin et portent le sang au foie.

Pouls (lat. *pulso*, battre). Dilatation rhythmique d'une artère, causée par l'impulsion du sang qui part du cœur.

Poumons.

Présure. Tissus et fluides préparés de l'estomac du veau, et dont on se sert pour coaguler le lait dans la fabrication du fromage.

Protubérance annulaire. Voy. *Pons Varolii*.

Ptérygoïdes (Muscles [gr. πτέρυξ, πτέρυγος, *pterux, pterugos*, aile). Deux muscles situés entre les proéminences « ptérygoïdes, » ou semblables à des ailes, de la base du crâne à la mâchoire inférieure. Ils donnent à la mâchoire, dans la mastication, un mouvement latéral qui l'aide à broyer l'aliment.

Ptyaline (gr. πτύελον, *ptuelon*, salive). Matière albumineuse de la salive.

Pulmonaire (lat. *pulmo*, poumon). Tout ce qui concerne les poumons.

Pulmonaire (Artère). Grande artère qui reçoit le sang du ventricule droit du cœur et le transporte aux poumons.

Pulmonaire (Circulation). Mouvement du sang à travers les poumons, de l'artère pulmonaire aux veines pulmonaires.

Pulmonaires (Veines). Veines qui portent le sang des poumons à l'oreillette gauche du cœur.

Pulpe d'une dent. Papille molle ou proéminence vasculaire autour de laquelle sont déposées les parties plus dures de la dent.

Pulsation du cœur. L'acte ou mouvement entier de contraction et de relâchement successifs des oreillettes et des ventricules.

Pupille. Perforation circulaire au centre de l'iris, à travers laquelle la lumière arrive aux parties les plus profondes de l'œil.

Pylore (gr. πυλωρὸς, *pulôros*, gardien de porte). Orifice inférieur de l'estomac, par lequel l'aliment passe dans l'intestin : ainsi appelé à cause d'une bande circulaire de fibres musculaires par laquelle le passage est gardé.

R.

Racine de la dent. Partie allongée de la dent, qui est insérée dans la mâchoire.

Radiale (Artère). Artère qui passe le long de la partie antérieure du poignet, à son côté externe, pour fournir le sang à la paume de la main.

Rate. Organe très-vasculaire, situé dans l'abdomen, près de l'extrémité gauche de l'estomac.

Réceptacle du chyle. Petit sac ou dilatation, situé au commencement du conduit thoracique.

Rectum (lat. *rectus*, droit). Dernière partie du gros intestin : ainsi appelée, parce qu'elle est presque droite, comparée au reste de l'intestin.

Récurrent (Nerf [lat. *recurro*, courir en arrière]). Branche laryngienne inférieure du nerf pneumogastrique : ainsi appelée, parce qu'elle part du tronc principal du pneumogastrique, au sommet ou près du sommet de la poitrine, et retourne ensuite de bas en haut pour arriver au larynx, dans la partie supérieure du cou.

Réflexe (Action du système nerveux). Action par laquelle l'impression reçue par un centre nerveux, au moyen des nerfs sensitifs, est ensuite réfléchie au dehors, au moyen des nerfs moteurs, sous la forme d'un stimulant au mouvement.

Régime. Régularisation systématique de l'aliment et de la boisson.

Relâchement. Condition inactive d'un muscle ou d'une fibre musculaire.

Respiration (lat. *re*, qui indique répétition, et *spiro*, respirer). Procédé par lequel l'air atmosphérique est introduit dans les poumons pour le renouvellement ou artérialisation du sang.

Rétine (lat. *retis*, filet). Expansion membraneuse du nerf optique dans l'intérieur du globe de l'œil.

S.

Saccharine. Qui contient du sucre, ou s'en compose.

Sagesse (Dents de). Les quatre dernières dents molaires postérieures : ainsi appelées, parce qu'elles ne font leur apparition qu'à l'âge de dix-sept à vingt ans.

Salivaire (Glande). Glande qui produit la salive.

Salive. Sécrétion fluide, produite par diverses glandes et versée dans la cavité de la bouche.

Sclérotique (Membrane [gr. σκληρὸς, *scléros*, dur]). Membrane fibreuse, ferme et résistante, qui forme l'enveloppe externe de l'œil.

Sébacée (Matière [lat. *sebum*, suif]). Substance de composition oléagineuse, mais presque solide dans sa consistance, comme le suif.

Sécrétion (lat. *secerno, secretum*, séparer). Séparation ou production d'un fluide tiré du sang et destiné à un objet spécial. Ce fluide ainsi produit est aussi appelé *sécrétion*.

Semi-circulaires (Canaux). Trois passages étroits et courbés, creusés dans la substance de l'os pierreux et communiquant avec la cavité du vestibule. Ils contiennent une lymphe claire, incolore, et un sac membraneux qui leur est semblable

dans la forme, et sur lequel est distribuée une partie des filaments du nerf auditif.

Semi-lunaire (Ganglion [lat. *semi*, moitié, et *luna*, lune]).
Ganglion important du système nerveux sympathique, de
forme semi-lunaire, et situé derrière l'estomac.

Semi-lunaires (Valvules). Trois valvules festonnées, semblables à des bourses, d'une façon semi-lunaire, et situées de
chaque côté du cœur, à l'entrée des grandes artères.

Sensation. Perception consciente d'une impression faite
sur le système nerveux.

Sensibilité générale. Sensibilité qui réside dans la peau et
dans quelques-unes des membranes internes, et par laquelle
nous pouvons percevoir les plus simples qualités physiques des
objets externes, telles que leur consistance, leur texture, leur
température, etc.

Sensitives (Fibres nerveuses). Fibres nerveuses qui transmettent les impressions du dehors en dedans aux centres nerveux.

Serum (lat. *serum*, petit-lait, lait de beurre). Fluide clair,
aqueux, de couleur d'ambre, qui se sépare du caillot après la
coagulation du sang. Il contient, outre l'eau, de l'albumine et
des substances minérales.

Solaire (Plexus ou réseau [lat. *sol*, soleil]). Réseau irradié
de nerfs sympathiques, qui s'étend du voisinage du ganglion
semi-lunaire au dehors, comme les rayons du soleil, pour
être distribué dans les divers organes de l'abdomen.

Soléaire (Muscle). Muscle situé à la partie postérieure de la
jambe, et qui aide le gastrocnémien à soulever le talon.

Sous-clavière (Veine [lat. *sub*, sous, et *clavis*, clef]).
Grande veine qui rapporte en arrière le sang du bras et du
côté de la tête : ainsi appelée, parce qu'elle est située au-dessous de la *clavicule* ou l'os du cou.

Spécial (Sens). Sens par lequel nous recevons des sensations
particulières, qui diffèrent de celles de la sensibilité générale,
tels que les sens de la vue, de l'ouïe, du goût et de l'odorat.

Spinal (Canal). Longue cavité qui contient la moelle épinière, renfermée dans les os de la colonne spinale.

Spinale (Colonne). Les os de l'épine dorsale.

Spinaux (Nerfs). Nerfs en connexion avec la moelle épinière.

Stéarine (gr. στέαρ, *stéar*, graisse). Substance grasse ou oléagineuse qui, lorsqu'elle est pure, est solide à une température ordinaire.

Stéréoscope (gr. στέρεὸς, *stéréos*, solide, et σκοπέω, *scopeo*, examiner). Boîte contenant deux images différentes du même objet, et disposées de telle sorte que, vues ensemble, elles présentent une apparence trompeuse de solidité.

Striés (Corps). Deux ganglions ovales, situés, un sur chaque côté, à la partie inférieure du cerveau : ainsi appelés, parce que, si on les coupe, ils présentent une apparence striée, à cause des fibres nerveuses blanches qui passent à travers la substance grise du ganglion.

Sublinguale (Glande [lat. *sub*, sous, et *lingua*, langue]). Glande salivaire, située au-dessous de la langue.

Submaxillaire (Glande [lat. *sub*, sous, et *maxilla*, mâchoire]). Glande salivaire, située sous l'angle de la mâchoire.

Sympathique (Système nerveux). Partie du système nerveux qui se compose d'une double chaîne de petits ganglions, située sur le devant de la colonne spinale et des nerfs qui lui appartiennent, et par laquelle une communication nerveuse est établie entre les organes internes de la nutrition.

T.

Temporal (Muscle). Muscle en forme d'éventail, situé sur le côté de la tête (sur les tempes), et attaché à la mâchoire inférieure, qu'il met en mouvement de bas en haut.

Temporale (Artère). Petite artère située immédiatement au-dessous de la peau, et qui s'élève devant chaque oreille pour fournir le sang aux tempes.

Tendon. Cordon fibreux par lequel un muscle est attaché à son os.

Tétanos (gr. τέτανος, *tétanos*, extension ou dilatation). Maladie caractérisée par de violentes convulsions des muscles volontaires, et dans laquelle le corps et les muscles sont fortement étendus ou allongés.

Thaumatrope (gr. θαῦμα, *thauma*, prodige, et τροπῆ, *tropé*, détour). Joujou consistant en une carte qui, en tournant, présente plusieurs images d'un même objet dans des positions différentes, et dont l'effet est de faire paraître l'objet comme se mouvant rapidement.

Thoracique (Conduit [gr. θώραξ, *thorax*, poitrine]). Tube étroit qui se dirige de haut en bas, adossé à la partie postérieure de la cavité de la poitrine, et formant le tronc principal des vaisseaux lymphatiques.

Tibia. Os principal de la jambe au-dessous du genou.

Tic douloureux (franç.). Littéralement « spasme douloureux ». Névralgie du cinquième nerf crânien, ou de quelqu'une de ses branches.

Tissu. Toute substance ou texture dans le corps, formée de divers éléments, telles que les cellules, les fibres, les vaisseaux sanguins, etc., entrelacés les uns aux autres.

Trachée (gr. τραχεῖα, *tracheia*). Tube cartilagineux et membraneux qui se dirige vers le bas du larynx au sommet de la poitrine. La trachée-artère.

Tragus. Courte élévation, située sur le bord antérieur de l'oreille externe.

Transfusion du sang (lat. *trans*, à travers, et *fundo*, verser). Opération qui consiste à introduire un sang nouveau des vaisseaux d'un animal ou d'un homme vivant dans ceux d'un autre.

Transpiration insensible. Nom donné à la transpiration, lorsqu'elle est produite en sa quantité modérée ordinaire, de manière à s'évaporer instantanément. Elle est, par conséquent, imperceptible ou « insensible ».

Trijumeau (Nerf [lat. *tres*, trois, et *geminus*, semblable]). Le cinquième nerf crânien, le grand nerf sensitif de la face, appelé « trijumeau », parce qu'avant de quitter la cavité du crâne, il se divise en trois branches presque égales.

Trochléaire (Muscle [gr. τροχαλία, *trochalia*, poulie]). Muscle oblique supérieure du globe de l'œil : ainsi appelé, parce que son tendon passe à travers un anneau en forme de poulie.

Tubercule annulaire (lat. *tuber annulare*). Littéralement : « renflement annulaire » ou semblable à un anneau. Protubérance arrondie de matière nerveuse, située à la base du crâne, immédiatement au-devant de la moelle allongée.

Tubule. Petit tube.

Tympan de l'oreille (lat. *tympanium*, tambour). Cavité de l'oreille, située entre le labyrinthe et la base du conduit auditif externe, clos à l'intérieur par la membrane de la fenêtre ovale, et à l'extérieur par la membrane du tympan.

U.

Urate de soude. Substance formée par la combinaison d'un acide animal avec la soude, produite, comme l'urée, dans le procédé de l'excrétion, et déchargée du corps par les reins.

Urée. Substance produite dans le procédé de l'excrétion et déchargée du corps par les reins.

Uvula ou luette (lat. *uva*, raisin). Littéralement « un petit raisin ». Appendice conique, charnu, attaché au bord inférieur du voile du palais.

V.

Valvules conniventes. Plis ou projections semblables à des valvules, formés par la membrane interne du petit intestin.

Vasculaire. Contenant des vaisseaux sanguins ou leur appartenant.

Veine. Vaisseau servant à transporter le sang des divers organes à l'intérieur vers le cœur.

Veineux (Sang). Le sang noirâtre contenu dans le côté droit du cœur et dans les veines de la circulation générale.

Ventilation. Renouvellement de l'air dans les appartements et les habitations.

Ventriculaires (Valvules). Valvules situées dans le cœur, à l'entrée des oreillettes, dans les ventricules.

Ventricule (lat. *ventriculus*, petit estomac). Chambre la plus grande et la plus épaisse, située de chaque côté du *cœur*, et qui reçoit le sang de l'oreillette correspondante et le décharge dans l'artère.

Vermiculaire (Action [lat. *vermis*, ver]). Contraction musculaire de certaines parties du canal alimentaire : ainsi appelée, parce qu'elle ressemble au mouvement rampant du ver.

Vésicule (lat. *vesicula*, petite vessie). Petit sac ou bourse arrondie, composée d'une mince membrane animale.

Vestibule. Chambre arrondie dans l'os pierreux et formant une partie du labyrinthe.

Villosités (lat. *villus*, poil ou poils d'un tissu velouté). Menues projections filamenteuses de la surface interne de la membrane muqueuse du petit intestin.

Vitrée (lat. *vitrum*, verre). Substance incolore, semblable au verre, de consistance gélatineuse, qui remplit la cavité du globe de l'œil, derrière la lentille cristalline.

Vocales (Cordes [lat. *vox*, *vocis*, voix]). Deux bandes élastiques de tissu fibreux, formant les bords latéraux de la glotte. Leurs vibrations communiquées à l'air produisent les sons de la voix.

Volition (lat. *volo*, vouloir). Acte nerveux par lequel nous excitons intentionnellement les contractions musculaires.

TABLE DES MATIÈRES

SECTION I

Fonctions mécaniques.

CHAPITRE PREMIER.

Structure générale et mécanisme de la machine animale.

SECTION II

Fonctions de nutrition.

CHAPITRE II.

De l'aliment et de ses ingrédients.

CHAPITRE III.

DIFFÉRENTES ESPÈCES D'ALIMENTS ET MANIÈRE DE LES PRÉPARER.

CHAPITRE IV.

LA DIGESTION.

CHAPITRE V.

L'ABSORPTION.

CHAPITRE VI.

LE FOIE ET SES FONCTIONS.

CHAPITRE VII.

LE SANG.

CHAPITRE VIII.

LA RESPIRATION.

CHAPITRE XI.

La nutrition.

SECTION III

Le système nerveux.

CHAPITRE XII.

Structure générale et fonctions du système nerveux.

CHAPITRE XIII.

DES NERFS SPINAUX ET DE LA MOELLE ÉPINIÈRE.

CHAPITRE XIV.

LES NERFS CRÂNIENS.

CHAPITRE XV.

L'ENCÉPHALE.

CHAPITRE XVI.

LE SYSTÈME DU NERF GRAND SYMPATHIQUE.

CHAPITRE XVII.

LES SENS SPÉCIAUX.

SECTION IV

Le développement.

CHAPITRE XVIII.

LE DÉVELOPPEMENT.

FIN DE LA TABLE DES MATIÈRES.

D

G.

DALTON.

30.

FIN DE LA TABLE ALPHABÉTIQUE DES MATIÈRES.

CORBEIL, typ. et stér. de CRÉTÉ FILS.

ERRATA

Page 37, ligne 12. *au lieu de :* tout ce qui est en prise en aliments,
lisez : tout ce qui en est pris avec les aliments.

— 57, — 2, *au lieu de :* groupées ensemble dans la forme,
lisez : groupées ensemble sous la forme.

— 97, — 14, *au lieu de :* couverture par une couche,
lisez : couverte d'une couche.

— 114, — 16, *au lieu de :* l'acide lactique, c'est,
lisez : l'acide lactique est.

— 125, — 13, *au lieu de :* mais autrement non altérées,
lisez : mais non autrement altérées.

— 139, — 23, *au lieu de :* membrane musculaire,
lisez : membrane interne.

— 166, — 24, *au lieu de :* ses ingrédients si différents de ceux des
autres sécrétions et ses fonctions sont si obscures,
lisez : ses ingrédients sont si différents de ceux des
autres sécrétions, et ses fonctions si obscures.

— 175, — 8, *au lieu de :* pour la faire,
lisez : pour le faire.

— 189, — 16, *supprimez :* de bien près.

— 215, — 25, *au lieu de :* tout d'un coup.
lisez : tout à coup,

— 219, — 5, *au lieu de :* sont en général souvent ouvertes,
lisez : sont en général assez souvent ouvertes.

— 269, — 1, *au lieu de :* cristalline,
lisez : cristallin.

— 270, — 1, *au lieu :* de la digestion du sang,
lisez : de la digestion et du sang.

www.ingramcontent.com/pod-product-compliance
Lightning Source LLC
LaVergne TN
LVHW021922030726
842523LV00001B/32